教育部职业教育与成人教育司推荐教材
"十二五"全国高校计算机专业教学用书

中文版

Photoshop CS6 &
Flash CS6 &
Dreamweaver CS6

黎文锋　魏　峰　王延涛　高萍萍　编著

网页设计三合一

网页设计的方法、技巧及应用

133个实例的完整影音视频文件、项目及素材文件

DVD

高清晰视频
教学光盘

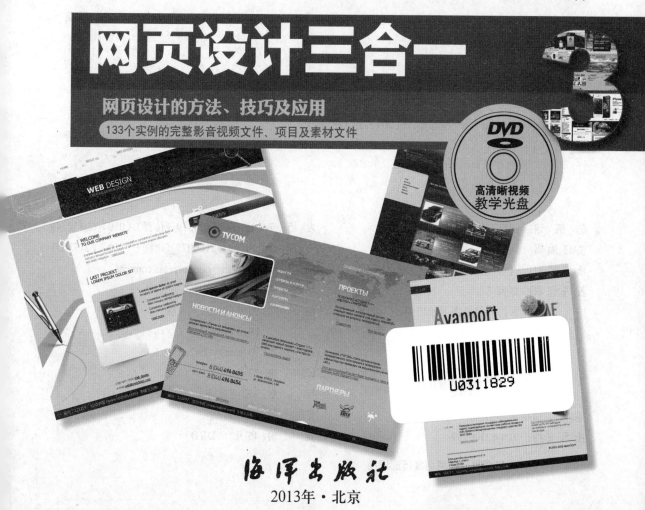

U0311829

海洋出版社

2013年·北京

内 容 简 介

　　本书是全面介绍使用 Photoshop CS6、Flash CS6 和 Dreamweaver CS6 进行网页设计的方法、技巧及应用的教材。

　　全书共分为 12 章,主要介绍了 Photoshop CS6、Flash CS6 和 Dreamweaver CS6 的基础知识;Photoshop 图像基本编辑;图像选取与文本应用;图层、通道与滤镜应用;Flash 动画创作基础;Flash 基本动画制作;Flash 高级动画制作;专业交互动画制作;网页内容的编排与链接;CSS、Spry 与表单应用;架设与制作动态网站;最后通过制作一个饮食类网站范例介绍了 Photoshop CS6、Flash CS6 和 Dreamweaver CS6 在网页设计中的综合应用技巧。

　　超值 **1DVD** 内容:133 个实例的完整影音视频文件、项目及素材文件。

　　适用范围:全国高校网页设计专业课教材;社会网页设计培训班教材;从事网页设计工作人员的自学指导书。

图书在版编目(CIP)数据

中文版 Photoshop CS6 & Flash CS6 & Dreamweaver CS6 网页设计三合一/黎文锋等 编著. --
北京 : 海洋出版社,2013.6
　ISBN 978-7-5027-8561-1

Ⅰ. ①中… Ⅱ. ①黎… Ⅲ. ①网页制作工具 Ⅳ.①TP393.092

中国版本图书馆 CIP 数据核字(2013)第 097473 号

总 策 划:刘斌		发 行 部:(010) 62174379(传真)(010) 62132549
责 任 编 辑:刘斌		(010) 62100075(邮购)(010) 62173651
责 任 校 对:肖新民	网 址:http://www.oceanpress.com.cn/
责 任 印 制:赵麟苏	承 印:北京华正印刷有限公司
排 版:海洋计算机图书输出中心 晓阳	版 次:2013 年 6 月第 1 版
出版发行:海洋出版社	2013 年 6 月第 1 次印刷
	开 本:787mm×1092mm 1/16
地 址:北京市海淀区大慧寺路 8 号(707 房间)	印 张:23
100081	字 数:552 千字
经 销:新华书店	印 数:1~4000 册
技 术 支 持:010-62100059	定 价:45 元(1DVD)

本书如有印、装质量问题可与发行部调换

前　言

本书以"基础+实例"的写作方式，系统、全面、深入地介绍了 Photoshop CS6 和 Flash CS6 在网页设计领域的重要功能和 Dreamweaver CS6 在网页制作和网站开发的功能，包括 Photoshop 图像编修与调整；选区的创建与编辑；图层、通道以及滤镜的应用，网页图像切片处理与输出；Flash 的时间轴的使用；多种补间动画的制作；动画名媒体设计；Dreamweaver 的文本和表格的应用；图像和链接的添加与编辑；CSS/Spry 与表单的应用等。通过这些内容的学习，可以完整了解网页设计的脉络，掌握使用 Photoshop CS6 设计图像素材、使用 Flash CS6 制作页面动画元素，再通过 Dreamweaver CS6 编排页面内容以及制作动态网页的方法。

本书共分为 12 章，具体内容安排如下：

第 1 章主要介绍 Photoshop CS6、Flash Professional CS6 和 Dreamweaver CS6 的基础知识。

第 2 章主要介绍图像处理的基本概念，包括查看与编辑图像、使用【调整】命令调整图像色彩、使用工具调整图像色彩等。

第 3 章主要介绍在 Photoshop CS6 中创建选区和修改选区、输入文本和编排文本段落以及设计文本特效的方法。

第 4 章介绍创建与管理图层的方法以及图层样式的应用，并介绍了"通道"的相关概念和通道面板的应用。

第 5 章主要介绍了 Flash 动画的创作元素、Flash 的时间轴基本操作、创建与应用元件的方法，以及 Flash CS6 中不同的动画类型以及相关概念。

第 6 章主要介绍使用 Flash CS6 制作补间动画、传统补间动画和补间形状动画的方法。

第 7 章主要介绍使用 Flash CS6 制作高级动画的方法，包括利用引导层和遮罩层制作动画效果、利用形状提示来控制补间形状动画中的形状变形，以及制作反向运动动画效果等。

第 8 章主要介绍声音、行为和 ActionScript 在 Flash CS6 中的应用，包括导入和应用声音、设置声音效果、行为和动作的应用、ActionScript 语言的应用。

第 9 章主要介绍网页页面设计的各种操作方法，包括输入文本并设置文本格式、编辑页面的段落、插入表格并设置表格属性、插入各种网页素材、设置网页超级链接等。

第 10 章主要介绍在 Dreamweaver 中使用 CSS 规则设置页面元素外观、了解与应用 Spry 构件和 Spry 效果设计网页、进行 Spry 的表单验证等。

第 11 章主要介绍使用 Dreamweaver CS6 在 Windows 7 系统中制作动态网站的知识。

第 12 章以一个饮食类网站为例，介绍使用 Photoshop CS6 设计网站首页图像模板并进行切片和存储成网页，使用 Flash CS6 制作网站导航区动画效果，通过 Dreamweaver CS6 编排页面内容并制作动态网站功能等内容。

本书既可作为大中专院校相关专业和网站设计应用培训班的参考用书，也可作为初、中、高级网页设计用户以及网站开发人员的自学指导用书。

本书附赠光盘中提供了本书所有的练习文件、素材以及书中范例的操作演示影片。通过跟随影片的学习，可以有效地解决在实际操作中所遇到的问题。

本书由广州施博资讯科技有限公司策划，由黎文锋、魏峰、王延涛、高萍萍主编，其中魏峰负责第1~2章的编写，王延涛负责第3~4章的编写，高萍萍负责第7~8章的编写，由黎文锋负责统筹。参与本书编写及设计工作的还有吴颂志、黄活瑜、黄俊杰、梁颖思、梁锦明、林业星、黎彩英、刘嘉、黎敏、李剑明、李敏虹等，在此一并谢过。在本书的编写过程中，我们力求精益求精，但难免存在一些不足之处，敬请广大读者批评指正。

编 者

目　录

第 1 章　Adobe CS6 三剑客应用入门

 内容提要

　　Adobe CS6 设计和网页高级版（Design & Web Premium）以及专业版套装软件都包含了 Photoshop CS6、Flash Professional CS6 和 Dreamweaver CS6 三个应用程序，这三个应用程序能用于图像、动画和网页设计，同时也常用于协同设计与开发网站。本章主要介绍这三个应用程序的用途和基础知识。

 学习重点与难点

➤　了解 Adobe 三剑客应用程序的作用
➤　掌握应用程序的安装方法
➤　掌握三剑客应用程序通用的界面和文档管理
➤　掌握三剑客应用程序各自预览与发布文档的方法

1.1　了解 Adobe 三剑客程序

　　2012 年 4 月 24 日，Adobe 公司发布了全新的 Adobe Creative Suite 6 套装软件。全新的 Adobe CS6 分为 4 个版本：Adobe Design Standard(设计标准版)；Adobe Design & Web Premium (设计网页高级版)；Adobe Master Collection（大师收藏版）；Adobe Production Premium（应用高级版）。

　　在设计网页高级版和大师收藏版中，Adobe CS6 套装软件都包含了 Photoshop CS6、Flash Professional CS6 和 Dreamweaver CS6 三个应用程序。这三个应用程序虽然功能各不相同，但很多用户都会使用它们协同进行工作，最常见的就是使用它们设计与开发网页。因此，这三个应用程序又常被称为网页设计三剑客。如图 1-1 所示为 Adobe 的中文官方网站。

图 1-1　Adobe 的中文官方网站

1.1.1 图像处理专家——Photoshop CS6

Photoshop CS6 是 Adobe 公司最新推出的一款功能强大的平面图像处理软件。它不仅可应用于图像设计、图形绘制、数码照片编修等方面，还可以进行网页图像的制作与网页发布，完全可以满足网络化的需求。

1. 图像处理

图像处理是 Photoshop CS6 最强大的功能，它允许调整图像的色彩模式以及各种与色彩有关的选项，对图像执行抠图、模糊、锐化、修复、裁剪、调色、仿制、减淡、加深、变形、羽化等操作，并可以为图像添加文字或语音注释，同时可以使用各种滤镜功能。还可以通过 Photoshop CS6 快速对图像进行扭曲、模糊、渲染和各种艺术化、风格化以及其他处理。如图 1-2 所示为使用 Photoshop 设计的促销广告。

2. 图形绘制

在 Photoshop CS6 中提供了多种绘图工具。可以设置这些工具的大小、颜色、形状、样式等选项，可以使用这些工具绘制各种规则或不规则图形，为图形选择包括纯色、渐变、图案在内的填充颜色类型。还可以选用 Photoshop CS6 中的自定义形状，绘制各种自定义图形，也可以将绘制的图形保存为自定义形状，以便再次使用。如图 1-3 所示为使用 Photoshop 绘制的插画作品。

图 1-2 使用 Photoshop 设计的促销广告

图 1-3 Photoshop 设计的时尚插画作品

3. 数码照片编修

随着数码相机的普及，个人处理数码照片的需求越来越大，而 Photoshop 正是编修数码照片的好帮手。例如，使用红眼工具可快速去除拍照时产生的红眼现象；使用修复画笔工具可消除人物皮肤上的各种瑕疵；使用曲线命令则可改善照片的光线效果；使用色彩平衡命令可以调整照片的色彩效果。此外，为数码照片套用滤镜特效，可制作出专业影楼的拍摄效果。如图 1-4 所示为使用 Photoshop 对照片进行后期处理前后效果对比。

4. 网页图像制作

Photoshop 在网页图像制作方面也有着较为强大的功能。可以使用 Photoshop 制作各种网页图像、按钮、网页横幅，也可以将经过 Photoshop 处理的图像储存为 JPEG、GIF、PNG 等格式。还可以使用 Photoshop 的切片工具制作各种网页图像切片。另外，也可以为图像添加映射热区，从而创建各种网页链接。如图 1-5 所示为使用 Photoshop CS6 设计页面并创建切片的效果。

图 1-4　使用 Photoshop 后期处理照片效果对比

图 1-5　使用 Photoshop 设计页面图像并进行切割

1.1.2　流行动画创作——Flash CS6

Adobe Flash CS6 是 Adobe 最新发布的动画创作应用程序，无论是设计动画图形或创建以交互为基础的应用程序，Flash 都能提供强大的功能，并能制作出绝佳的效果。

1. 矢量图绘制

Flash 虽然不是专业的平面绘图软件，但是它也提供了多种图形绘制工具（如椭圆形工具、矩形工具、多边星形工具、钢笔工具等），以方便用户绘制各种图形。

另外，Flash CS6 提供了选取工具、部分选取工具、油漆桶工具、墨水瓶工具、渐变变形工具等编修与填充工具，使用户在绘图时有更大的创作空间。如图 1-6 所示为使用 Flash 绘制的图形。

图 1-6　使用 Flash 绘制卡通图形

2. 动画创作

采用时间轴形式制作动画是 Flash 的一大特点。在以往的动画制作中，通常要绘制出每一帧的图像或通过程序来制作。而 Flash 使用关键帧技术，通过对时间轴上的关键帧的制作，在两幅关键帧之间创建补间动画，自动生成运动中的动画帧，从而节省了大量时间，提高了效率。Flash 还提供了影片浏览器来浏览动画影片，也可以使用调试器调试影片，大大提高了动画设计的可用性和品质。

在动画设计上，Flash 不但可以实现一般的移动，也可以实现物体大小、形状、色彩等变化。通过增加引导线，还可以控制物体的运动轨迹，例如控制飞机图形的飞行方向、小球滚动的路径等。Flash 还可以通过增加形状提示点和遮罩层来设计高级补间动画，实现波浪运动、燃放烟火等炫目效果。

由于 Flash 可以设计强大的动画效果，Flash 动画已发展成为一种独特的艺术形式，如 Flash MTV、Flash 电影、Flash 广告、Flash 电子贺卡等。Flash 动画被广泛应用在 Internet 中，从动态的 LOGO 到网页横幅、按钮，甚至整个网页或网站，都可以用 Flash 动画来实现。如图 1-7 所示为使用 Flash 制作动画的效果。

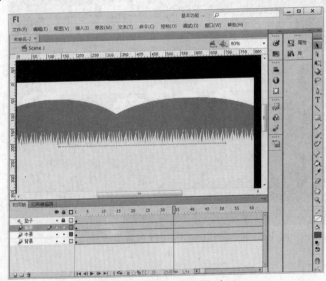

图 1-7　使用 Flash 制作动画

3. 游戏开发

作为交互动画开发工具，Flash 提供了易学易用而又功能强大的 ActionScript 脚本语言，可以给动画添加交互性。通过 ActionScript 脚本语言的使用，可以设计功能强大的交互动画，并应用在网络应用程序中。

由于 ActionScript 脚本语言可以实现很多交互控制功能，因此可以使用 Flash 开发一些小型的网络游戏，例如趣味性很强的贪吃蛇、接元宝，甚至角色扮演类游戏等，如图 1-8 所示为使用 Flash 制作的小妹打铁游戏。

4. 网站媒体设计

Flash CS6 除了可以制作静态的网页版面之外，更可以应用各种按钮元件、图像元件、表单组件等制作互动网页。使用 Flash 制作的互动网页，比起其他类型的互动网页要更活泼，也比较吸引人。例如，目前很多网站都会使用 Flash 制作导航条动画、广告动画等。如图 1-9 所示为使用 Flash 制作的导航菜单动画。

图 1-8　使用 Flash 开发小游戏

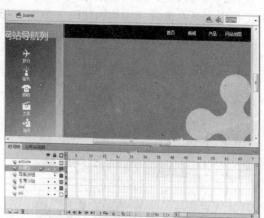

图 1-9　使用 Flash 制作网站导航菜单动画

1.1.3　网站设计与开发——Dreamweaver CS6

2012 年 4 月 24 日，Adobe 发布了网页制作应用程序 Dreamweaver 的 CS6 版本，其在功能和性能上都有着较大的改进，能帮助网页设计者使用最新技术更为方便、简单地设计优美的网页。

1．Web 站点架设

Dreamweaver CS6 提供了专业、完整的 Web 站定义功能，可以利用这个功能定义本机和远程站点的连接关系，并在本地计算机中假设出与远端网站服务器完全一样的虚拟站点，方便用户在网站服务器的环境下创建与编辑网页，就如同直接在 Web 站点上制作网站一样。如图 1-10 所示为通过 Dreamweaver CS6 定义本地站点的操作。

另外，Dreamweaver 提供了便利而完整的站点管理功能，可以通过【管理站点】面板管理多个站点，如图 1-11 所示。

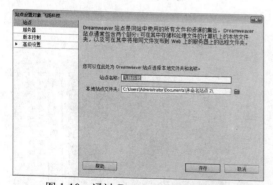

图 1-10　通过 Dreamweaver 定义站点

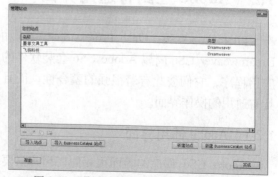

图 1-11　通过【管理站点】面板管理站点

2．页面布局和编辑

在 Dreamweaver 中，可以使用可视化设计工具轻松创建复杂的页面布局。另外，还可以通过【实时视图】查看网页的预览效果。如图 1-12 所示为 Dreamweaver CS6 的【设计】视图。

对于高级网页编写人员，编写代码是必不可少的操作，为此 Dreamweaver 设计了【代码和设计】与【代码】两种视图方式，可以通过这两种方式设置编码环境、编写代码、优化和调试代码以及在设计视图编辑代码。如图 1-13 所示为【拆分】视图。

图 1-12 使用【设计】视图布局页面

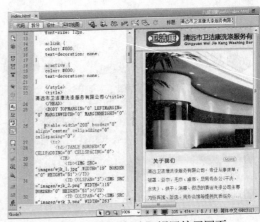

图 1-13 使用【拆分】视图编写网页

3. 开发 Web 应用程序

Web 应用程序可以赋予页面一定的功能，例如通过页面搜索数据库的数据；在页面中插入、更新或删除数据库中的数据；以及限制对某一 Web 站点的访问。具有这些可以使用户与站点进行交互功能的页面，通常称为"动态网页"。使用 Dreamweaver 可以迅速创建动态网页。如图 1-14 所示为使用 Dreamweaver 和数据库开发会员注册功能的页面。

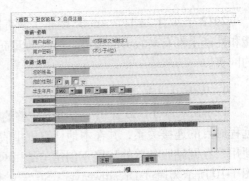

图 1-14 开发会员注册功能

1.2 Adobe 三剑客通用界面

Photoshop CS6、Flash Professional CS6 和 Dreamweaver CS6 同属 Adobe CS6 套装软件的应用程序，它们彼此有着很强的整合性，而且具有通用的操作界面。

1.2.1 Adobe 通用界面

Adobe CS6 程序的界面很相似，用户只要熟悉其中一个程序的操作界面，基本上就可以掌握 Adobe CS6 其他应用程序的界面操作。如图 1-15、图 1-16 和图 1-17 所示分别为 Photoshop CS6、Flash Professional CS6 和 Dreamweaver CS6 的操作界面。

图 1-15 Photoshop CS6 界面

图 1-16　Flash Professional CS6 界面

图 1-17　Dreamweaver CS6 界面

由于 Adobe CS6 的各个应用程序界面有很大的相似性，因此本节仅以 Photoshop CS6 为例，介绍 Adobe CS6 应用程序的操作界面。另外，Photoshop CS6 程序默认界面使用深灰色颜色方案，可以选择【编辑】/【首选项】/【界面】命令，在【外观】框中选择其他颜色方案。

1.2.2　菜单栏

Adobe CS6 应用程序的菜单栏位于用户界面正上方。以 Photoshop CS6 为例，它包含了图像处理的大部分操作命令，主要由【文件】、【编辑】、【图像】、【图层】、【文字】、【选择】、【滤镜】、【视图】、【窗口】、【帮助】10 个菜单组成，单击任意一个菜单项，即可打开菜单，如图 1-18 所示。

当用户需要使用某个菜单的时候，除了单击菜单项打开菜单外，还可以通过"按下 Alt+菜单项后面的字母"的方式打开菜单。例如，如果要打开【文件】菜单，只需同时按下 Alt+F 即可。打开菜单后，就能显示该菜单所包含的命令项，在各个命令项的右边是该命令项的快捷键。如图 1-19 所示。

图 1-18　打开菜单

图 1-19　通过快捷键执行命令

如果菜单中某些菜单命令项显示为灰色，则表示该命令在当前状态下不可用。

1.2.3 工具箱

工具箱是 Adobe CS6 各个应用程序都具有的一种面板，默认位于用户界面的左侧，是使用频率最高的面板之一。对于 Photoshop 来说，工具箱包含了所有图像处理用到的编辑工具，套索工具、画笔工具、裁剪工具、文字工具、修补工具等。

在默认的情况下，工具箱以单列显示工具按钮，只需单击工具箱标题栏的【展开面板】按钮，即可展开工具箱，此时工具箱以双列显示工具按钮，如图 1-20 所示。

Photoshop CS6 的工具箱提供了大量的编辑工具，当中有一些工具的功能十分相似，因此它们通常以组的形式隐藏在同一个工具按钮中。包含多个工具的工具按钮右下角会有一个小三角箭头。如果要转换同一组的不同工具，只需鼠标右键单击工具按钮或左键长按工具按钮即可打开工具组，此时选择相应的工具即可，如图 1-21 所示。

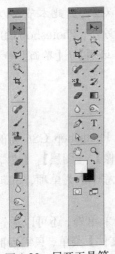

图 1-20　展开工具箱

图 1-21　打开按钮工具组

1.2.4 选项栏

Adobe CS6 应用程序的选项栏位于正下方，在工具箱中选择不同工具时，选项栏将显示不同的选项，以便对当前使用的工具进行相关设置，如图 1-22 所示为 Photoshop CS6 的选项栏。

可以通过选择或取消选择【窗口】菜单的【选项】命令显示或隐藏选项栏，如图 1-23 所示。

图 1-22　使用选项栏设置工具选项

图 1-23　显示或隐藏选项栏

1.2.5　面板组

对于 Photoshop CS6 来说，面板组位于用户界面最右侧，它是用户编辑图像的重要辅助工具。在默认情况下，为了方便用户使用，只显示三个面板组在用户界面的最右侧，包含了最常用的颜色、调整、图层等面板，如图 1-24 所示。

当展开的面板组占用过多的位置时，可以单击【折叠为图标】按钮 ▶▶ 将面板折叠并以图标显示。当需要使用面板时，只需单击折叠面板组的按钮图标即可打开面板，如图 1-25 所示。

图 1-24　Photoshop 的面板组区域

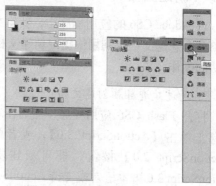

图 1-25　折叠面板组与打开面板

1.2.6　文件窗口

Adobe CS6 的大部分应用程序均采用了选项卡形式的文件窗口，该窗口用于显示和提供用户编辑的当前文件。文件窗口分为文件标题、文件内容、文件状态三部分。如果要使文件窗口浮动显示，可以按住文件标题然后往外拖动。如图 1-26 所示为 Photoshop CS6 的文件窗口。

图 1-26　浮动显示文件窗口

1.2.7　工作区切换器

在默认状态下，Adobe CS6 的应用程序以【基本功能】模式显示工作区，在此工作区下，可以方便使用程序的基本功能进行创作。

但对于某些高级设计来说，【基本功能】模式显示区不一定能满足工作需要。因此，可以根据自己的操作需要，通过工作区切换器切换不同模式的工作区。如图 1-27 所示为 Photoshop CS6 的工作区切换器。

图 1-27　Photoshop CS6 的工作区切换器

1.3 创建与管理文档

除了操作界面以外，Adobe CS6 三剑客应用程序的文档创建与管理的方法也基本相同，方便了入门者快速掌握 Adobe 套装软件的基础使用。本节以 Flash CS6 为例，介绍 Adobe CS6 三剑客应用程序通用的文档创建与管理方法。

1.3.1 新建文档

在 Adobe CS6 的应用程序中，新建文档有多种方法，例如使用欢迎屏幕新建文档、通过菜单命令新建文档、利用快捷键新建文档等。下面以 Flash CS6 应用程序为例，介绍这 3 种方法的操作。

1. 通过欢迎屏幕创建文档

打开 Flash CS6 应用程序，然后在欢迎屏幕上单击【ActionScript 3.0】，或者单击【ActionScript 2.0】按钮，即可新建支持 ActionScript 3.0 脚本语言或支持 ActionScript 2.0 脚本语言的 Flash 文档，如图 1-28 所示。

如果单击【Adobe AIR 2】按钮、单击【iPhone OS】或单击【Flash Lite 4】按钮，即可新建对应用途的 Flash 文档。

图 1-28　通过欢迎屏幕创建文档

2. 通过菜单命令创建文档

在菜单栏中选择【文件】/【新建】命令，如图 2-29 所示。打开【新建文档】对话框后，选择【ActionScript 3.0】、【ActionScript 2.0】、【AIR for Android】、【AIR for OS】或【Flash Lite 4】选项，然后单击【确定】按钮，即可创建各种类型的 Flash 文档，如图 1-30 所示。

3. 使用快捷键创建文档

按下 Ctrl+N 快捷键，打开【新建文档】对话框，然后按照第 2 个方法的操作，即可创建 Flash 文档。

图 1-29　选择【文件】/【新建】命令

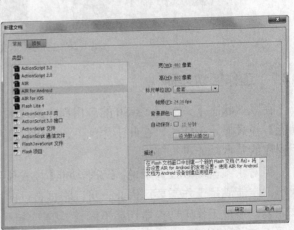

图 1-30　通过菜单命令创建文档

1.3.2　从模板创建新文档

除了创建空白的新文档外，还可以利用程序内置的多种类型模板，快速创建具有特定应用的文档。

以 Flash 为例，可以选择【文件】/【新建】命令，在打开对话框后，选择【从模板新建】选项卡，然后选择模板，再单击【确定】按钮即可，如图 1-31 所示。

图 1-31　从模板中创建新文档

1.3.3　打开现有的文档

在 Flash CS6 中，常用的打开 Flash 文件的方法有 4 种。

1. 通过菜单命令打开文档

在菜单栏上选择【文件】/【打开】命令，然后通过打开的【打开】对话框选择 Flash 文件，并单击【打开】按钮，如图 1-32 所示。

图 1-32　通过菜单命令打开文档

2. 通过快捷键打开文档

按下 Ctrl+O 快捷键，然后通过打开的【打开】对话框选择 Flash 文件，并单击【打开】按钮。

3. 打开最近编辑的文档

如果想要打开最近编辑过的 Flash 文件，可以选择【文件】/【打开最近的文件】命令，然后在菜单中选择文件即可，如图 1-33 所示。

图 1-33 打开最近编辑的文档

4. 通过 Adobe Bridge CS6 程序打开文档

在 Flash CS6 中选择【文件】/【在 Bridge 浏览】命令，或者按下 Ctrl+Alt+O 快捷键，然后通过打开的 Adobe Bridge CS6 程序窗口选择 Flash 文件，再双击该文件即可，如图 1-34 所示。

图 1-34 通过 Adobe Bridge CS6 程序打开文档

TIPS▶

在打开多个文档时，【文档】窗口顶部的选项卡会标识所打开的各个文档，允许用户在它们之间轻松导航，如图 1-35 所示。

图 1-35 打开多个文档时切换文档

1.3.4 保存文档

当创建文档或对文档完成编辑后，可以使用当前的名称和位置或其他名称或位置保存文档。

以 Flash CS6 为例，如果是新建的 Flash 文档需要保存时，可以选择【文件】/【保存】命令，或者按下 Ctrl+S 快捷键，然后在打开的【另存为】对话框中设置保存位置、文档名、保存类型等选项，最后单击【保存】按钮即可，如图 1-36 所示。

图 1-36　保存新文档

如果是打开的 Flash 文档编辑后直接保存，则不会打开【另存为】对话框，而是按照原文档的目录和文档名直接覆盖。

另外，如果文档包含未保存的更改，则文档标题栏、应用程序标题栏和文档选项卡中的文档名称后会出现一个星号（*），如图 1-37 所示。当保存文档后，星号就会消失。

 当保存文档并再次进行编辑更改后，如果想还原到上次保存的文档版本，可以选择【文件】/【还原】命令，如图 1-38 所示。

图 1-37　未保存更改的文档会出现星号　　　　图 1-38　还原到上次保存的文档版本

1.3.5　另存文档

在编辑文档后，如果不想覆盖原来的文档，可以选择【文件】/【另存为】命令（或按下 Ctrl+Shift+S 快捷键）将文档保存成一个新文档。

对于 Flash CS6 来说，在保存文件时，可以选择"Flash CS6 文档"、"Flash CS5 文档"和"Flash CS5.5"三种 Flash 版本的文档保存类型，如图 1-39 所示。

图 1-39　另存文档时选择保存类型

 需要注意，某些只支持 Flash CS6 版本的功能，在文件保存为"Flash CS5 文档"或
"Flash CS5.5"类型后即不能使用。

1.3.6 将文档另存为模板

使用模板可以快速创建特定应用需要的文档，但 Adobe 三剑客自带的模板毕竟有限，这些模板有时未必满足用户的需要。为了解决这一问题，Adobe 大部分应用程序都允许将创建的文档另存为模板使用。

下面以 Flash CS6 为例，介绍将文档另存为模板的方法。

动手操作 将文档另存为模板

1 在菜单栏中选择【文件】/【另存为模板】命令，如图 1-40 所示。

2 此时程序将打开警告对话框，提示保存成模板文档将会清除 SWF 历史信息。只需单击【另存为模板】按钮即可，如图 1-41 所示。

3 打开【另存为模板】对话框后，在【名称】文本框输入模板名称，然后在【类别】列表框输入类别名称或直接选择预设类别，在【描述】文本框输入合适的模板描述，最后单击【保存】按钮即可，如图 1-42 所示。

图 1-40 选择【另存为模板】命令

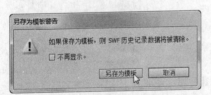

图 1-41 确定另存为模板

图 1-42 设置并保存模板

1.4 预览与发布文档

使用 Adobe 三剑客制作好文档后，可以根据不同的程序对文档进行预览、发布和应用。

1.4.1 预览 Dreamweaver 网页文档

在 Dreamweaver CS6 中，可以通过【文档】工具栏上的【预览】/【预览在 IExplore】命令（或按下 F12 功能键），打开浏览器预览当前网页文件效果，如图 1-43 所示。

此外，还可以打开【文件】菜单，选择【在浏览器中预览】/【IExplore】命令预览网页效果，如图 1-44 所示。

图 1-43　预览网页效果

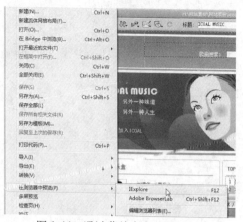

图 1-44　通过菜单命令预览网页

1.4.2　将 Photoshop 图像存储为网页文件

　　Photoshop CS6 提供了将文件保存为网页或网页图像的功能，以满足网络图像传输速度和保持一定图像质量的要求，为制作网页提供了极大的方便。

动手操作　将图像存储为网页文件

　　1　打开光盘中的"..\Example\Ch01\index.psd"文件，然后选择【文件】/【存储为 Web 和设备所用格式】命令，如图 1-45 所示。

　　2　在打开的【存储为 Web 和设备所用格式】对话框右侧选择需要保存的网页图像类型，然后设置对应的优化选项，最后单击【存储】按钮，如图 1-46 所示。

图 1-45　存储为 Web 和设备所用格式

图 1-46　选择文件类型并优化图像

　　3　在弹出的【将优化结果存储为】对话框中设置文件的保存位置及文件名，接着在【保存类型】下拉列表框中选择要保存的类型，最后单击【保存】按钮，如图 1-47 所示。

　　4　保存完毕后，在保存位置中找到本例成果，然后双击即可以网页的形式打开文件，

如图 1-48 所示。

图 1-47　将优化结果存储为网页

图 1-48　通过浏览器预览图像

1.4.3　发布 Flash 文档为 SWF 动画

在默认情况下，选择【文件】/【发布】命令会创建一个 Flash SWF 文件和一个 HTML 文档（该 HTML 文档会将 Flash 内容插入到浏览器窗口中），如图 1-49 所示。

另外，【发布】命令还为 Adobe 的 Macromedia Flash 4 及更高版本创建和复制检测文件。如果更改发布设置，Flash 将更改并与该文档一起保存。在创建发布配置文件之后，可以将其导出以便在其他文档中使用，或供在同一项目上工作的其他人使用。

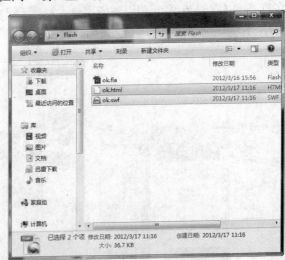

图 1-49　以默认设置发布 Flash 文档

除了发布 SWF 格式和 HTML 格式的文档以外，还可以在发布前进行设置，以便让发布的 Flash 文档适合不同的用途。

在菜单栏选择【文件】/【发布设置】命令，打开【发布设置】对话框，然后通过该对话框设置发布选项，如图 1-50 所示。

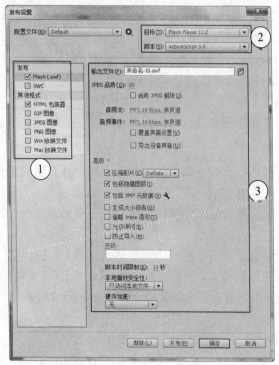

① 选择格式类型；② 选择播放器目标和脚本语言；③ 设置对应格式的选项

图 1-50　发布设置

 在 Flash CS6 中，可以发布文档以使用下列方式播放内容：

（1）在安装了 Flash Player 的 Internet 浏览器中播放。

（2）作为一种称为放映文件的独立应用程序播放。

（3）利用 Microsoft Office 和其他 ActiveX 主机中的 Flash ActiveX 控件播放。

（4）在 Adobe 的 Director 和 Authorware 中用 Flash Xtra 播放。

1.5　本章小结

本章主要介绍了 Photoshop CS6、Flash Professional CS6 和 Dreamweaver CS6 这三个 Adobe CS6 应用程序的基础知识，包括了解程序功能和界面概述，以及管理、预览与发布文件等方法。

1.6　本章习题

1. 填空题

（1）在 Adobe CS6 套装软件中，_____是专业用于图像处理的应用程序，_____是专业用于设计与开发网站的应用程序。

（2）在 Photoshop CS6 中，可以选择_____命令，然后通过【外观】框中选择不同的程序颜色方案。

（3）Photoshop CS6 包含_____、_____、_____、_____、

_____、_____、_____、_____和_____10 个菜单项组成。

（4）对于 Flash CS6 来说，保存文件时，可以选择_____、_____和_____三种 Flash 版本的文档保存类型。

（5）要新建 Flash 文件，可以在菜单栏中选择_____命令。

（6）在 Dreamweaver CS6 中，可以通过【文档】工具栏上的_____命令，打开浏览器预览当前网页文件效果。

2．选择题

（1）在三剑客应用程序中，按下哪个快捷键可以打开【新建文档】对话框？　　（　）

　　A. Ctrl+N　　　　　B. Ctrl+D　　　　　C. Ctrl+F　　　　　D.Shift+N

（2）当保存文档并再次进行编辑更改后，如果想还原到上次保存的文档版本，可以选择哪个命令？　　（　）

　　A.【文件】/【恢复】命令　　　　　B.【文件】/【反向】命令

　　C.【文件】/【还原】命令　　　　　D.【文件】/【重做】命令

（3）编辑文档后，若不想覆盖原来的文档而需要另存新文档的话，可以按下以下哪个快捷键？　　（　）

　　A. Ctrl+Alt+S　　　　　B. Ctrl+S

　　C. Alt+Shift+S　　　　　D. Ctrl+Shift+S

（4）在 Dreamweaver CS6 中，如果要通过浏览器预览网页文档，可以按下哪个键？

　　　　　　　　　　　　　　　　　　　　　　　　　　　　（　）

　　A. F1　　　　　B. F8　　　　　C. F11　　　　　D. F12

3．操作题

将光盘的 "..\Example\Ch01\1.6.jpg" 练习文件在 Photoshop CS6 中打开，然后将图像存储为网页文件，接着在 Dreamweaver CS6 中打开网页文件，并通过 Dreamweaver 打开浏览器预览网页，如图 1-51 所示。

图 1-51　操作题的结果

提示：

（1）将练习文件在 Photoshop CS6 中打开，然后选择【文件】/【存储为 Web 和设备所用格式】命令。

（2）在打开的【存储为 Web 和设备所用格式】对话框右侧选择需要保存的网页图像类型，然后设置对应的优化选项，最后单击【存储】按钮。

（3）在弹出的【将优化结果存储为】对话框中设置文件的保存位置及文件名，接着在【保存类型】下拉列表框中选择要保存的类型，最后单击【保存】按钮。

（4）保存完后，在 Dreamweaver 中打开网页文档。

（5）此时按下 F12 功能键，即可用默认浏览器查看网页。

第 2 章　Photoshop 图像基本编辑

 内容提要

本章主要介绍 Photoshop 中的图像基本编辑，包括创建图像副本、调整图像大小、调整图像色彩、改善图像颜色等。

 学习重点与难点

➢ 了解图像处理的各种概念
➢ 掌握查看图像和进行基础编辑的方法
➢ 掌握调整图像色彩的基本方法
➢ 掌握【调整】面板的使用和调整局部色彩的方法

2.1　图像处理概念

本节将介绍图像处理的概念知识，包括图像的分类、图像格式、图像大小与分辨率、图像的颜色通道、图像模式转换等。

2.1.1　图像的类型

在计算机中，图像是以数字方式进行记录、处理和保存的，可以分为两类，即位图图像和矢量图形。

1. 位图图像

位图图像又称为点阵图像或栅格图像，这种图像使用图片元素的矩形网格（像素）表现图像，每个像素都分配有特定的位置和颜色值。在处理位图图像时，编辑的是像素，而不是对象或形状。

位图图像包含固定数量的像素。如果在屏幕上以高缩放比率对它们进行缩放或以低于创建时的分辨率来打印它们，都将丢失其中的细节，并会呈现出锯齿，如图 2-1 所示。

2. 矢量图形

矢量图形又称为矢量形状或矢量对象，它由称作矢量的数学对象定义的直线和曲线构成。矢量根据图像的几何特征对图像进行描述。可以任意移动或修改矢量图形，而不会丢失细节或影响清晰度。当调整矢量图形的大小、将矢量图形打印到打印机、将矢量图形导入到基于矢量的图形应用程序中时，矢量图形都将保持清晰的边缘，如图 2-2 所示。对于将在各种输出媒体中按照不同大小使用的图稿（如徽标），矢量图形是最佳选择。

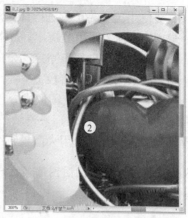

① 没有放大的位图图像细节显示清晰；② 放大四倍的位图图像出现锯齿

图 2-1　不同放大级别的位图图像

① 没有放大的矢量图形细节显示清晰；② 放大 3 倍的矢量图形没有丢失细节或影响清晰度

图 2-2　不同放大级别的矢量图形

2.1.2　图像尺寸与分辨率

图像的分辨率与图像尺寸有着紧密的联系。当尺寸相同时，图像分辨率越高，图像文件也就越大。除了图像分辨率外，位分辨率也会影响文件的大小。一般情况下，当图像尺寸和图像分辨率都相同时，位分辨率越大，文件体积也就越大；图像的分辨率越高，得到的印刷图像的质量就越好。如图 2-3 所示为不同分辨率在放大时的图像质量。

分辨率的种类较多，其划分方式与含义也不尽相同。下面就分别对图像分辨率、设备分辨率、网屏分辨率以及位分辨率这 4 种与图像设计关系比较密切的分辨率进行介绍。

图 2-3　不同分辨率在放大时的
图像质量

● 图像分辨率：通常指的是每英寸图像所包含的像素点数。分辨率越高，图像越清晰，占用的磁盘空间越大，处理的时间越长；反之，图像越模糊，占用的磁盘空间越小，处理时间也越短。在 Photoshop CS6 中，除了可以使用"英寸"单位计算分辨率，还可以使用"厘米"等其他单位计算分辨率，不同单位计算出来的分辨率不同，因此，如果没有特殊

说明，一般使用英寸为单位进行计算。

- 设备分辨率：又称为输出分辨率，是指每单位输出长度所代表的像素点数，它是不可更改的，每个设备各自都有固定的分辨率。如电脑显示器、扫描仪、数码相机等，都有一个固定的最大分辨率参数。
- 网屏分辨率：是指打印灰度图像或分色图像时所用的网屏上每英寸的点数。这种分辨率通过每英寸的行数（LPI）来表示。
- 位分辨率：又称为位深，用来衡量每个像素存储的颜色信息的位数。

 本节讨论的图像限于位图图像，由于矢量图是用数学方式的描述建立的图像，因此与图像分辨率无关。

2.1.3 图像的颜色通道

每个 Photoshop 图像都有一个或多个通道，每个通道中都存储了关于图像色素的信息。图像中的默认颜色通道数取决于图像的颜色模式。

在默认情况下，位图、灰度、双色调和索引颜色模式的图像有一个通道；RGB 和 Lab 图像有 3 个通道，如图 2-4 所示，CMYK 图像有 4 个通道，如图 2-5 所示。

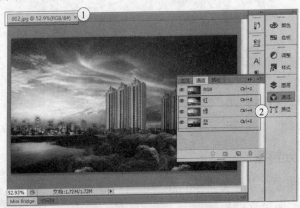

① RGB 颜色模式的图像；② RGB 图像有红色、绿色、蓝色三个通道

图 2-4　RGB 图像有 3 个颜色通道

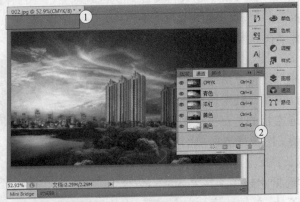

① CMYK 颜色模式的图像；② CMYK 图像有青色、洋红色、黄色、黑色四个通道

图 2-5　CMYK 图像有 4 个颜色通道

2.1.4　认识色彩模式

图像都是由色彩构成的，通过图像色彩的不同组合方式产生不同的颜色效果，在 Photoshop 中称为色彩模式。

色彩模式决定了图像在显示或打印时的色彩处理方式，常见的色彩模式包括 RGB（红、绿、蓝）、CMYK（青、洋红、黄、黑）、Lab、位图（Bitmap）、灰度（Grayscale）、双色调（Duotone）、索引色（Indexed Color）等。

1. RGB 颜色

RGB 颜色又称为加色模式，是 Photoshop CS6 创作时最常用的色彩模式，也是显示器、电视机、投影仪等设备使用的色彩模式。

RGB 中的色彩通道 R 代表红色（Red）、G 代表绿色（Green），B 代表蓝色（Blue），也就是常说的"三原色"，这 3 种颜色通过叠加形成了其他的色彩，如图 2-6 所示。

RGB 中每种原色用 8 位数据保存，因此可以表示从 0（黑色）～255（白色）共 256 个色彩亮度评级，三种原色叠加一共可以产生 1677 万种色彩（俗称"24 位真彩色"）。

2. CMYK 颜色

CMYK 颜色又称为减色模式，是一种印刷用的色彩模式。其中，C 代表青色（Cyan）、M 代表洋红（Magenta）、Y 代表黄色（Yellow）、K 代表黑色（Black）。这 4 种颜色通过叠加形成了其他色彩，如图 2-7 所示。CMYK 中的每种原色也用 8 位数据保存，可以表示从 0（白色）～100%（通道颜色）的色彩范围。

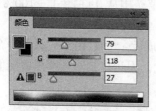

图 2-6　RGB 图像模式

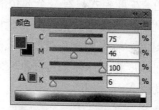

图 2-7　CMYK 图像模式

由于可以产生多种色彩，因此在设计色彩丰富的图像时，RGB 色彩模式是最好的选择。同时由于 RGB 色彩模式通过亮度表示色彩，某些色彩的亮度范围已经超出了印刷色彩的范围，因此直接打印 RGB 模式的图像可能会造成颜色的丢失，也就是常说的"失真"。

由于色彩数量比 RGB 少，而且比 RGB 多一个色彩通道，从而使 CMYK 的色彩表现能力不及 RGB，并且文件体积比相应的 RGB 文件大，因此 CMYK 较少应用于 Web 图像方面。在编辑用于印刷的图像时，也不提倡直接使用 CMYK 模式，一方面由于 CMYK 有 4 个通道，处理速度慢；另一方面也因为显示器成像是使用 RGB 模式，即使在 CMKY 模式下工作，Photoshop CS6 也必须将 CMYK 即时转换为显示器所用的 RGB 模式，这样减慢了处理速度。

由于显示器采用 RGB 模式，因此在显示器中看到的 CMYK 图像与打印时看到的图像效果会略有不同，打印图像看起来会暗一点。

3. Lab 颜色

Lab 图像模式以一个亮度通道 L（Lightness）以及 a、b 两个颜色通道来表示颜色。L 通道代表颜色的亮度，其值域从 0～100，当 L=50 时，就相当于 50% 的黑。a 通道表示从红色至绿色的范围，b 通道表示从蓝色至黄色的范围，其值域都是从 +120～-120，如图 2-8 所示。Lab 图像模式是一种与设备无关的图像模式，它的色域宽阔，不仅包含了 RGB 以及 CMYK 的所有色域，还能表现它们不能表现的更多色彩。因此，当把其他颜色转换为 Lab 色彩时，颜色并不会产生失真。

4. 位图

位图色彩模式用黑色与白色两种色彩表示图像，图像中的每种色彩用 1 位数据保存，色彩数据只有 1 和 0 两种状态，1 代表白色，0 代表黑色。

位图模式主要用于早期的不能识别颜色和灰度的设备，由于只用 1 位来表示颜色数据，因此其图像文件体积较其他色彩模式都小。位图模式也可用于文字识别，如果扫描需要使用光学文字识别技术识别的图像文件，需将图像转化为位图模式。

 位图不能和彩色模式的图像相互转换，要将彩色模式的图像转换为位图模式，必须先将其转换为灰度模式。

5. 灰度

与位图图像相似，灰度色彩模式也用黑色与白色表示图像，但在这两种颜色之间引入了过渡色灰色。灰度模式只有一个 8 位的颜色通道，通道取值范围从 0（白色）～100%（黑色）。可以通过调节通道颜色数值产生各个评级的灰度，如图 2-9 所示。

与位图色彩模式相比，灰度模式能更好地表现图像的颜色，同时由于它只有一个色彩通道，在处理速度和文件体积方面都较彩色的色彩模式占优，因此在制作各种黑白图像时，可以选用灰度模式。

图 2-8　Lab 图像模式

图 2-9　灰度图像模式

6. 双色调

双色调模式通过 1～4 种用户自定义的颜色来创建灰度图像。用户自定义的颜色用于定义图像的灰度评级，并不会产生彩色。当选用不同的颜色或颜色数目时，创建的灰度评级也不同，这样较颜色单一的灰度图像可以表现出更丰富的层次感和质感。

将灰度图像转换为双色调模式时，会出现如图 2-10 所示的【双色调选项】对话框，可以在对话框中选择单色调至四色调类型，然后在对应的油墨框中选择所需的色彩以及为色彩命名。对话框底部将显示选择结果的预览。设置完成后的【颜色】调板如图 2-11 所示，可在调板中拖动滑块选择所需的灰度评级。

图 2-10　【双色调选项】对话框

图 2-11　调整灰度颜色

在将其他图像模式转换为双色调模式之前，必须先转换为灰度模式，然后才能转换为双色调模式。

7. 索引色

索引色模式只能存储一个 8bit 色彩深度的文件，即最多 256 种颜色。这些颜色被保存在一个称为颜色表的区域中，每种颜色对应一个索引号，索引色模式由此得名。可以选择【图像】/【模式】/【颜色表】命令打开【颜色表】对话框，如图 2-12 所示。

在将其他图像模式转换为索引图像时，如果原图像中的某种颜色没有出现在颜色表中，Photoshop CS6 会选择颜色表中最相近的颜色取代该种颜色，将会造成一定程度的失真。

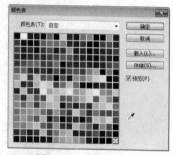

图 2-12　索引颜色表

2.1.5　转换色彩模式

可以根据需要转换的图像模式，将某种模式的图像转换为其他合适的模式。

值得注意的是，在转换过程中造成的颜色丢失往往是不可逆的，某些色彩模式之间也不能互相转换。因此在转换之前必须对各种色彩模式有充分的了解，并且有十分明确的操作目的，否则可能会造成无可挽救的损失。

在 Photoshop CS6 中打开文件，然后在菜单栏选择【图像】/【模式】命令，打开如图 2-13 所示的菜单，只需选择不同的命令即可转换色彩模式。

图 2-13　转换图像模式

2.1.6　认识位深度

位深度用于指定图像中的每个像素可以使用的颜色信息数量。每个像素使用的信息位数越多，可用的颜色就越多，颜色表现就更逼真。

位深度为 8 的图像有 2 的 8 次方数量（即 256）的可能值，因此位深度为 8 的灰度模式图像有 256 个可能的灰色值。

对于 RGB 图像来说，它由 RGB 3 个颜色通道组成。8 位/像素的 RGB 图像中的每个通道有 256 个可能的值，这意味着 RGB 图像有 1600 万个以上可能的颜色值。所以，RGB 图像能够表现很丰富的内容色彩。

在 Photoshop CS6 中，如果要更改图像的位深度，可以通过【图像】/【模式】的子菜单命令来实现，如图 2-14 所示。

图 2-14　更改图像的位深度

2.2　查看与编辑图像

在使用 Photoshop CS6 处理图像的过程中，基本的图像查看与编辑功能是最常用的。

2.2.1　使用屏幕模式

Photoshop 提供了多种屏幕模式，可以使用不同的屏幕模式达到显示或隐藏菜单栏、标题栏和滚动条的目的，从而更方便查看图像。

（1）如果要显示默认屏幕模式（菜单栏位于顶部，滚动条位于侧面），可以选择【视图】/【屏幕模式】/【标准屏幕模式】命令，如图 2-15 所示。

（2）如果要显示带有菜单栏和 50%灰色背景，但没有标题栏和滚动条的全屏窗口，可以选择【视图】/【屏幕模式】/【带有菜单栏的全屏模式】命令。如图 2-16 所示为带菜单栏的全屏模式。

（3）如果要显示只有黑色背景的全屏窗口（无标题栏、菜单栏或滚动条），可以选择【视图】/【屏幕模式】/【全屏模式】命令。如图 2-17 所示为全屏模式。在全屏模式下，面板是隐藏的，可以将鼠标移到屏幕两侧显示面板，或者按下 Tab 键显示面板。另外，当需要退出全屏模式时，可以按 F 键或 Esc 键。

图 2-15　选择标准屏幕模式

图 2-16　带有菜单栏的全屏模式

图 2-17　全屏模式

2.2.2 缩放与拖动图像

全屏幕通常用于查看图像的全部效果，但需要查看图像局部区域时，可以通过下面两种方法来实现。

1. 使用缩放工具

使用【缩放工具】 可以放大或缩小图像。当使用【缩放工具】 时，每单击一次都会将图像放大（直接单击）或缩小（按住 Alt 键单击）到下一个预设百分比，并以单击的点为中心将显示区域居中，如图 2-18 所示。

图 2-18 使用缩放工具放大图像

如果要放大查看图像的特定区域，可以使用【缩放工具】 在图像需要查看的区域中拖动，此时图像将以【缩放工具】所在的位置逐渐缩放，如图 2-19 所示。

在使用【缩放工具】拖动缩放图像时，向图像左侧（包括左上、左下）移动会缩小图像；向图像右侧（包括右上、右下）移动会放大图像。另外使用【缩放工具】拖动即时缩放图像的功能需要图形硬件加速支持，要求显卡支持动态图形加速技术。否则在拖出【缩放工具】时会先拖出缩放选框，放开鼠标后才会根据缩放选框缩放图像。

图 2-19 拖动缩放工具放大图像区域

可以在选择【缩放工具】 后，通过选项栏的功能按钮设置图像显示方式，如图 2-20 所示。

- 实际像素：以 100%的大小显示图像。实际像素视图所显示的图像与它在浏览器中显示的一样（基于显示器分辨率和图像分辨率）。
- 适合屏幕：将图像缩放为屏幕大小。
- 填充屏幕：缩放当前图像以适合屏幕。
- 打印尺寸：将图像缩放为打印分辨率大小。

图 2-20　通过功能按钮设置图像显示

2. 使用抓手工具

当文件窗口中没有显示全部图像时，可以使用【抓手工具】拖动以平移图像，查看图像的其他区域，如图 2-21 所示。

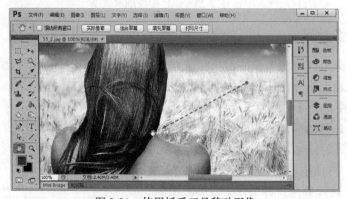

图 2-21　使用抓手工具移动图像

除了使用【抓手工具】移动图像外，还可以通过文件窗口的水平和垂直滚动条移动图像，以查看图像的不同区域，如图 2-22 所示。

图 2-22　通过窗口滚动条移动图像

2.2.3　创建图像副本

通过创建图像副本，可以为同一个图像文件设计不同艺术风格的图像效果，不用再多次

打开同一文件，从而提高了工作效率。

选择【图像】/【复制】命令，在打开的【复制图像】对话框为图像副本重新命名，最后单击【确定】按钮即可创建图像副本，如图 2-23 所示。

图 2-23　创建图像副本

2.2.4　应用图像效果

应用图像效果可以将源图像的图层和通道与目标图像的图层和通道混合，从而制作出奇特的图像效果。在菜单栏中选择【图像】/【应用图像】命令，打开【应用图像】对话框，然后进行相关设置即可应用该命令。如图 2-24 所示为【应用图像】对话框。

【应用图像】对话框中的项目说明如下：

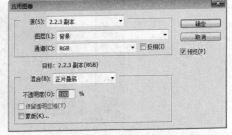

图 2-24　【应用图像】对话框

- 源：用于选择要与目标图像组合的源图像。
- 图层：用于选择要与目标图像组合的源图像图层。
- 通道：用于选择要与目标图像组合的源图像通道。
- 反向：选择该复选框可在 Photoshop 进行通道计算时使用通道内容的负片。
- 混合：用于选择源图像与目标图像混合的类型。
- 不透明度：用于指定应用效果的强度。
- 保留透明区域：选择该复选框可将效果应用到结果图层的不透明区域。
- 蒙版：选择该复选框可通过蒙版应用混合。

下面先打开两个图像文件，然后执行【应用图像】命令应用图像效果，制作图像的混合效果。在使用【应用图像】命令时注意使用的两个图像大小需要一样。

动手操作　应用图像效果

1　打开光盘中的 "..\Example\Ch02\2.2.4a.jpg、2.2.4b.jpg" 文件，其中两个文件的大小属性一致，分别如图 2-25 所示。

2　单击 "2.2.4b.jpg" 文件的标题，使它作为当前图像，然后选择【图像】/【应用图像】命令，打开【应用图像】对话框。

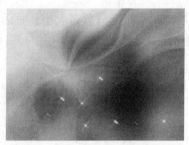

图 2-25 两个图像文件

3 打开对话框后，【源】和【目标】均为
"2.2.4a.jpg"。其中，【源】可以更改，【目标】不能
更改，所以指定的当前文件就是默认的目标文件，
如图 2-26 所示。

4 在默认状态下，将源文件以【柔光】的混
合模式应用到当前文件中，最后单击【确定】按钮，
如图 2-27 所示。

5 此时将 "2.2.4a.jpg" 文件以【柔光】的混
合模式应用于 "2.2.4b.jpg"（目标文件）上，结果如图 2-28 所示。

图 2-26 设置【源】为 "2.2.4a.jpg" 图像

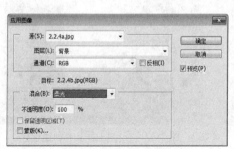

图 2-27 设置混合模式

图 2-28 将源文件应用于目标文件的结果

2.2.5 设置图像与画布大小

为了使图像大小更符合实际需要，可以调整图像像素大小或文档大小。当调整画布大小
时，可以在不修改图像内容的情况下，增大或减小画布。增大画布可以为图像提供更多的工
作空间；减小画布则可以裁剪掉多余的部分。

动手操作 设置图像与画布大小

1 打开光盘中的 "..\Example\Ch02\2.2.5.jpg" 文件，在菜单栏中选择【图像】/【图像
大小】命令，打开【图像大小】对话框。

2 在对话框中分别选择【缩放样式】、【约束比例】、【重定图像像素】复选框，然后设
置【像素大小】的宽度为 1000 像素，这时图像高度也会随之更改，如图 2-29 所示，最后单
击【确定】按钮。

3 在菜单栏中选择【图像】/【画布大小】命令，打开【画布大小】对话框，分别指定新建大小宽度和高度比原画布尺寸均多 20 像素，然后选择画布扩展颜色为"白色"，如图 2-30 所示。修改画布大小的结果如图 2-31 所示。

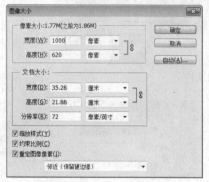

图 2-29　调整图像大小

图 2-30　调整画布大小

4 在工具箱中使用【魔棒工具】按钮，然后在白色画布处单击选择白色画布区域，如图 2-32 所示。

图 2-31　调整画布大小后的效果

图 2-32　在空白画布中创建选区

5 在工具箱的颜色图示中单击【前景色】图标，然后在弹出的【拾色器（前景色）】对话框中选择一种颜色，接着使用【油漆桶工具】在选区上单击填充颜色，如图 2-33 所示。结果如图 2-34 所示。

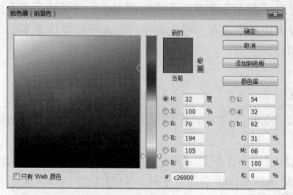

图 2-33　为选区填充颜色

图 2-34 设置图像和画布大小并添加边框的结果

2.2.6 旋转画布与裁剪图像

在 Photoshop CS6 中，使用【旋转画布】命令可以对图像进行指定角度的旋转调整，使用【裁剪工具】可以将图像中多余的部分裁剪掉，从而只保留有用的区域。

动手操作 旋转画布与裁剪图像

1 打开光盘中的 "..\Example\Ch02\2.2.6.jpg" 文件，然后在菜单栏中选择【图像】/【旋转画布】/【任意角度】命令，如图 2-35 所示。

2 在打开的【旋转画布】对话框中选择【度（顺时针）】单选项，输入旋转角度为 10，然后单击【确定】按钮，旋转画布，如图 2-36 所示。

图 2-35 任意角度旋转画布

图 2-36 设置旋转的角度和方向

3 在工具箱中单击【裁剪工具】按钮，然后在图像中按住鼠标左键拖动绘制裁剪框，如图 2-37 所示，框内即为保留区域，而框外图像将被裁剪掉。

4 通过拖动裁剪框四边的调整控制点，可以精确调整裁剪框的大小范围，如图 2-38 所示，最后单击属性栏中的【提交当前裁剪操作】按钮，或者双击裁剪框，裁剪图像，如图 2-39 所示。

图 2-37　拖动绘制裁剪框

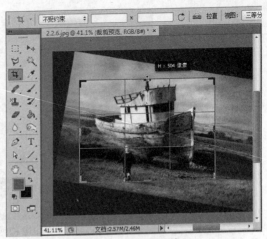

图 2-38　调整裁剪框

TIPS

拖动鼠标绘制裁剪框后，除了可以调整裁剪框的大小，还可以将鼠标移动至裁剪框四角的控制点上旋转图像，如图 2-40 所示。

图 2-39　裁剪图像后的效果

图 2-40　旋转裁剪框

2.3　调整图像的色彩

在 Photoshop CS6 中，可以对图像颜色、亮度、饱和度与对比度等进行调整，使图像素材更加适合在不同场合的使用。

2.3.1　调整亮度与对比度

使用 Photoshop 的【亮度/对比度】命令可以对图像的色调范围进行简单的调整，以增强图像的亮度和对比度。

下面将使用【亮度/对比度】命令，增强图像的亮度和对比效果，结果如图 2-41 所示。

图 2-41　调整图像亮度和对比度的结果

动手操作　调整图像亮度和对比度

1　打开光盘中的 "..\Example\Ch02\2.3.1.jpg" 文件，选择【图像】/【调整】/【亮度与对比度】命令，打开【亮度/对比度】对话框，如图 2-42 所示。

2　在【亮度/对比度】对话框中选择【预览】复选框，以便在调整时随时预览效果。

3　通过拖动滚动轴或直接输入数值的方法，设置亮度为 50、对比度为 20，然后单击【确定】按钮即可，如图 2-43 所示。

图 2-42　选择【亮度/对比度】命令

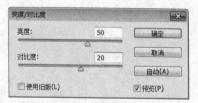

图 2-43　设置亮度与对比度参数

2.3.2　调整图像色阶

使用 Photoshop 中的【色阶】命令可以对图像的颜色与光线效果进行整体或局部的调整，其取值范围为 0~255。

在菜单栏中选择【图像】/【调整】/【色阶】命令，即可打开如图 2-44 所示的【色阶】对话框。在该对话框中可以通过输入图像的暗调、中间调和高光 3 个级别量，对图像的色彩范围和色彩平衡进行调整。

【色阶】对话框说明如下：

● 通道：用于选择要进行色调调整的通道，若选中

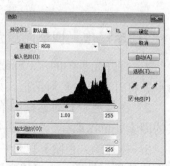

图 2-44　【色阶】对话框

RGB 主通道，则"色阶"调整对所有通道起作用；若只选中 R、G、B 通道中的一个通道，则"色阶"命令只对当前所选通道起作用。

- 输入色阶：用于对图像暗调、中间调及高光进行设定。在该栏中有 3 个文本框，分别对应着上方的 3 个小三角调节点，分为暗调、中间调与高光。当调节点的位置改变时，文本框中的参数也会相应改变。

- 输出色阶：用于定义新的暗调及高光值。

- 载入：用于载入已定义好的色阶调整方案。

- 存储：用于保存色阶调整方案。

- 自动：单击该按钮可应用【自动颜色校正选项】对话框中指定的设置。

- 选项：单击该按钮可以打开如图 2-45 所示的【自动颜色校正选项】对话框，在该对话框中可以指定暗部和高光剪切百分比，为暗调、中间调和高光指定颜色值。

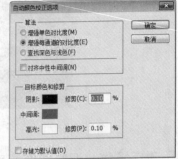

图 2-45　【自动颜色校正选项】对话框

- 吸管工具：【色阶】对话框共提供了黑场、灰场、白场 3 个吸管，单击其中任意一个吸管后，再将鼠标移至图像窗口中，此时鼠标变成吸管状，单击鼠标即可对色调进行调整。使用黑场吸管可以将图像中所有像素亮度值减去吸管单击处的像素亮度值；使用灰场吸管可以将图像中所有像素亮度值加上吸管单击处的像素亮度值；使用白场吸管可以用该吸管所在点的像素中灰点来调整图像的色彩分布。

下面使用【色阶】命令，对色彩暗淡的图像进行调整，使图像效果更加艳丽明亮，结果如图 2-46 所示。

图 2-46　调整图像色阶的对比

动手操作　调整图像色阶

1　打开光盘中的"..\Example\Ch02\2.3.2.jpg"文件，选择【图像】/【调整】/【色阶】命令，打开【色阶】对话框，如图 2-47 所示。

2　在【色阶】对话框中单击【在图像中取样以设置白场】按钮 ，然后在图像白色云层的图案处单击取样，如图 2-48 所示。

3　在【输入色阶】区域中向右拖动中间的指针，修改色阶的参数，通过文档窗口查看图像的效果，最后单击【确定】按钮，如图 2-49 所示。

图 2-47 使用【色阶】功能

图 2-48 取样以设置白场

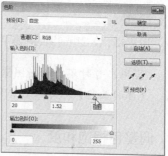

图 2-49 调整色阶参数

2.3.3 调整色彩平衡

使用【色彩平衡】命令，可以对图像中偏重或偏轻的颜色进行平衡处理。在菜单栏中选择【图像】/【调整】/【色彩平衡】命令，即可打开如图 2-50 所示的【色彩平衡】对话框。在该对话框中可以输入色阶参数或拖动调节点，对图像的阴影、中间调和高光区进行简单的色彩平衡调整。

下面使用【色彩平衡】命令对图像的阴影和中间调区域进行色彩调整，最终结果如图 2-51 所示。

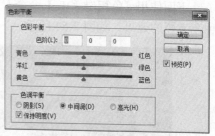

图 2-50 【色彩平衡】对话框

图 2-51 调整图像色彩平衡的对比效果

 动手操作 调整色彩平衡

1 打开光盘中的 "..\Example\Ch02\2.3.3.jpg" 文件，在菜单栏中选择【图像】/【调整】/【色彩平衡】命令。

2 打开【色彩平衡】对话框后，选择【中间调】单选项，再拖动各个颜色滚动条的滑块，使图像的色彩符合处理要求，如图 2-52 所示。

3 选择【阴影】单选项，再次拖动各个颜色滚动条的滑块，调整图像暗部的色彩效果，最后单击【确定】按钮，如图 2-53 所示。

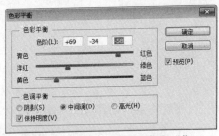
图 2-52 设置中间调的色彩平衡

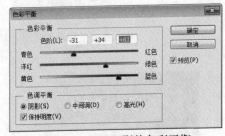
图 2-53 设置阴影的色彩平衡

当用户暂时不能判断图像存在哪种色偏时，可在菜单栏中选择【图像】/【调整】/【自动颜色】命令，让系统自动进行色彩平衡处理。

2.3.4 调整色相饱和度

色相是色彩可呈现出来的质的面貌，如紫红、银灰、橙黄等。色相是色彩的首要特征，是区别各种不同色彩的最准确的标准。饱和度是指色彩的鲜艳程度，也称色彩的纯度。在 Photoshop CS6 中，通过【色相/饱和度】命令可以调整图像的色彩面貌和颜色的鲜艳程度。

下面使用【色相/饱和度】命令对图像的色彩进行调整并弱化图像色彩饱和度，制作出一种艺术照的效果，如图 2-54 所示。

图 2-54 调整图像色相和饱和度的对比效果

 动手操作 调整色相/饱和度

1 打开光盘中的 "..\Example\Ch02\2.3.4.jpg" 文件，在菜单栏中选择【图像】/【调整】/【色相/饱和度】命令。

2 打开【色相/饱和度】对话框后，选择【全图】选项，再拖动【色相】滚动条的滑块

和【饱和度】滚动条的滑块，调整图像的色彩，如图 2-55 所示。

　　3　选择【红色】选项，再次拖动【色相】和【饱和度】选项滚动条的滑块，调整【红色】颜色的色相/饱和度，最后单击【确定】按钮，如图 2-56 所示。

图 2-55　设置【全图】的色相和饱和度

图 2-56　设置【红色】的色相和饱和度

3.3.5　高反差与色调分离

　　在 Photoshop CS6 中，使用【阈值】命令可以将彩色或灰度图像转换为高反差的黑白图像，而使用【色调分离】命令则可定义图像的灰度级数。

　　1. 高反差图像

　　在菜单栏中选择【图像】/【调整】/【阈值】命令，即可打开【阈值】对话框。在该对话框中可以通过在【阈值色阶】文本框中输入数值，或拖动直方图下方的滑块指定某个色阶作为阈值，如图 2-57 所示。在设置完毕后，图像中所有比阈值亮的像素将自动转换为白色，而比阈值暗的像素将自动转换为黑色，从而产生高对比度的黑白图像效果，如图 2-58 所示。

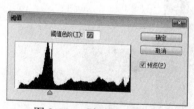

图 2-57　【阈值】对话框

图 2-58　原始图像与设置阈值色阶的图像

　　2. 色调分离

　　在菜单栏中选择【图像】/【调整】/【色调分离】命令，即可打开【色调分离】对话框。在该对话框中可以通过在【色阶】文本框中输入数值，对图像划分级别，如图 2-59 所示。

图 2-59　设置【色调分离】的色阶参数

　　【色调分离】主要用于灰阶图像，也可以用于颜色比较单纯的彩色图像。应用如图 2-59 所示的色调分离设置的图像结果如图 2-60 所示。

图 2-60　色调分离后的图像对比

2.3.6　图像色彩综合处理

Photoshop CS6 提供了功能强大的【曲线】功能，使用【曲线】命令不但可以调整图像的亮度、对比度，还可以控制图像色彩等。

在菜单栏中选择【图像】/【调整】/【曲线】命令，即可打开如图 2-61 所示的【曲线】对话框，其中图表的水平轴表示输入色阶的强度值；垂直轴表示输出色阶的颜色值；曲线代表高光、中间调和暗调选项。

下面将使用【曲线】命令，调整图像亮度，并修正图像偏色问题，从而完善图像的整体效果，如图 2-62 所示。

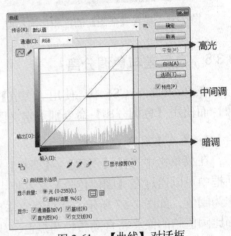

图 2-61　【曲线】对话框

图 2-62　通过【曲线】命令调整图像的结果

🐾 **动手操作**　使用【曲线】命令处理图像

　　1　打开光盘中的"..\Example\Ch02\2.3.6.jpg"文件，在菜单栏中选择【图像】/【调整】/【曲线】命令如图 2-63 所示。

图 2-63　选择【曲线】命令

　　2　在曲线的任意位置单击鼠标添加节点，然后在【输入】与【输出】文本框中分别输入 135 与 200，或者直接按住节点拖动，如图 2-64 所示。调整曲线的结果如图 2-65 所示。

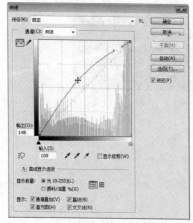

图 2-64　设置 RGB 通道的曲线

图 2-65　调整曲线的结果

　　在【曲线】对话框中最多可添加 14 个节点，如果要删除添加的节点，可以拖动该节点至【曲线】对话框外，或选中该节点后按 Delete 键删除。

　　3　此时图像色彩偏绿，因此需要调整图像的绿色色彩。在【通道】下拉列表中选择【绿】通道，然后添加节点并拖动调整位置，如图 2-66 所示，最后单击【确定】按钮，最终效果如图 2-67 所示。

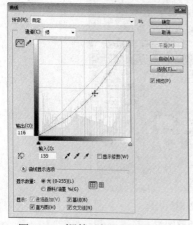

图 2-66　调整【绿】通道的曲线

图 2-67　图像最终的结果

2.4 其他调整图像色彩的方法

在 Photoshop 中，可以通过【调整】面板为图层或选区调整色彩，也可以通过不同的工具调整图像局部色彩效果。

2.4.1 使用【调整】面板

在 Photoshop CS6 中，大部分用于调整颜色和色调的工具都可以在【调整】面板中找到。可以单击【调整】面板的工具图标应用调整。当单击工具图标后，该工具的属性调整会显示在【属性】面板中，通过【属性】面板即可设置工具的各个选项，以达到调整图像的效果，如图 2-68 所示。

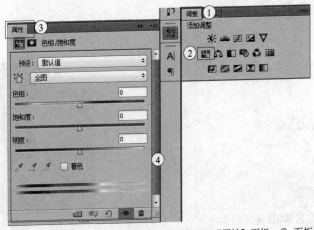

① 打开【调整】面板；② 单击【色阶】工具图标；③ 程序自动打开【属性】面板；④ 面板显示色阶的设置选项

图 2-68 应用调整工具

当图像通过【调整】面板应用某个调整功能时，程序会自动为图像创建调整图层，如图 2-69 所示。调整图层可以将颜色和色调调整应用于图像，而不会永久更改像素值。例如，可以创建【色阶】或【曲线】调整图层，而不是直接在图像上调整【色阶】或【曲线】。颜色和色调调整存储在调整图层中并应用于该图层下面的所有图层。

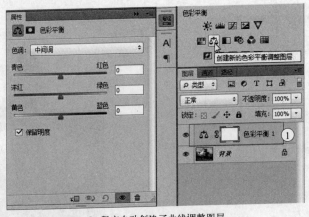

① 程序自动创建了曲线调整图层

图 2-69 应用调整会创建调整图层

下面通过【调整】面板为图像进行色彩平衡和色相的调整，以改善图像的色彩效果，结果如图 2-70 所示。

图 2-70　通过【调整】面板调整图像色彩的效果对比

动手操作　使用【调整】面板应用调整

1　打开光盘中的 "..\Example\Ch02\2.4.1.jpg" 文件，在【调整】面板中单击【色彩平衡】图标，如图 2-71 所示。

2　此时程序打开【属性】面板，设置色调为【中间调】，然后通过拖动 3 个颜色样本栏的滑块调整图像颜色，如图 2-72 所示。

图 2-71　添加【色彩平衡】调整图层

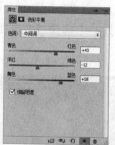

图 2-72　设置【中间调】的参数

3　在【属性】面板上更改色调为【高光】，再通过拖动 3 个颜色样本栏的滑块调整图像颜色，如图 2-73 所示。

4　在【属性】面板上更改色调为【阴影】，再通过拖动 3 个颜色样本栏的滑块调整图像颜色，如图 2-74 所示。

5　在【调整】面板上单击【色相/饱和度】按钮，然后通过【属性】面板设置【全图】的色相/饱和度参数，如图 2-75 所示。完成后，关闭【属性】面板即可。

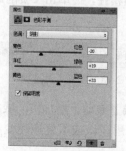

图 2-73　设置【高光】的参数　　图 2-74　设置【阴影】的参数　　图 2-75　设置【全图】的色相和饱和度

【属性】面板下方有多个功能按钮，这些按钮的作用如下：

（1）要切换调整的可见性，可以单击【切换图层可见性】按钮。

（2）要将调整恢复到其原始设置，可以单击【复位】按钮。

（3）要去除调整，可以单击【删除此调整图层】按钮。

（4）要查看调整的上一个状态，可以单击【查看上一状态】按钮。

（5）要将调整应用于【图层】面板中该图层下的所有图层，可以单击【此调整影响下面的所有图层】按钮。

2.4.2 使用工具调整局部颜色

在编辑处理图像时，有时只需要改善图像局部的颜色效果而非全部，此时使用【调整】面板和【调整】命令作用到整个图像上是达不到目的的。可以使用 Photoshop 提供的多种针对调整图像局部颜色的工具对图像进行处理。

1. 减淡工具

使用【减淡工具】可以改变图像特定区域的曝光度，使图像变亮。

动手操作　使用减淡工具处理图像

1　打开光盘中的 "..\Example\Ch02\2.4.2a.jpg" 文件，图像的初始效果如图 2-76 所示。

2　在工具箱中选择【减淡工具】，在选项栏中选择画笔笔尖并设置画笔选项，如图 2-77 所示。

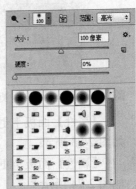

图 2-76　图像的初始效果　　　图 2-77　选择工具并设置画笔

3　在工具属性栏设置工具的各项属性，再单击【喷枪】按钮，可以将画笔用作喷枪，如图 2-78 所示。

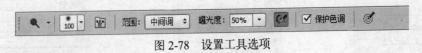

图 2-78　设置工具选项

4　此时可以在要变亮的图像区域上拖动，增加该区域的亮度，如图 2-79 所示。如果区域较大，可以多次拖动指针来扩大作用区域或重复应用变亮。增加花瓣区域亮度的结果如图 2-80 所示。

图 2-79　调整图像部分区域的亮度

图 2-80　增加图像区域亮度的结果

2. 加深工具

使用【加深工具】可以改变图像特定区域的曝光度，使图像变暗。

动手操作　使用加深工具处理图像

1　打开光盘中的 "..\Example\Ch02\2.4.2b.jpg" 文件，图像的初始效果如图 2-81 所示。

2　在工具箱中选择【加深工具】 ，在选项栏中选择画笔笔尖并设置画笔选项，再设置其他工具选项，如图 2-82 所示。

图 2-81　图像的初始效果

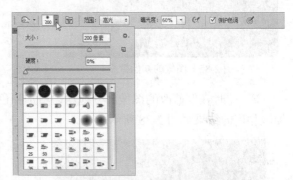

图 2-82　选择工具并设置属性

3　此时可以在要变暗的图像区域上拖动，降低该区域的亮度，如图 2-83 所示。降低图像部分区域亮度的结果如图 2-84 所示。

图 2-83　降低图像部分区域的亮度

图 2-84　降低图像区域亮度的结果

3．海绵工具

使用【海绵工具】可以精确地更改图像区域的色彩饱和度。当图像处于灰度模式时，该工具通过使灰阶远离或靠近中间灰色来增加或降低对比度。

动手操作 使用海绵工具处理图像

1 打开光盘中的 "..\Example\Ch02\2.4.2c.jpg" 文件，图像的初始效果如图 2-85 所示。

2 在工具箱中选择【海绵工具】 ，在选项栏中选择画笔笔尖并设置画笔选项，然后从【模式】下拉列表中选择更改颜色的方式为【饱和】，并为海绵工具指定流量，如图 2-86 所示。

图 2-85 图像的初始效果

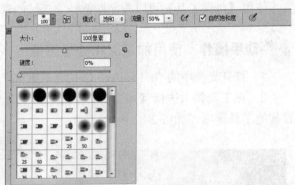

图 2-86 选择工具并设置属性

3 此时在要修改的图像部分拖动，增加颜色饱和度，如图 2-87 所示。对图像的区域增加饱和度的结果如图 2-88 所示。

图 2-87 增加图像部分区域的饱和度

图 2-88 增加花瓣所在区域饱和度的结果

2.5 本章小结

本章主要介绍了图像处理的基本概念，如图像类型、图像尺寸、分辨率、颜色通道、色彩模式等，并介绍了查看与编辑图像、使用【调整】命令调整图像色彩、使用【调整】面板和工具调整图像色彩等内容。

2.6　本章习题

1. 填空题

（1）在计算机中，图像可分为_____和_____两类。

（2）位图图像，又称为_____或_____，这种图像使用图片元素的矩形网格（像素）表现图像，每个像素都分配有特定的位置和颜色值。

（3）矢量图形，又称为_____或_____，它是由称作矢量的数学对象定义的直线和曲线构成的。

（4）RGB 颜色模式的图像包含_____、_____、_____三个通道。

（5）使用【曲线】命令不但可以调整图像的_____、_____，还可控制图像_____等。

（6）调整图层可将颜色和色调调整应用于图像，而不会永久更改_____。

2. 选择题

（1）关于图像分辨率，下面哪个说明是正确的？　　　　　　　　　　　（　　）

　　A. 指的是每英寸图像所包含的像素点数

　　B. 指每单位输出长度所代表的像素点数

　　C. 指打印灰度图像或分色图像时，所用的网屏上每英寸的点数

　　D. 用来衡量每个像素存储的颜色信息的位数

（2）使用【缩放工具】拖动缩放图像时，向图像哪个方向移动会缩小图像？　　（　　）

　　A. 正上方　　　　　　　　　　　　　B. 右侧（包括右上、右下）

　　C. 左侧（包括左上、左下）　　　　　D. 正下方

（3）使用下面哪个快捷键可以执行【图像】/【调整】/【色阶】命令？　　（　　）

　　A. Ctrl+S　　　　B. Ctrl+L　　　　　C. Shift+L　　　　　D. Ctrl+Shift+L

（4）使用下面哪个快捷键可以执行【图像】/【调整】/【色相/饱和度】命令？　（　　）

　　A. Ctrl+F　　　　B. Ctrl+U　　　　　C. Ctrl+F2　　　　　D. Ctrl+T

3. 操作题

将光盘中的 "..\Example\Ch02\2.6.jpg" 文件进行图像缩小处理，然后增强亮度和对比度，再修改图像的色彩平衡和饱和度，以改善图像效果，结果如图 2-89 所示。

图 2-89　操作题的结果

提示：

（1）在 Photoshop CS6 中打开文件，然后选择【图像】/【图像大小】命令，并进行如图

2-90 所示的设置。

(2) 选择【图像】/【调整】/【亮度/对比度】命令,然后设置如图 2-91 所示的参数。

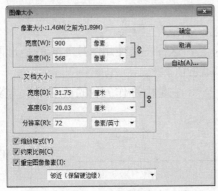

图 2-90 设置图像大小

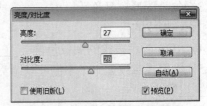

图 2-91 设置亮度和对比度参数

(3) 在【调整】面板中单击【色彩平衡】图标🎚,此时在打开【属性】面板中设置色调为【中间调】,然后通过拖动 3 个颜色样本栏的滑块调整图像颜色,如图 2-92 所示。

(4) 在【调整】面板上单击【色相/饱和度】按钮🎚,然后通过【属性】面板设置【全图】的色相/饱和度参数,如图 2-93 所示。

图 2-92 设置色彩平衡

图 2-93 设置色相和饱和度

第 3 章　图像选取与文本应用

内容提要

当图像用于制作网页时，很多时候需要截取图像某部分，或者通过创建选区来选择图像。同时，处理后的图像有时也需要输入文本，并根据设计的需要编辑文本。本章将详细介绍在 Photoshop CS6 中，使用工具选择图像与文本输入与编辑的各种方法。

学习重点与难点

➢ 掌握使用选框工具创建选区的方法
➢ 掌握使用套索工具选取图像的方法
➢ 掌握根据色彩选区图像的方法
➢ 掌握修改与调整选区的方法
➢ 掌握输入与编辑文本的方法
➢ 掌握转换文本并为文本制作效果和变形的方法

3.1　使用选框工具

选框工具允许用户创建矩形、椭圆形和宽度为 1 个像素的行和列等选区。Photoshop CS6 提供了【矩形选框工具】、【椭圆选框工具】、【单行选框工具】、【单列选框工具】4 种选框工具。只要移动鼠标至默认的【矩形选框工具】█按钮上长按鼠标，即可弹出选框工具组列表，如图 3-1 所示。

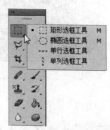

图 3-1　打开选框工具列表

3.1.1　创建矩形形状选区

使用【矩形选框工具】可以创建各种形状的矩形或正方形选区。通过这些形状的选区可以选取各种规格形状的图像素材，如矩形的门、正方形的窗等。此外，还可以通过矩形形状的选区作为裁剪的区域。

本例将介绍创建单个选区与取消选区的方法，以及创建选区并使用【裁剪】命令将图像进行裁剪处理。

动手操作　使用【矩形选框工具】

1　打开光盘中的 "..\Example\Ch03\3.1.1.jpg" 文件，在工具箱中选择【矩形选框工具】█，并在选项栏按下【新选区】按钮█。

2　此时在窗口黑色区域拖动鼠标创建矩形选区，如图 3-2 所示。

3 在选项栏按下【添加到选区】按钮，然后分别在其他窗口的黑色区域上创建矩形选区，如图3-3所示。

图3-2 创建新矩形选区

图3-3 添加其他矩形选区

4 在工具箱下方的前景色图标上单击，打开【拾色器（前景色）】对话框后，设置颜色为"深紫色（#660033）"，如图3-4所示。

5 在键盘上按下Delete键，弹出【填充】对话框，选择【使用】选项为【前景色】，其他选项保持默认设置，接着单击【确定】按钮，为选中的黑色区域填充土黄色，如图3-5所示。填充后，按下Ctrl+D快捷键取消选区。

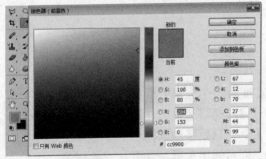

图3-4 设置前景色

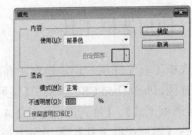

图3-5 为选区填充前景色

除了【新选区】、【添加到选区】和【从选区减去】3种模式外，在选项栏按下【与选区交叉】按钮，可在原选区中创建新选区，创建后的新选区与原选区只留下相交的部分。在实际操作中，如果通过单击属性栏中的按钮来切换选区模式将会降低工作效率，可配合以下按键实现模式间的快速切换：

（1）按住Shift键不放可切换至【添加到选区】模式。

（2）按住Alt键可切换至【从选区中减去】模式。

（3）按住Shift+Alt复合键可切换至【与选区交叉】模式。

6 选择【矩形选框工具】在图像上拖出一个矩形选区，将房子图像包含在内，如图3-6所示。

7 选择【图像】/【裁剪】命令根据当前选区裁剪图像，结果如图3-7所示。最后按Ctrl+D快捷键取消选区即可。

图 3-6 创建矩形选区

图 3-7 根据选区裁剪图像

3.1.2 创建椭圆形状选区

使用【椭圆选框工具】可以创建出任意椭圆选区或圆形选区。在使用此工具时，可以设置【消除锯齿】复选项变为可用，此功能可以消除选区边缘的锯齿状，使图像的边缘变平滑。下面介绍使用【椭圆选区工具】创建只包含咖啡杯内侧杯壁区域选区的方法。

动手操作 使用【椭圆选框工具】创建选区

1 打开光盘中的 "..\Example\Ch03\3.1.2.jpg" 文件，在工具箱中选择【椭圆选框工具】 ，然后在属性栏中按下【新选区】按钮 ，并保持其他设置的默认状态，此时鼠标会自动变成 "+"。

2 在图像中沿咖啡杯口拖动鼠标，创建与之大小相符的椭圆选区，接着将鼠标移至选区内，待其变成箭头后，按住鼠标左键移动选区到合适位置，以套住杯口边缘，如图 3-8 所示。

图 3-8 创建椭圆选区

尽管创建后的选区可以任意移动，但选区形状必须利用相应的工具方可改变。例如在步骤 2 的操作中，很难一次就创建出一个与杯口形状一样的椭圆选区，遇到这种情况时，可以在拖动鼠标的同时按住空格键（Space）不放，随意移动选区，再配合鼠标的定位即可快速准确地套住指定的对象。此方法适用于选框工具中的任意工具。

3 在属性栏中单击【从选区减去】按钮 ，然后在椭圆左下方往右上拖动鼠标创建另一个椭圆选区，如图 3-9 所示，将咖啡杯部分减掉，只剩下杯口内侧的阴影部分，结果如图 3-10 所示。

如果要创建圆形选区，可以按住 Shift 键不放再拖动鼠标；此外，按住 Shift+Alt 键，是以鼠标单击的位置为中心创建圆形选区；若只按住 Alt 键则是以鼠标单击的位置为中心创建椭圆形选区。

图 3-9　从当前选区中减去选区

图 3-10　减去选区后的结果

3.1.3　创建单行／单列的选区

使用【单行选框工具】可以创建水平贯穿整个图像、大小为 1 像素的选区；使用【单列选框工具】可以创建垂直贯穿整个图像、大小为 1 像素的选区。选择上述工具后，只要在图像中单击即可创建出单行/列选区，常用于绘制垂直或水平直线。

下面使用【单行选框工具】与【单列选框工具】分别创建两条单行与单列选区，最后将选区进行填充并擦除多余部分，设计出准星十字的效果，如图 3-11 所示。

图 3-11　利用选框工具制作准星十字的效果

动手操作　创建单行／单列选区

1　打开光盘中的 "..\Example\Ch03\3.1.3.jpg" 文件，在工具箱中选择【单行选框工具】，再单击属性栏中的【新选区】按钮，接着在图像中的合适位置单击（单击按下左键不放，可移动鼠标调整位置），创建水平的单行选区，如图 3-12 所示。

2　选择【单列选框工具】并使用步骤 1 的方法，先按下【添加到选区】按钮，然后在图像中央位置创建单列选区，如图 3-13 所示。

图 3-12　创建水平的单行选区

图 3-13　创建垂直的单列选区

3　打开【图层】面板，新建一个图层。设置前景色为黑色，然后按下"Shift+F5"快捷键，弹出【填充】对话框，在其中设置【使用】选项为【前景色】，接着单击【确定】按钮，如图 3-14 所示。

4　在工具箱中选择【橡皮擦工具】 ，然后将超出准星圆圈的黑色十字线擦除，如图 3-15 所示。

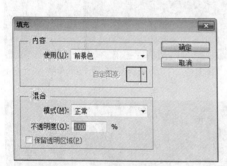

图 3-14　为选区填充前景色

图 3-15　擦除部分十字线条

3.2　使用套索工具

Photoshop 提供的套索类工具分为【套索工具】、【多边形套索工具】、【磁性套索工具】三种，使用它们可以根据素材的不同创建出规则或不规则的选区：

- 套索工具 ：可以徒手创建出任意选区，对于绘制选区边界的手绘线段十分有用。
- 多边形套索工具 ：可以通过多条直线构架出素材的形状，比如可以用于选择梯形图案等，弥补了【矩形选框工具】的不足。
- 磁性套索工具 ：可以根据图像中颜色的对比度来创建选区。

3.2.1 使用套索工具

使用【套索工具】可以根据鼠标在图像中拖动的轨迹创建选区。与选框工具相同，【套索工具】也可以对现有选区进行相加、相减、交叉等编辑运算。

动手操作　使用套索工具创建选区

1　打开光盘中的 "..\Example\Ch03\3.2.1.jpg" 文件，选择【套索工具】◎后在选项栏中按下【新选区】按钮◙，再选择【消除锯齿】复选项，如图 3-16 所示。

2　在图像中人物的边缘处按住鼠标左键，并在其周边拖动鼠标，将它框选后返回起点处，当释放左键后即可得到一个封闭的曲线选区，如图 3-17 所示。

> 如果要在手绘线段与直边线段之间切换，可以按 Alt 键，然后单击线段的起始位置和结束位置。

3　按 Ctrl+D 取消选区，按住鼠标左键往指定的方向拖动鼠标，在起点与终点不重合的位置释放左键，如图 3-18 所示。这时起点与终点之间将用直线连接，也可得到一个封闭的选区，如图 3-19 所示。

图 3-16　选择工具并设置属性　　　　图 3-17　拖动鼠标选择到全部人物

图 3-18　不返回起点处释放左键　　　　图 3-19　起点与终点以直线连接的套索选区

3.2.2 使用多边形套索工具

使用【多边形套索工具】可由在图像中单击的多个点来连接多条直线，从而形成不规则的多线段选区。单击确定起点后，拖动鼠标可以引出直线段，接着通过单击多个点来指定选区的形状，将指针移至起点后，即会变成"⊠"状态，再次单击即可闭合选区。单击确定多个点后，在起点与终点不重合的情况下双击鼠标左键，此时起点与终点之间将用直线连接，也可以得到一个封闭的选区。

🐜 动手操作　使用【多边形套索工具】创建选区

　　1　打开光盘中的 "..\Example\Ch03\3.2.2.jpg" 文件，在工具箱中选择【多边形套索工具】⊠，并选择相应的工具选项。

　　2　在图像中单击设置起点，再执行下列一个或多个操作：

图 3-20　绘制直线段选区的边界

　　①　如果要绘制直线段，可以将指针放到第一条直线段结束的位置，然后单击。继续单击，设置后续线段的端点，如图 3-20 所示。

　　②　如果要绘制一条角度为 45 度倍数的直线，可以在移动时按住 Shift 键以单击下一个线段。

　　③　如果要绘制手绘线段，可以按住 Alt 键并拖动。完成后，松开 Alt 键以及鼠标按钮。

　　④　如果要抹除最近绘制的直线段，可以按 Delete 键。

　　3　要关闭选区边界，可以执行以下操作之一：

　　①　将多边形套索工具的指针放在起点上（指针旁边会出现一个闭合的圆）并单击，如图 3-21 所示。创建选区后的结果如图 3-22 所示。

　　②　如果指针不在起点上，可以双击多边形套索工具指针，或者按住 Ctrl 键并单击。

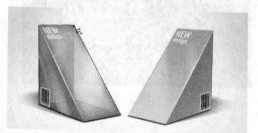

图 3-21　闭合选区边界

图 3-22　使用多边形套索工具创建选区的结果

3.2.3　使用磁性套索工具

　　【磁性套索工具】具有识别边缘的功能，当目标对象与背景颜色相差较大时，可以使用此工具沿目标对象的轮廓拖动，即可自动将密集的节点套紧在指定的对象上。

　　【磁性套索工具】的使用方法与【套索工具】和【多边形套索工具】相似，但它除了可以在不重合起点与终点的情况下闭合选区外，还可以在图像中随意单击左键新增节点。

🐜 动手操作　使用【磁性套索工具】创建选区

　　1　打开光盘中的 "..\Example\Ch03\3.2.3.jpg" 文件，在工具箱中选择【磁性套索工具】

，确认选区模式为【新选区】 ，在属性栏中设置宽度为 10px，对比度为 10%，频率为 5，如图 3-23 所示。

　　2　在图像咖啡杯手柄处单击确定起点，并沿咖啡杯边缘拖动鼠标，创建选区边缘，如图 3-24 所示。

图 3-23　选择工具并设置工具选项　　　　图 3-24　确定起点并沿边缘拖动鼠标

　　3　当拖至不容易分辨边缘的位置时，如果担心工具不能自动侦测边缘，可以单击鼠标左键新增一个节点，如图 3-25 所示。

　　4　沿咖啡杯的边缘拖动鼠标至起点处，待鼠标变成"🐾"状态后单击闭合选区，如图 3-26 所示。

图 3-25　在拖动鼠标过程中可以单击新增节点　　　图 3-26　闭合选区后的结果

3.3　根据色彩选取图像

　　在设计过程中，通常要将大范围相同的区域清除或抽取，抽取的部分可以作为素材添加至图像中，不需要的背景也可清除。Photoshop 提供的【魔棒工具】、【快速选择工具】与【色彩范围】命令可以根据图像的色彩区域创建大面积的选区。

3.3.1　使用快速选择工具

　　在 Photoshop 中，可以使用【快速选择工具】 用可调整的圆形画笔笔尖快速"绘制"选区。在使用【快速选择工具】 拖动时，选区会向外扩展并自动查找和跟随图像中定义的边缘。

动手操作　　使用快速选择工具选择素材

1　打开光盘中的 "..\Example\Ch03\3.3.1.jpg" 文件，再选择【快速选择工具】。

2　在选项栏中单击以下按钮之一：【新选区】按钮、【添加到选区】按钮或【从选区减去】按钮。【新选区】是在未选择任何选区的情况下的默认选项。创建初始选区后，此选项将自动更改为【添加到选区】。

3　如果要更改画笔笔尖大小，可以单击选项栏中的【画笔】选项列表框并键入像素大小或拖动滑块设置大小。设置【大小】选项后，可以使画笔笔尖大小随钢笔压力或光笔轮而变化，如图 3-27 所示。

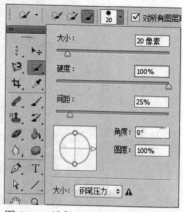

图 3-27　选择工具并设置画笔选项

TIPS　在建立选区时，按右方括号键]可增大快速选择工具画笔笔尖的大小；按左方括号键[可减小快速选择工具画笔笔尖的大小。

4　接着选择下列快速选择选项：

①　对所有图层取样：基于所有图层（而不是仅基于当前选定图层）创建一个选区。

②　自动增强：减少选区边界的粗糙度和块效应。【自动增强】功能自动将选区向图像边缘进一步流动并应用一些边缘调整。

5　在要选择的图像部分中拖动鼠标绘出选区，选区将随着绘画而增大，如图 3-18 所示。在形状边缘的附近绘画时，选区会扩展以跟随形状边缘的等高线。

①拖动鼠标绘出选区；②选区随绘画而增大

图 3-28　绘出选区

6　如果要从选区中减去，可以单击选项栏中的【从选区减去】按钮，然后拖过现有选区，如图 3-29 所示。如果要临时在添加模式和相减模式之间进行切换，可以按住 Alt 键。

①在现有选区中拖动鼠标；②从选区减去的结果

图 3-29　减去选区

7　选择【选择】/【反向】命令，即可选择图像中的人物图像，如图 3-30 所示。

图 3-30　选择到人物的结果

3.3.2　使用魔棒工具

使用【魔棒工具】可以在不跟踪图像轮廓的前提下选择颜色一致的区域。通常用于选择大范围色素相似的区域，例如图像的背景。使用此工具在图像中单击即可根据颜色创建选区。

动手操作　使用【魔棒工具】创建选区

1　打开光盘中的 "..\Example\Ch03\3.3.2.jpg" 文件，在工具箱中选择【魔棒工具】，然后在选项栏中按下【新选区】按钮并选择【消除锯齿】复选项。

2　保持【容差】数值为默认的 32，然后在图像的空白处单击，如图 3-31 所示。此时可以选择图像的空白区域，如图 3-32 所示。

图 3-31　在空白区域上单击

图 3-32　选择到图像空白区域

3 按下【添加到选区】按钮，然后在选择的手机倒影图像上进行单击，将倒影包含在选区内，如图 3-33 所示。

4 选择【选择】/【反向】命令，即可选择图像上的手机图像，如图 3-34 所示。

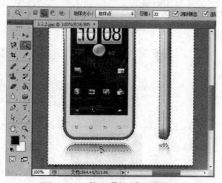

图 3-33　将倒影添加到选区

图 3-34　选择到手机图像的结果

> 【魔棒工具】有两项比较重要的选项设置，分别是【容差】和【连续】属性。
>
> ● 【容差】：用于设置选区范围的大小。取值范围是 0~255，默认为 32。当容差值小时，可以点选像素非常相似的颜色；当容差值较大时，可以选择更大的色彩范围。
>
> ● 【连续】：用于指定选项范围的连续性。选择此选项后，即可单击选择点色彩相近的连续区域；取消选择此选项后，可以选择图像中所有与单击点色彩相近的颜色。

3.3.3　使用【色彩范围】命令

通过【色彩范围】命令可以根据图像的颜色创建选区，在其中可以根据颜色、高光、中间调、阴影等条件创建颜色选区，甚至还可指定用户自行在画面中吸取的颜色作为创建选区的条件。指定选择方式后，可以通过容差值来调整选区的范围。

动手操作 根据色彩范围创建选区

1 打开光盘中的"..\Example\Ch03\3.3.3.jpg"文件，选择【选择】/【色彩范围】命令，

如图 3-35 所示。

2 打开【色彩范围】对话框后选择【取样颜色】选项，再单击显示区下方的【图像】单选按钮，显示原图。接着使用【吸管工具】 单击缩图中的紫色花瓣，如图 3-36 所示。

图 3-35 选择【选择】/【色彩范围】命令

图 3-36 指定颜色取样

3 选择【选择范围】单选项切换到黑白视图，此时看到的白色部分为选区创建的范围。将【色彩容差】设置为 200，将选择范围调至最清晰，如图 3-37 所示。

4 由于花瓣没有完全被选取，下面单击【加色吸管工具】 按钮，然后在图像的红色花瓣上单击增加选区范围，如图 3-38 所示。

5 单击【确定】按钮完成色彩范围的选择，最终得到如图 3-39 所示的选区效果。

图 3-37 设置颜色容差

图 3-38 添加颜色增大选区范围

图 3-39 最终成果

3.4 修改与调整选区

在创建选区后，很多时候需要根据实际选择素材的要求，对选区做一些必要的调整。例如移动选区、扩展或收缩选区大小，或者对于有明显锯齿的选区边缘进行羽化处理等。

3.4.1　移动选区

移动选区是指移动选区边界位置，而非移动选区本身的内容，如图 3-40 所示。

①移动选区边界；②移动选区边界的结果；③移动选区；④移动选区内容的结果

图 3-40　移动选区边界与移动选区内容的区别

使用任意选区工具，从选项栏中按下【新选区】█按钮，将指针放在选区边界内，然后移动即可调整选区边界。

通过移动选区边界，可以使选区围住图像的不同区域，也可以将选区边界局部移动到画布边界之外，还可以将选区边界拖动到另一个文件窗口，如图 3-41 所示。

图 3-41　将选区边界移动到另一个文件上

（1）如果要将移动方向限制为 45 度的倍数，先拖动选区边界，然后在继续拖动时按住 Shift 键。

（2）如果要以 1 个像素的增量移动选区，可以使用键盘箭头键。

（3）如果要以 10 个像素的增量移动选区，可以按住 Shift 键并使用箭头键。

3.4.2　修改选区

选择【选择】/【修改】命令，可以打开【边界】、【平滑】、【扩展】、【收缩】等多个子菜单，通过它可以对现有选区进行边框/平滑调整、扩展/收缩等处理，从而提升创建选区的准确性。

1. 按特定数量的像素扩展或收缩选区

动手操作 按特定数量的像素扩展或收缩选区

1 使用选区工具建立选区。

2 选择【选择】/【修改】/【扩展】或【收缩】命令。

3 在【扩展量】或【收缩量】选项中，输入一个 1～500 之间的像素值，然后单击【确定】按钮，如图 3-42 所示。选区边界按指定数量的像素扩大或缩小，如图 3-43 所示为设置扩展量为 20 像素后选区扩大的结果。

图 3-42 设置收缩量或扩展量

图 3-43 扩大选区边界的结果

2. 在选区边界周围创建一个选区

使用【边界】命令可以选择在现有选区边界的内部和外部的像素的宽度。当要选择图像区域周围的边界或像素带，而不是该区域本身时（如清除粘贴的对象周围的光晕效果），此命令将很有用。

动手操作 在选区边界周围创建一个选区

1 使用选区工具建立选区。

2 选择【选择】/【修改】/【边界】命令。

3 打开【边界选区】对话框后，在【宽度】文本框中输入一个 1～200 之间的像素值，然后单击【确定】按钮，如图 3-44 所示。

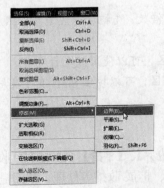

图 3-44 设置边界宽度

4　此时新选区将为原始选定区域创建框架，此框架位于原始选区边界的中间。例如，如果【宽度】设置为 20 像素，则会创建一个新的柔和边缘选区，该选区将在原始选区边界的内外分别扩展 20 像素，如图 3-45 所示。

图 3-45　在选区边界周围创建一个选区的结果

3. 使选区边界变得更加平滑

动手操作　使选区边界变得更加平滑

1　使用选区工具建立选区。

2　选择【选择】/【修改】/【平滑】命令。

3　打开【平滑选区】对话框后，在【取样半径】文本框中输入 1～500 之间的像素值，然后单击【确定】按钮，如图 3-46 所示。

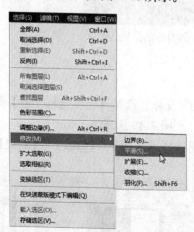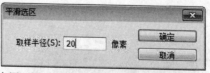

图 3-46　应用平滑功能

对于选区中的每个像素，Photoshop 将根据半径设置中指定的距离检查它周围的像素。如果已选定某个像素周围一半以上的像素，则将此像素保留在选区中，并将此像素周围的未选定像素添加到选区中。如果某个像素周围选定的像素不到一半，则从选区中移去此像素。整体效果是将减少选区中的斑迹以及平滑尖角和锯齿线。如图 3-47 所示将矩形选区进行平滑后，选区变成圆角矩形。

图 3-47　平滑处理选区边界后的结果

3.4.3　羽化选区

【羽化】命令是【选择】/【修改】命令中的一项菜单，通过设置羽化值，可以对已创建的选区进行羽化处理，使选区的边缘呈现柔和的色彩过渡，其中羽化半径越大，选区的边缘越朦胧。

下面通过对现有选区进行羽化处理，为图像制作夜景中的月亮效果，结果如图 3-48 所示。

图 3-48　制作夜景中的月亮的结果

动手操作　使用羽化功能

1　打开光盘中的 "..\Example\Ch03\3.4.3.psd" 文件，选择【椭圆选框工具】 ，然后在图像浅黄色矩形上按住 Shift 键创建一个正圆形，如图 3-49 所示。

2　打开【图层】面板，然后选择图层 1，再选择【选择】/【修改】/【羽化】命令，如图 3-50 所示。

图 3-49　创建圆形选区　　　　　　　图 3-50　使用【羽化】命令

3　打开【羽化选区】对话框后，设置羽化半径为 10 像素，然后单击【确定】按钮，如图 3-51 所示。

4　单击【选择】/【反向】命令，从现有的选区中反向创建选区，如图 3-52 所示。

图 3-51　设置羽化半径

5　在反向创建选区后，在键盘上按下 Delete 键，删除选区中属于图层 1 的内容，此时剩余的内容呈圆形并且边缘有羽化的模糊效果，形成一个月亮的图形，如图 5-53 所示。最后按下 Ctrl+D 快捷键取消选区即可。

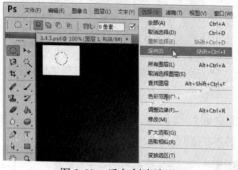

图 3-52　反向创建选区

图 3-53　删除选区内容

3.4.4　变换选区

可以使用【变换选区】命令来变换选区。该命令除了可以通过鼠标拖动自动缩放选区，还可以对选区进行旋转、斜切、扭曲、透视、变形、翻转，甚至是自由变形等操作。

下面通过选择图像中翻开的书本为例，介绍在 Photoshop 中变换选区的操作。

动手操作　对选区进行自由变换与变形

1　打开光盘中的 "..\Example\Ch03\3.4.4.jpg" 文件，在工具箱中选择【矩形选框工具】，然后在图像的书本左侧创建一个矩形选区，如图 3-54 所示。

2　在属性栏上按下【从选区减去】按钮，然后在现有选区上方拖动，减去多余的选区，如图 3-55 所示。

图 3-54　创建矩形选区

图 3-55　减去多余的选区

3　打开【选择】菜单，选择【变换选区】命令，如图 3-56 所示。

4 此时选区出现多个控制节点，通过调整这些节点适当调整选区的大小，使选区包含图像中书本左侧的翻页区域，如图 3-57 所示。

图 3-56 选择【变换选区】命令

图 3-57 修改选区的大小

5 在属性栏上单击【在自由变换和变形模式之间切换】 ⬚，切换到变形模式，然后按住其中一个节点并调整该节点位置，使它放置在书本的翻页边缘上，如图 3-58 所示。

图 3-58 切换到变形模式并调整节点位置

6 按住节点的控制手柄，调整选区边界的位置，使它产生弯曲的效果，如图 3-59 所示。

7 使用步骤 5 和步骤 6 的方法，调整选区的其他控制节点位置，并通过控制手柄来修改选区边界，使它贴紧书本翻页的边缘，如图 3-60 所示。

8 变换选区完成后，可以单击属性栏的【提交变换】按钮 ✔，即可完成变换选区的操作，结果如图 3-61 所示。

图 3-59 通过控制手柄调整选区边界

图 3-60 对选区进行其他变形处理

图 3-61 变换选区的结果

在手动缩放选区时，可以配合以下按键实现特殊变换：

（1）按住 Shift 键拖动任一边角节点，可以保持长宽比进行缩放。

（2）按住 Shift+Alt 键拖动任一边角节点，能以参考点为基准等比例缩放选区。

（3）按住 Shift 键旋转选区，可以按 15 度倍数角旋转选区。

（4）按住 Ctrl 键拖动任一节点，可以对选区进行扭曲变形。

（5）按住 Ctrl+Shift 键拖动节点，可以沿水平或垂直方向倾斜变形。

（6）按住 Ctrl+Shift+Alt 键拖动任一边角点，可以使选区产生透视效果。

3.4.5 存储与载入选区

如果要存储现有的选区，可以选择【选择】/【存储选区】命令，在打开的【存储选区】对话框中设置目标和操作，再单击【确定】按钮即可，如图 3-62 所示。

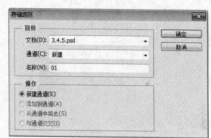

图 3-62 存储选区

如果要将存储的选区载入到源文件或者另一个文件，可以打开新文件，然后选择【选择】/【载入选区】命令，接着在打开的【载入选区】对话框中选择存储选区的源文件和通道，再单击【确定】按钮，如图 3-63 所示。

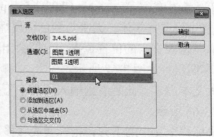

图 3-63 载入选区

3.5 输入各种文本

Photoshop 中的文字由基于矢量的文字轮廓（即以数学方式定义的形状）组成，这些形状描述字样的字母、数字和符号。在缩放文字、调整文字大小时，不会影响文字的品质。

3.5.1 关于文本类型

Photoshop 将文字分为点文字和段落文字两种类型。

1. 点文字

点文字是一个水平或垂直文本行，它从在图像中单击的位置开始输入文字，如图 3-64 所示。如果要向图像中添加少量文字，在某个点输入文本是一种有用的方式。

2. 段落文字

段落文字是一种使用了以水平或垂直方式控制字符流边界的文字类型，如图 3-65 所示。当想要创建一个或多个段落（比如为宣传手册创建）时，采用这种方式输入文本十分有用。

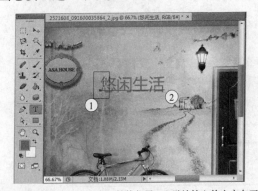

①在图像中单击定义文字开始的位置；②默认输入的文字向开始位置右侧排列

图 3-64　点文字

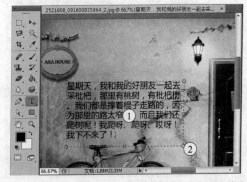

①段落文字在封闭的边界内；②段落文字的边界可以缩放

图 3-65　段落文字

3.5.2 输入水平文本

使用【横排文字工具】可以在文档中输入水平文本，同时在【图层】面板中自动新增文本图层。

动手操作　输入水平文本

1 打开光盘中的 "..\Example\Ch03\3.5.2.jpg" 文件，然后选择【横排文字工具】 T ，接着在选项栏中设置好字体、大小与颜色等属性，如图 3-66 所示。

2 在需要输入文字的位置单击，立即会出现一个闪烁的插入符，而【图层】面板也会新增一个文本图层，如图 3-67 所示。

3 输入文本内容，此时看到输入的文字下方会出现一条下划线，代表当前为字符输入状态，如图 3-68 所示。

4 将鼠标移至文字的下方，指标变成【移动工具】 的状态，拖动即可调整字符的位置，如图 3-69 所示。

图 3-66　选择工具并设置文本属性

图 3-67　确定输入的位置

图 3-68　输入文本内容

图 3-69　调整文本的位置

　　5　确定要输入的文字内容后，在【图层】面板中单击文本图层的缩览图，即可确定输入的文字并退出编辑状态，文字层的名称会以输入的字符内容替代。在选项栏中单击【提交所有当前编辑】按钮✓也可以得到确定输入的文字，如图 3-70 所示。

图 3-70　确定输入的横排字符内容

　　在输入文本后但未提交编辑时，如果要取消当前正在输入的文字内容，只要按 Esc 键即可，也可以在选项栏中单击【取消所有当前编辑】按钮⊘。

3.5.3　输入垂直文本

　　如果要输入竖向的字符内容，可以使用【直排文字工具】，在文档中输入垂直文本，同时在【图层】面板中自动新增文本图层，其使用方法与输入横排文字相似。

动手操作　输入垂直文本

　　1　打开光盘中的 "..\Example\Ch03\ 3.5.3.jpg" 文件，然后选择【直排文字工具】，再根据设计要求设置文本属性。

2 在图像的左上角单击，这时在【图层】面板中同样新增了一个新图层，当出现闪烁的插入符后输入文本内容，接着将鼠标移至字符的右侧，拖动调整字符的位置，如图 3-71 所示。

3 确定输入的字符内容与位置后，在【图层】面板中单击文本图层的缩览图，即可确定输入的文字并退出编辑状态，如图 3-72 所示。

图 3-71　输入垂直文本

TIPS▶ 无论是【横排文字工具】或是【直排文字工具】，都可以轻松互换字符的方向。可以选择【图层】/【文字】命令，打开如图 3-73 所示的子菜单，在【水平】与【垂直】选项栏之间进行切换，左侧打钩的为当前选择的方向。也可以在文字工具的选项栏中单击【切换文本取向】按钮 🅣。

图 3-72　确定输入的直排字符内容

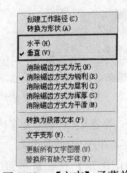

图 3-73　【文字】子菜单

3.5.4　创建文本选区

如果要输入填充渐变颜色或者图案的字符，可以使用【横排文字蒙版工具】 🅣 与【直排文字蒙版工具】 🅣 先创建字符的选区，然后在选区中填充所需的效果。

下面将通过创建文本选区的方法，为文本选区填充渐变颜色，制作图像的标题文本效果，结果如图 3-74 所示。

图 3-74　创建文本选区并填充渐变颜色

动手操作　创建文本选区

1　打开光盘中的 "..\Example\Ch03\3.5.4.jpg" 文件，然后在选项栏中设置文本属性。

2　在工具箱中选择【横排文字蒙版工具】，然后在图像的右上方单击，这时整个图像蒙上了一层半透明的红色，在闪烁处输入文本内容，输入的字符默认为蓝色，如图 3-75 所示。

3　输入完成后在选项栏中单击【提交所有当前编辑】按钮，此时蒙版消失，输入的文字自动创建在选区范围，如图 3-76 所示。

图 3-75　输入文字蒙板

图 3-76　确定输入后得到的选区

4　在使用【横排文字蒙版工具】和【直排文字蒙版工具】输入文本时，将不会在【图层】面板中建立新图层，因此在填充选区前可以先在【图层】面板创建一个新图层，然后使用【渐变工具】并选择一个喜欢的渐变颜色，接着在选区内拖动填充渐变颜色，如图 3-77 所示，最后按 Ctrl+D 快捷键取消选区。

图 3-77　为文本选区填充渐变颜色

3.5.5　输入段落文本

对于点文字来说，使用【字符】面板设置其外观已经足够，但对于段落文字来说，除了设置文字外观外，还需要对整段文字内容进行编排，因此可以使用【段落】面板来实现编排的目的。

可以选择【窗口】/【段落】命令，或者在面板组上单击【段落】按钮显示【段落】面板。此外，还可以在选择文字工具的时候，在选项栏上单击【切换字符和段落面板】按钮，打开【字符】和【段落】集合的面板组，从而打开【段落】面板，如图 3-78 所示。

以横排文字为例，【段落】面板的设置选项说明如下：

- 段落文本对齐▉▉▉：分别设置段落中的每行向左、中间与向右对齐。
- 段落最后一行对齐▉▉▉：分别设置段落中最后一行向左、中间、向右、两端对齐。
- 全部对齐▉：对齐包括最后一行的所有行，最后一行强制对齐。
- 左缩进▉：可以设置段落左侧的缩进量。
- 右缩进▉：可以设置段落右侧的缩进量。

①在选项栏上单击【切换字符和段落面板】按钮；②切换到【段落】面板

图 3-78　打开【段落】面板

- 首行缩进▉：可以设置第一行左侧的缩进量。
- 段前添加空格▉：指定段落首行与上一段段尾之间距离。
- 段尾添加空格▉：指定段落首行与下一段段尾之间距离。
- 连字：选择后允许使用连接词汇。
- 避头尾法则设置：避头尾法则指定亚洲文本的换行方式，不能出现在一行的开头或结尾的字符称为避头尾字符。Photoshop 提供了基于日本行业标准（JIS）X 4051-1995 的宽松和严格的避头尾集。
- 间距组合设置：间距组合为日语字符、罗马字符、标点、特殊字符、行开头、行结尾和数字的间距指定日语文本编排。

动手操作　输入段落文本

1　打开光盘中的"..\Example\Ch03\3.5.5.jpg"文件，在工具箱中选择【横排文字工具】
▉，然后在图像上拖出一个文本框，即为文字定义一个外框（称为段落文字框），如图 3-79 所示。

2　在属性工具栏上设置文本的属性，然后在段落文本框内输入段落内容，如图 3-80 所示。

3　将鼠标移到段落文本框的边缘控制节点上，然后拖动鼠标，根据段落内容适当调整段落文本框的宽度，如图 3-81 所示。

图 3-79　创建出段落文本框

图 3-80　在段落文本框内输入内容

图 3-81　调整段落文本框的宽度

4　在段落文字上单击使文字处于编辑状态，接着拖动鼠标选择所有文字。

5　打开【段落】面板，再设置【首行缩进】的数值为 10 点，使段落首行向左缩进 10 点，如图 3-82 所示。

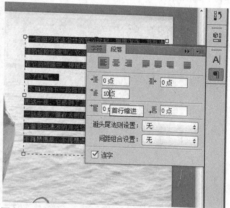

图 3-82　选择段落文本并设置首行缩进

6　由于首行的文字右边没有对齐第二行，因此可以将【间距组合设置】选项设置为【间距组合 2】，使首行右边与第二行对齐，如图 3-83 所示。

图 3-83　设置间距组合

3.6 文本转换和其他处理

Photoshop CS6 提供了强大的文本编辑功能，可以将文本转换为形状图层，也可以进行字符和段落文本互换，还可以自由变换文本和制作弯曲文字效果。

3.6.1 将文本转换为形状图层

使用【转换为形状】命令可以将文本图层转换为形状图层，这时使用【直接选择工具】就可以随意编辑字符的形状了，而且不会出现失真的问题。

动手操作 将文本转换为形状图层

1 打开光盘中的 "..\Example\Ch03\3.6.1.psd" 文件，在【图层】面板中选中 "爱" 文本图层，如图 3-84 所示。

2 选择【文字】/【转换为形状】命令，如图 3-85 所示。这时【图层】面板中的文本图层将变为形状图层，并在【路径】面板中自动创建出 "爱" 形状的矢量蒙版，如图 3-86 所示。

图 3-84　选择文本图层

图 3-85　选择【转换为形状】命令

图 3-86　将文本图层转换为形状图层的结果

3 使用【直接选择工具】单击 "爱" 字路径，即可显示路径锚点，如图 3-87 所示。按住 Shift 键单击选中多个要编辑的锚点，然后将选中的锚点往左拖动，可以通过移动锚点位置来改变 "爱" 字的形状，如图 3-88 所示。

图 3-87 显示路径锚点

图 3-88 选中多个锚点并移动选中的锚点

4 使用相同的方法，移动"爱"字最右端的锚点，然后按照需要适当调整其他锚点的控制手柄，调整文字的形状，如图 3-89 所示。

TIPS

如果要保留文本图层的属性，仅仅需要创建与文字形状相同的路径时，可以选择【文字】/【创建工作路径】命令，这时文本图层的状态不变，只是在【路径】面板中新增一个与文字相同的工作路径，如图 3-90 所示。

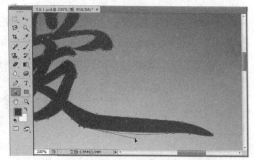

图 3-89 通过编辑路径锚点改变文字形状

图 3-90 使用【创建工作路径】命令

3.6.2 将字符转换为段落文本

当需要对大量字符进行编排时，可以将字符转换为段落文本，以便使用更加强大的编排功能处理文本。

动手操作 将字符转换为段落文本

1 打开光盘中的"..\Example\Ch03\3.6.2.psd"文件，然后在【图层】面板中选中字符文本图层，这是通过换行输入的一段文字，如图 3-91 所示。

2 选择【文字】/【转换为段落】命令，然后使用【横排文字工具】T单击文字，即可显示段落文本框，表示已经从字符图层转换为段落图层，如图 3-92 所示。

图 3-91 选择字符的文本图层

图 3-92 将字符转换为段落文本的结果

3 拖动文本框的右下角变换点，调整变换框的宽度与高度，如图 3-93 所示，完成后单击【提交当前所有编辑】按钮✓，再删除原来文本的换行，如图 3-94 所示。

图 3-93 扩大段落文本框宽度

图 3-94 删除原来文本换行后的结果

3.6.3 套用文字变形样式

可以套用文字变形样式创建特殊的文字效果。例如，可以使文字的形状变为扇形或波浪。其中选择的变形样式是文本图层的一个属性，可以随时更改图层的变形样式以更改变形的整体形状。

动手操作 套用文字变形样式

1 打开光盘中的"..\Example\Ch03\3.6.3.jpg"文件，然后在【图层】面板中选中文本图层，如图 3-95 所示。

2 选择【横排文字工具】T并在选项栏中单击【创建文字变形】按钮，或者直接选择【文字】/【文字变形】命令，都可以打开【变形文字】对话框，如图 3-96 所示。

3 在对话框中打开【样式】下拉列表，在其中可以看到多种形状样式。选择【凸起】选项，文本图层中的文本立即变成了凸起的形状，如图 3-97 所示。

图 3-95 选择文本图层

图 3-96 单击【创建文字变形】按钮

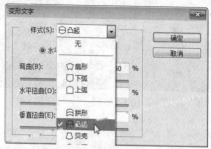

图 3-97 应用变形样式

4 保持【水平】变形模式，然后分别设置【弯曲】和【水平扭曲】选项，预览效果满意后单击【确定】按钮，如图 3-98 所示。经过变形后文本的效果如图 3-99 所示。

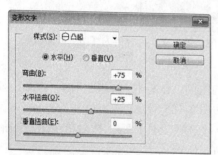

图 3-98 设置弯曲和水平扭曲参数

图 3-99 文字变形后的结果

3.6.4 沿路径创建文字

使用【文字变形】命令虽然能快速弯曲文字，但缺乏灵活性。可以先在图像中使用路径工具创建工作路径，然后使用文字工具沿路径的轨迹输入文字，即可使文字以指定的路径排列。

动手操作 按路径形状输入文本

1 打开光盘中的 "..\Example\Ch03\3.6.4.jpg" 文件，使用【钢笔工具】 在图像中创建一个弯曲弧线的路径，如图 3-100 所示。

2 选择【横排文字工具】 并将鼠标移至路径的起始位置，鼠标即会变成 " " 状态，如图 3-101 所示。

3 设置文字工具的属性，然后输入文字内容，完成后单击【提交所有当前编辑】 按钮，如图 3-102 所示。这时在【图层】面板中新增一个文本图层，而且在【路径】面板中会新增一个文字路径，但输入的文字不一定能完全显示出来，如图 3-103 所示。

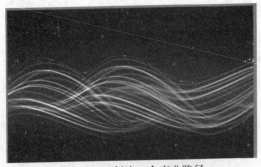

图 3-100　创建一个弯曲路径

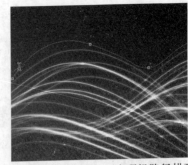

图 3-101　在路径上单击即可出现沿路径排列的光标

图 3-102　输入文字内容

图 3-103　输入文字内容后的【图层】面板和【路径】面板结果

　　4　选择【路径选择工具】并将鼠标移至文本的左侧，鼠标将会变成"　"状态，如图 3-104 所示。此时往右拖动可以调整文本的位置，如图 3-105 所示。

　　5　如果需要改变文字路径的形状，可以选择【直接选择工具】，然后单击路径的锚点，通过调整锚点或方向点来修改路径形状，如图 3-106 所示。

图 3-104　显示移动状态

图 3-105　调整文本在路径上的位置

图 3-106　调整路径的形状

3.6.5　为文本应用样式

　　文本图层跟普通图层一样，也可以套用图层样式，而且也有常用的美化文字手法。只要选择文本图层，再选择【样式】面板中的预设样式即可快速为文字添加样式特效。当应用样式后，还可以通过【图层样式】对话框对应用的样式进行修改。

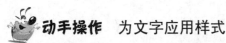

1　打开光盘中的"..\Example\Ch03\3.6.5.psd"文件，然后选择文本图层，再打开【样式】面板，选择一种样式应用到文本图层，如图 3-107 所示。

2　打开【图层】面板的样式列表，此时可以看到文本图层应用的效果。在【渐变叠加】效果名称上双击，打开【图层样式】对话框的【渐变叠加】选项卡，如图 3-108 所示。

图 3-107　为文本图层应用样式

图 3-108　编辑样式

3　在选项卡中单击渐变颜色色块，打开【渐变编辑器】对话框，然后修改渐变颜色，并单击【确定】按钮退出【图层样式】对话框，如图 3-109 所示。

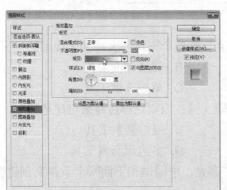

图 3-109　修改渐变颜色

4　在【图层样式】对话框中选择【描边】复选项，然后设置描边选项，其中描边的颜色为"#dff7ff"，如图 3-110 所示。

5　改图层样式后，返回文件窗口查看文字效果，如图 3-111 所示。

图 3-110　添加描边样式

图 3-111　修改样式后的文字效果

3.7 本章小结

本章主要介绍了在 Photoshop CS6 中通过使用工具创建选区和修改选区的方式获取图像素材，以及使用文本工具输入文本和编排文本段落，还有设计文本特效的方法。

3.8 本章习题

1. 填空题

（1）Photoshop CS6 提供了_____、_____、_____、_____4种选框工具。

（2）在使用选框工具时，可以设置_____、_____、_____、_____4种选区模式。

（3）使用_____可以创建出水平贯穿整个图像，大小为1像素的选区。

（4）Photoshop 提供的套索类工具分为_____、_____、_____三种。

（5）Photoshop 提供的_____、_____和_____命令可以根据图像的相同或相近的色彩，创建选区。

（6）Photoshop 将文字分为_____和_____两种类型。

2. 选择题

（1）使用下面哪个工具可以创建出垂直贯穿整个图像、大小为1像素的选区？ （ ）
  A. 矩形选框工具   B. 椭圆选框工具
  C. 单行选框工具   D. 单列选框工具

（2）下面哪个工具具有识别边缘的功能，通过识别色彩边缘来创建选区？ （ ）
  A. 套索工具   B. 磁性套索工具
  C. 魔棒工具   D. 多边形套索工具

（3）【色彩范围】命令可以根据颜色、高光、中间调和下面哪个条件来创建颜色选区？
                     （ ）
  A. 色阶   B. 色调   C. 阴影   D. 色相

（4）在输入文本后但未提交编辑时，可以按下哪个键取消输入文本？ （ ）
  A. Ctrl   B. Esc   C. F1   D. Enter

（5）按下哪个快捷键可以取消选区？ （ ）
  A. Ctrl+D   B. Esc   C. F1   D. Ctrl+E

3. 操作题

为光盘中的 "..\Example\Ch03\3.8.jpg" 文件输入直排文字"黄昏之美"，然后为文本应用一种预设的效果样式和变形样式，得到如图 3-112 所示的结果。

提示：

（1）将文件在 Photoshop CS6 中打开，然后在工具箱中选择【直排文字工具】。

（2）在属性栏上设置文本属性，然后在图像左侧输入直排文本，如图 3-113 所示。

图 3-112　操作题的结果

（3）单击【提交当前所有编辑】按钮，打开【样式】面板为文本应用一种预设的样式，如图 3-114 所示。

图 3-113　设置文本属性并输入文本

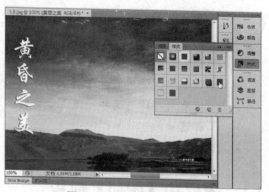

图 3-114　应用预设的样式

（4）选择直排文本，打开【变形文字】对话框为文字应用一种预设的变形样式，如图 3-115 所示。

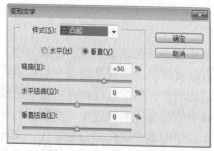

图 3-115　应用变形样式

第4章　图层、通道与滤镜应用

内容提要

Photoshop 中的所有处理均是在图层中完成的，它就好比一层层透明的容器，各层都装载着独立的物件。通道则可以用来存放不同的图像色素，使用通道可以调整图像中的颜色浓度，或者创建出复杂的选区，使图像产生意想不到的效果。另外，通过对滤镜的应用，可以快速制作各种图像效果。

学习重点与难点

➢ 了解图层和通道的概念
➢ 掌握创建、使用与管理图层的方法
➢ 掌握应用各种通道和通道混合器的方法
➢ 了解滤镜的基础知识
➢ 掌握不同滤镜的应用

4.1　图层和【图层】面板

图层是 Photoshop 最重要的功能之一，通过对图层的运用，可以使用 Photoshop 设计千变万化的图像作品。

4.1.1　图层的概念

一幅完整的图像作品通常由多个局部场景组成。在现实中，这些作品元素绘制于同一张纸张。而在 Photoshop 中，可以看作将这些局部场景分别绘制在多张完全透明的纸上，在上层纸张的空白处可以透视下层的内容。然后通过将多张透明纸按一定的顺序叠加，从而形成最终的作品。形象地说，作品中的每张透明纸就是一个图层，如图 4-1 所示。

图层的最大优点是能将作品中的各个组成部分独立化，实现单一编辑、美化。例如将所有作品元素同时放置于同一张纸张上，当需要对某个场景进行修改时，必须使用橡皮擦将不满意的地方抹除，此方法不但麻烦，而且容易破坏其他完好的部分，所以通常只能放弃整个作品重画。但现在利用图层，只需找到不协调的图层进行独立修改，或者索性删除，再创建一个新图层，重新进行局部绘制即可。

此外，图层可以随意移动、复制或粘贴，大大提高了绘制效率。通过更改图层顺序与属性，可以改变图像的合成效果；使用调整图层、填充图层或图层样式美化作品也不会影响到其他未被选择的图层。如图 4-2 所示为移动选定图层的内容。

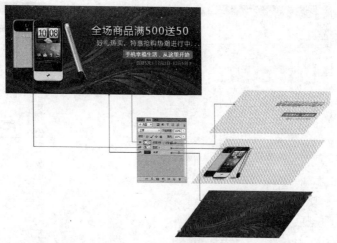

图 4-1　图层结构图

图 4-2　移动选定图层的内容

4.1.2　认识【图层】面板

　　【图层】面板是 Photoshop CS6 最重要的面板之一，主要用于显示与设置当前文件所有图层的状态与属性，通过它可以完成创建、编辑与美化图层等绝大部分操作。如图 4-3 所示为【图层】面板。

　　下面详细介绍【图层】面板选项与按钮的作用。

- 图层混合模式：用于指定当前图层图像与下层图像之间的混合形式，Photoshop 提供了 27 种混合模式，如图 4-4 所示。
- 不透明度：主要用于设置图像的不透明度，数值越高，图像的透明效果越明显。
- 锁定：通过单击 4 个按钮可以指定图层的锁定方式，下面分别介绍 4 个锁定按钮的作用：
  - ➢【锁定透明像素】按钮▨：激活此按钮即可锁定当前图层的透明区域，此时对图层进行绘制或填充，仅能在不透明区域进行。
  - ➢【锁定图像像素】按钮▨：激活此按钮不可对当前图层进行绘图方面的操作。
  - ➢【锁定位置】按钮▦：激活此按钮后将锁定当前图层的位置，主要用于固定指定对象不被移动。
  - ➢【锁定全部】按钮▣：激活此按钮后，当前图层或图层组将处于完全锁定状态，不能进行任何编辑。

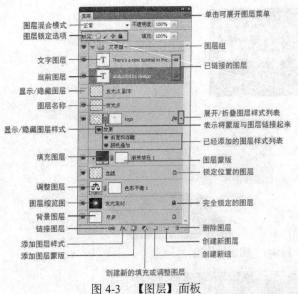

图层混合模式
图层锁定选项

文字图层
当前图层
显示/隐藏图层
图层名称
显示/隐藏图层样式

填充图层

调整图层
图层缩览图
背景图层
链接图层

添加图层样式
添加图层蒙版

单击可展开图层菜单

图层组

已链接的图层

展开/折叠图层样式列表
表示将蒙版与图层链接起来
已经添加的图层样式列表

图层蒙版
锁定位置的图层

完全锁定的图层

删除图层
创建新图层
创建新组

创建新的填充或调整图层

图 4-3 【图层】面板　　　　　　　　图 4-4 图层的混合模式

- 填充：此选项与【不透明度】相似，用于设置填充时的色素透明度，但只对当前图层起作用。
- 图层组：用于分组图层的文件夹，可以将文件中的大量图层进行分类。单击图层组标题左侧的倒三角图标，可以将图层组中的内容折合隐藏，再次单击可以重新显示。
- 文字图层：使用【文本工具】创建的图层，以输入的文字内容作为图层名称。
- 【链接图层】按钮 ：如果要将文件中的多个图层同时移动或变形，可以先选择多个图层再单击此按钮，将它们组成一个链接群进行编辑，从而提高工作效率。
- 调整图层：用于修改当前图层效果的辅助图层，比如调整颜色、亮度、对比度等。
- 当前图层：指当前选择的图层，呈蓝色反白文字效果。Photoshop 中的绝大部分操作是针对当前图层有效的。
- 图层缩览图：主要用于显示图层的效果，软件预设了 4 种缩览图大小，在【图层】面板右上方单击 按钮，即可打开图层快捷菜单，选择【画板选项】命令，可以打开如图 4-5 所示的【画板选项】对话框。例如，选择【中缩览图】选项，即可得到如图 4-6 所示的缩览图大小。
- 显示/隐藏图层：当图层的左侧出现 图标时，表示此图层处于可见状态。再次单击可以使其消失 ，同时文件中该图层的所有内容将隐藏，表示该图层处于不可见状态。
- 填充图层：用于修改当前图层颜色效果的辅助图层。
- 图层名称：图层缩览图右侧会显示图层的名称。在创建新图层时，自动以"图层 1、图层 2…"顺序编号，只要双击此名称即可进入编辑状态。
- 显示/隐藏图层样式 ：为图层添加图层样式后将会出现图层效果栏，单击此小三角符号可以折合图层效果栏，再次单击可以重新显示。
- 图层效果：在图层名称右侧双击可以打开【图层样式】对话框，从中可以为图层添加投影、内阴影、外发光等 10 种样式。
- 背景图层：背景层是一个不透明的特殊图层，且无法调整图层顺序，但是可以转换为普通图层。打开一幅 jpg 格式的图像文件后，图像本身就是背景图层。

图 4-5 【画板选项】对话框

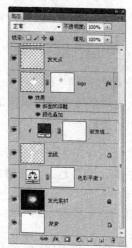

图 4-6 中缩览图效果

- 【添加图层样式】按钮 ：单击此按钮可以打开如图 4-7 所示的菜单，在其中可为当前图层添加图层样式。
- 【添加图层蒙版】按钮 ：单击此按钮可以为当前图层添加蒙版。如果图层中有选区，将根据选区形状创建图层蒙版。
- 【创建新的填充或调整图层】按钮 ：单击此按钮可以打开如图 4-8 所示的菜单，在其中可为当前图层添加填充图层或者调整图层。
- 【创建新组】按钮 ：单击此按钮可以新建一个图层组。
- 【创建新图层】按钮 ：单击此按钮可以新建一个透明的图层。如果将图层拖到此按钮上，可以快速复制图层。
- 【删除图层】按钮 ：单击此按钮可以删除当前图层，如果将图层拖到此按钮上，可以快速删除图层。

图 4-7 【图层样式】菜单

图 4-8 【填充或调整图层】菜单

4.2 创建图层

在使用 Photoshop 设计图像作品时，常常会使用到多个或多种类型的图层，掌握创建图

层和图层组，以及复制、删除、移动、锁定、显示与隐藏图层等管理操作是非常重要的。

4.2.1 创建图层和组

普通图层泛指那些不带蒙版或样式效果的图层、在 Photoshop 中创建普通图层的方法非常多，可以使用菜单命令、快捷键、按钮或者拖动的方法创建，甚至粘贴一个素材对象都可以产生一个新图层。

> 在默认状态下新增的图层为透明图层，在图像中无法查看，而且会被软件自动置于所取图层之上，并指定为当前图层。

1. 使用菜单创建新图层或组

动手操作 使用菜单创建新图层或组

1 打开光盘中的 "..\Example\Ch04\4.2.1.jpg" 文件，选择【图层】/【新建】/【图层】命令或【图层】/【新建】/【组】，打开对应的对话框。

2 选择【图层】命令，打开【新建图层】对话框，此时可以在【名称】文本框中输入指定的图层名称，如图 4-9 所示。单击【确定】按钮，此时在【图层】面板中将立即新增一个新图层，并自动设置为当前图层，如图 4-10 所示。

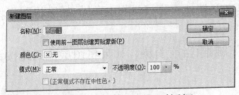

图 4-9　【新建图层】对话框

图 4-10　新增的图层

3 在【新建图层】对话框中选择【使用前一图层创建剪贴蒙版】复选项，可以将新建的图层与下一层进行编辑，从而组建成剪贴组。新增的图层前面会带有 " " 符号，如图 4-11 所示。

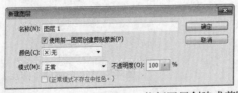

图 4-11　将新图层创建成剪贴蒙版

4 在【新建图层】对话框中打开【颜色】下拉列表，可以选择"红、橙、黄、绿、蓝、紫、灰"7 种颜色，如图 4-12 所示。用于指定新建图层在【图层】面板中显示的颜色。例如，选择【红色】选项后，新增的图层效果如图 4-13 所示。

图 4-12 【颜色】下拉列表

图 4-13 指定新图层颜色后的效果

2. 使用【图层】面板创建新图层或组

动手操作 使用【图层】面板创建新图层或组

1 在【图层】面板中单击█按钮，在打开的快捷菜单中选择【新建图层】命令或【新建组】命令。

2 对于新建图层来说，可以在打开的【新建图层】对话框中输入名称并设置选项，单击【确定】按钮即可创建新图层，如图 4-14 所示。

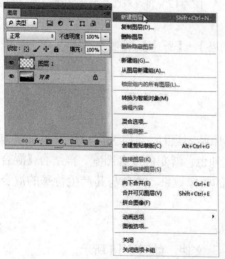

图 4-14 通过【图层】面板打开【新建图层】对话框

 在【图层】面板中单击【创建新图层】按钮█，可以自动在当前图层上方创建一个新图层，并以默认方式命名。当双击图层名称呈现蓝底白字时，可以重新指定图层名称。如果要创建图层组，可以单击【创建新组】按钮█，此时【图层】面板将出现一个图层组文件夹图标，如图 4-15 所示。

图 4-15 创建图层组的结果

3. 将背景层转换为普通图层

由于背景层不能进行混合模式与不透明度的更改，因此，Photoshop 允许将背景图层转换为普通图层。

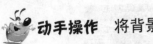
动手操作 将背景层转换为普通图层

1 在【图层】面板中双击【背景】图层或者选择【图层】/【新建】/【背景图层】命令，打开【新建图层】对话框。

2 此时对话框的默认名称为"图层 0"，并且【使用前一图层创建剪贴蒙版】复选项不可以使用，如图 4-16 所示。

3 输入新名称或者使用默认名称，单击【确定】按钮，即可将背景层转为普通层。如图 4-17 所示为将背景层按默认名称转换后的效果，原来的锁定图标不见了。

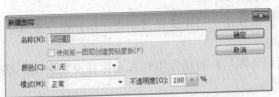

图 4-16 双击【背景】图层打开的对话框

图 4-17 将背景图层转换为普通图层的结果

当文件中不存在背景图层时，选择【图层】/【新建】/【图层背景】命令，可以将当前图层转换为背景图层。

4.2.2 创建填充图层

如果要调整图层的颜色效果，但又担心破坏原始图层时，可以为当前图层添加填充图层。其方法是在当前图层上方新建一个图层，并填充纯色、渐变色或者图案，再结合【混合模式】与【不透明度】的调整，这样不仅不会影响底层的图像效果，还会与其产生特殊的混合效果。

动手操作 创建纯色填充图层

1 打开光盘中的"..\Example\Ch04\4.2.2.jpg"文件，如图 4-18 所示。

2 在【图层】面板中单击【创建新的填充或调整图层】按钮，在打开的菜单中选择【纯色】选项，如图 4-19 所示。

图 4-18 练习文件的初始效果

图 4-19 添加【纯色】填充图层

3 打开【拾色器】对话框后，可以选择一种合适的颜色，本例选择【黄色】，完成后单击【确定】按钮，如图 4-20 所示。

4 在当前图层的上方创建一个名为"颜色填充 1"的填充图层，而整个图层会蒙上已填充的黄色，如图 4-21 所示。

5 将图层混合模式修改为【叠加】，显露"背景"图层的细节，图像色调变成了黄色，如图 4-22 所示。

图 4-20　设置填充的纯色

图 4-21　创建纯色填充图层后的结果

图 4-22　修改填充图层的混合模式

6 如果觉得当前的色调过浓，可以适当降低不透明度的数值。这里设置为 80%，结果如图 4-23 所示。

图 4-23　降低填充图层的不透明度

7 如果觉得当前的色调不太合适，可以双击填充图层的缩览图，打开【拾色器】对话框，重新修改填充颜色的色系，完成后单击【确定】按钮，如图 4-24 所示。更改图层填充颜色的结果如图 4-25 所示。

图 4-24　修改填充图层的颜色属性

图 4-25　修改填充图层颜色的结果

4.2.3 创建调整图层

调整图层可以将颜色和色调调整应用于图像，而不会永久更改图像的像素值。例如，可以创建"色阶"或"曲线"调整图层，而不是直接在图像上调整"色阶"或"曲线"。设置的颜色和色调调整存储在调整图层中并应用于该图层下面的所有图层。这样，可以通过一次调整来校正多个图层，而不用单独地对每个图层进行调整。

动手操作　创建调整图层

1　打开光盘中的"..\Example\Ch04\4.2.3.jpg"文件，如图 4-26 所示。

2　单击【创建新的填充或调整图层】按钮，再选择【曲线】选项，如图 4-27 所示。

3　在当前图层的上方新增了一个"曲线 1"调整图层，如图 4-28 所示。打开【属性】面板并显示【曲线】选项卡，可以使用鼠标按住选项卡的直线并拖动，使直线弯曲以调整像的亮暗度，如图 4-29 所示。向上拖动曲线后图像的结果如图 4-30 所示。

图 4-26　练习文件的初始效果　　图 4-27　创建【曲线】调整图层　　图 4-28　新增的调整图层

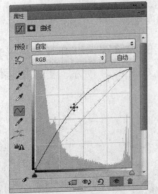

图 4-29　通过面板调整曲线设置　　　图 4-30　通过调整曲线增加图像亮度的结果

4　在【属性】面板中选择【红】通道，然后拖动曲线，调整图像中红色元素的效果，如图 4-31 所示。最后图像的结果如图 4-32 所示。

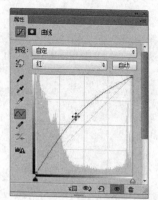

图 4-31　调整【红】通道曲线设置

图 4-32　调整图像红色元素的结果

4.3　图层的使用与管理

创建图层后，可以根据设计的需求对图层进行各种管理和使用，例如复制与删除图层、显示与隐藏图层、设置图层混合模式、合并图层等。

4.3.1　复制与删除图层

在设计过程中如果要多次使用同一个图层，若重复执行创建操作，将会降低工作效率。Photoshop 允许对图层进行复制操作，从而达到快速再制的目的。此外，对于【图层】面板中所有非锁定的图层都可以进行删除处理。

1.复制图层的方法

选择好当前图层，然后选择以下任一操作：

（1）选择【图层】/【复制图层】命令。

（2）在【图层】面板中右键单击图层，在打开的菜单中选择【复制图层】命令。

（3）在【图层】面板中单击■按钮，在打开的下拉菜单中选择【复制图层】命令。

打开【复制图层】对话框后，在【为】文本框中输入新图层的名称，再单击【确定】按钮，如图 4-33 所示。复制后的结果如图 4-34 所示。

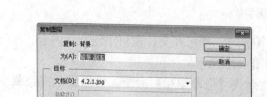

图 4-33　拖动复制图层

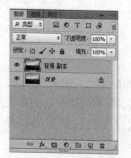

图 4-34　拖动删除图层

 按 Ctrl+J 快捷键可以快速创建当前图层的图层副本。

2. 删除图层的方法

当不需要某个图层或某组图层时，可以将图层或组删除。删除图层或组的方法很简单，首先选择要删除的图层或组，按下 Delete 键即可。此外，还可以在选定图层或组的情况下，单击【图层】面板的【删除图层】按钮 🗑，或者直接将图层或组拖到【删除图层】按钮 🗑 上，如图 4-35 所示。

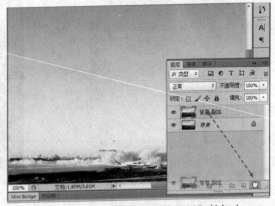

图 4-35 将图层拖到【删除图层】按钮上
即可删除图层

4.3.2 显示与隐藏图层

如果上层的图层阻挡了下层图层的操作，或者要对底层的图层进行编辑时，可以将那些暂时不编辑的图层隐藏。当需要显示时，可以再解除隐藏。对于图层组和图层样式也是如此。

在默认状态下，图层均处于可视状态，并且在【图层】面板左侧会出现一栏"眼睛"图标 👁。如果要显示或隐藏图层、组或样式，可以执行下列操作之一。

（1）如果要查看图层样式和效果的"眼睛"图标，可以单击【在面板中显示图层效果】图标，如图 4-36 所示。

①单击【在面板中显示图层效果】图标；②显示图层效果的结果

图 4-36 显示图层效果

（2）单击图层、组或图层效果旁的"眼睛"图标 👁，即可在文件窗口中隐藏其内容。再次单击"眼睛"图标 👁，可以重新显示内容，如图 4-37 所示。

（3）从【图层】菜单中选择【显示图层】命令或【隐藏图层】命令，可以显示或隐藏图层。

（4）按住 Alt 键并单击一个"眼睛"图标 👁，可以只显示该图标对应的图层或组的内容。

（5）Photoshop 将在隐藏所有图层之前记住它们的可见性状态。如果不想更改任何其他图层的可见性，在按住 Alt 键的同时单击同一"眼睛"图标 👁，可以恢复原始的可见性设置。

（6）在"眼睛"列中拖动，可以改变【图层】面板中多个图层的可见性。

① 单击"眼睛"图标,隐藏对应的图层;②原来图层未隐藏时显示的文本;
③隐藏图层后,文本被隐藏了;④图层左侧的"眼睛"图标没有了

图 4-37 隐藏图层

 如果文件中包含隐藏图层,在打印文件时只打印可见图层的内容,隐藏图层的内容将不在打印内容之列。

4.3.3 设置图层不透明度

设置图层不透明度可以调整图层的显示色素,使图层产生透明效果,从而更好地融合在一起。例如,为图层添加填充图层后,便可通过设置不透明度来调整效果。

如果要设置图层不透明度,可以在【图层】面板中【不透明度】右侧的数值框中输入数值,例如,输入 50%,原来的图层将变成半透明,如图 4-38 所示。

 如果单击不透明度选项右侧的 按钮,可以显示如图 4-39 所示的滑块,拖动滑块可以在手动调整的同时观察图层的透明效果。

 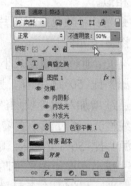

图 4-38 设置图层的不透明度 图 4-39 拖动滑块可设置不透明度

4.3.4 设置图层混合模式

图层的混合模式确定了图层内容的像素如何与图像中的下层像素进行混合。使用混合模式可以创建各种特殊效果。Photoshop CS6 提供了溶解、变暗、变亮、叠加、差值、色彩等 27 种混合模式。

图层混合模式选项的说明如下:

- 正常：编辑或绘制每个像素，使其成为结果色。这是默认模式。
- 溶解：编辑或绘制每个像素，使其成为结果色。但是，根据任何像素位置的不透明度，结果色由基色或混合色的像素随机替换。
- 变暗：查看每个通道中的颜色信息，并选择基色或混合色中较暗的颜色作为结果色，将替换比混合色亮的像素，而比混合色暗的像素保持不变。
- 正片叠底：查看每个通道中的颜色信息，并将基色与混合色进行正片叠底。结果色总是较暗的颜色。任何颜色与黑色正片叠底产生黑色；任何颜色与白色正片叠底保持不变。
- 颜色加深：查看每个通道中的颜色信息，并通过增加二者之间的对比度使基色变暗以反映出混合色。与白色混合后不产生变化。
- 线性加深：查看每个通道中的颜色信息，并通过减小亮度使基色变暗以反映混合色。与白色混合后不产生变化。
- 变亮：查看每个通道中的颜色信息，并选择基色或混合色中较亮的颜色作为结果色。比混合色暗的像素被替换，比混合色亮的像素保持不变。
- 滤色：查看每个通道的颜色信息，并将混合色的互补色与基色进行正片叠底。结果色总是较亮的颜色。用黑色过滤时颜色保持不变；用白色过滤将产生白色。
- 颜色减淡：查看每个通道中的颜色信息，并通过减小二者之间的对比度使基色变亮以反映出混合色。与黑色混合则不发生变化。
- 线性减淡（添加）：查看每个通道中的颜色信息，并通过增加亮度使基色变亮以反映混合色。与黑色混合则不发生变化。
- 叠加：对颜色进行正片叠底或过滤，具体取决于基色。图案或颜色在现有像素上叠加，同时保留基色的明暗对比。
- 柔光：使颜色变暗或变亮，具体取决于混合色。此效果与发散的聚光灯照在图像上相似。
- 强光：对颜色进行正片叠底或过滤，具体取决于混合色。此效果与耀眼的聚光灯照在图像上相似。
- 亮光：通过增加或减小对比度来加深或减淡颜色，具体取决于混合色。如果混合色（光源）比 50%灰色亮，则通过减小对比度使图像变亮；如果混合色比 50%灰色暗，则通过增加对比度使图像变暗。
- 线性光：通过减小或增加亮度来加深或减淡颜色，具体取决于混合色。如果混合色（光源）比 50%灰色亮，则通过增加亮度使图像变亮；如果混合色比 50%灰色暗，则通过减小亮度使图像变暗。
- 点光：根据混合色替换颜色。
- 实色混合：将混合颜色的红色、绿色和蓝色通道值添加到基色的 RGB 值。
- 差值：查看每个通道中的颜色信息，并从基色中减去混合色，或从混合色中减去基色，具体取决于哪一个颜色的亮度值更大。与白色混合将反转基色值；与黑色混合则不产生变化。
- 排除：创建一种与“差值”模式相似但对比度更低的效果。与白色混合将反转基色值；与黑色混合则不发生变化。

- 减去：查看每个通道中的颜色信息，并从基色中减去混合色。在 8 位和 16 位图像中，任何生成的负片值都会剪切为零。
- 划分：查看每个通道中的颜色信息，并从基色中分割混合色。
- 色相：用基色的明亮度和饱和度以及混合色的色相创建结果色。
- 饱和度：用基色的明亮度和色相以及混合色的饱和度创建结果色。
- 颜色：用基色的明亮度以及混合色的色相和饱和度创建结果色。这样可以保留图像中的灰阶，并且对于给单色图像上色和给彩色图像着色都会非常有用。
- 明度：用基色的色相和饱和度以及混合色的明亮度创建结果色。此模式创建与【颜色】模式相反的效果。

动手操作　设置图层混合模式

1　打开光盘中的"..\Example\Ch04\4.3.4.psd"文件，如图 4-40 所示。

2　按"Ctrl+Shift+Alt+2"快捷键，选取图像中的高光部分，如图 4-41 所示。

3　按"Ctrl+C"快捷键复制选区内容，再按"Ctrl+V"快捷键粘贴选区内容，如图 4-42 所示。

图 4-40　练习文件的初始效果

图 4-41　选取到图像的高光区域

图 4-42　复制并粘贴选区内容

4　打开【图层】面板的【混合模式】列表框，选择【滤色】模式，如图 4-43 所示。

图 4-43　设置图层混合模式

5 在【图层】面板上新建一个图层，使用【渐变工具】█并在属性栏中选择一种渐变样式，然后在图像上从上往下垂直拖动鼠标，填充渐变颜色，如图 4-44 所示。

图 4-44 新建图层并填充渐变颜色

6 打开【图层】面板的【混合模式】列表框，选择【叠加】模式，如图 4-45 所示。为新图层设置混合模式后的结果如图 4-46 所示。

图 4-45 设置【叠加】混合模式

图 4-46 设置混合模式后的结果

4.3.5 合并图层与拼合图像

当确认图层不需要再进行其他编辑处理时，可以将其合并。Photoshop 不允许将调整图层或者填充图层作为合并的目标图层。

当合并图层后，所有透明区域的重叠部分将会保持透明。合并图层不但可以减少图像文件的容量，还可以辅助管理文件图层。

动手操作 合并图层与拼合图像

1 打开光盘中的"..\Example\Ch04\4.3.5.psd"文件，在【图层】面板中选择"梦幻之港"文本图层，如图 4-47 所示。

2 单击【图层】/【向下合并】命令，当前图层与下方的背景层合并为一个图层，图层名称会采用下方图层的"图层 2"名称，如图 4-48 所示。

TIPS▶ 如果选中"梦幻之港"和"图层 2"两个图层，再按 Ctrl+E 快捷键，同样可以合并选中的两个图层，不过图层名称会以上方的图层为准，即"梦幻之港"。

3　如果图像文件中存在多个顺序混乱的图层，可以使用【合并可见图层】命令将当前处于可视状态的图层合并，而不会影响到隐藏的图层。下面选择图层 1，并隐藏图层 2，如图 4-49 所示。

图 4-47　指定前图层　　　　图 4-48　向下合并后的结果　　　图 4-49　指定当前可视图层

4　选择【图层】/【合并可见图层】命令，将当前可视的图层合并，也就是图层 2 自动合并到背景图层上了，而隐藏的图层 1 则不被合并，如图 4-50 所示。

5　当确认一幅作品完成，不再需要进行其他修改时，为了减少文件容量，可以拼合所有图层。显示图层 2，选择【图层】/【拼合图像】命令，将所有图层拼合起来，如图 4-51 所示。

图 4-50　合并可见图层后的结果　　　　　　　图 4-51　拼合图像

 如果文件中存在被隐藏的图层，选择【拼合图层】命令后，将弹出如图 4-52 所示的警告对话框，单击【确定】按钮，Photoshop 会自动把隐藏的图层删除，而可视的图层将会合并为一个图层。

图 4-52　拼合图像时有隐藏图层所弹出的经过对话框

4.3.6　栅格化图层

在包含矢量数据（如文字图层、形状图层、矢量蒙版或智能对象）和生成的数据（如填充图层）的图层上，不能使用绘画工具或滤镜。可以栅格化这些图层，将其内容转换为平面的图像，然后再使用绘图工具或滤镜。

选择要栅格化的图层，然后选择【图层】/【栅格化】命令，可以根据目标图层从子菜单中选择一个选项，或者直接选择【图层】命令或【所有图层】命令，如图4-53所示。

【栅格化】菜单命令项说明如下：

- 文字：栅格化文字图层上的文字。该操作不会栅格化图层上的任何其他矢量数据。
- 形状：栅格化形状图层。
- 填充内容：栅格化形状图层的填充，同时保留矢量蒙版。
- 矢量蒙版：栅格化图层中的矢量蒙版，同时将其转换为图层蒙版。
- 智能对象：将智能对象转换为栅格图层。
- 图层样式：将应用样式的图层转换为栅格图层。
- 图层：栅格化选定图层上的所有矢量数据。
- 所有图层：栅格化包含矢量数据和生成的数据的所有图层。

4.3.7 指定混合图层颜色范围

除了通过【图层】面板设置图层的混合模式外，还可以选择【图层】/【图层样式】/【混合选项】命令，然后从对话框的【混合模式】下拉列表框中选择混合模式选项，如图4-54所示。

图 4-53　栅格化图层

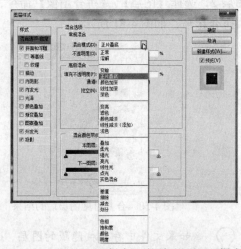

图 4-54　通过【图层样式】对话框设置图层混合

在【混合选项】栏中，除了可以选择混合模式外，还可以通过【混合颜色带】定义部分混合像素的范围，使它在混合区域和非混合区域之间产生一种平滑的过渡效果。

动手操作　指定混合图层色调范围

1　打开光盘中的"..\Example\Ch04\4.3.7.psd"文件，选择如图4-55所示的图层。

2　选择【图层】/【图层样式】/【混合选项】命令，如图4-56所示。

3　打开【图层样式】对话框后，在【混合选项】命令中的【常

图 4-55　选择图层

规混合】和【高级混合】栏设置不透明度为 100%，如图 4-57 所示。

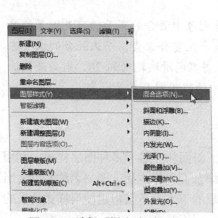

图 4-56　选择【混合选项】命令

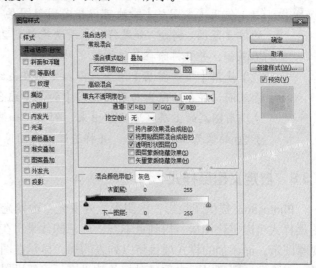

图 4-57　设置混合模式的不透明度

4 在【混合颜色带】中执行下列操作之一：

① 选择【灰色】选项，以指定所有通道的混合范围。

② 选择单个颜色通道（如 RGB 图像中的红色、绿色或蓝色）以指定该通道内的混合。本例选择【红】选项，如图 4-58 所示。

5 可以使用【本图层】和【下一图层】选项的滑块设置混合像素的亮度范围。度量范围从 0（黑）～255（白）。可以拖动白色滑块设置范围的高值，拖动黑色滑块设置范围的低值，如图 4-59 所示。设置混合颜色范围的效果如图 4-60 所示。

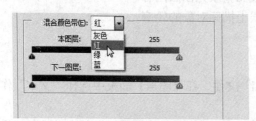

图 4-58　选择混合颜色器

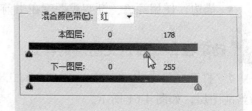

图 4-59　设置混合颜色范围

图 4-60　设置混合颜色范围的前后对比效果

Photoshop CS6
Flash CS6
Dreamweaver CS6
中文版

指定混合颜色范围时，应注意下列原则：

（1）使用【本图层】滑块可以指定现用图层上将要混合并因此出现在最终图像中的像素范围。例如，如果将白色滑块拖动到 220，则亮度值大于 220 的像素将保持不混合，并且排除在最终图像之外。

（2）使用【下一图层】滑块可以指定将在最终图像中混合的下面的可见图层的像素范围。混合的像素与现用图层中的像素组合产生复合像素，而未混合的像素透过现用图层的上层区域显示出来。例如，如果将黑色滑块拖动到 20，则亮度值低于 20 的像素保持不混合，并将透过最终图像中的现用图层显示出来。

4.3.8　自定义图层样式

Photoshop 提供了投影、内阴影、外发光、内发光、斜面和浮雕等多种图层样式，利用图层样式可以美化图层，得到更丰富、理想的效果。在添加图层样式后，图层名称右侧会出现 fx 图示，而添加的样式项目将以列表的形式显示在图层的下方，可以指定图层样式效果的显示与隐藏，还可以双击项目对相关效果进行重新设置。

通过【图层样式】对话框，可以使用以下一种或多种效果创建自定样式，这些样式类型的说明如下：

- 投影：在图层内容的后面添加阴影。
- 内阴影：紧靠在图层内容的边缘内添加阴影，使图层具有凹陷外观。
- 外发光和内发光：添加从图层内容的外边缘或内边缘发光的效果。
- 斜面和浮雕：对图层添加高光与阴影的各种组合。
- 光泽：应用创建光滑光泽的内部阴影。
- 颜色、渐变和图案叠加：用颜色、渐变或图案填充图层内容。
- 描边：使用颜色、渐变或图案在当前图层上描画对象的轮廓。

动手操作　自定义图层的样式

1　打开光盘中的 "..\Example\Ch04\4.3.8.psd" 文件，在【图层】面板中选择"文本"作为当前图层，如图 4-61 所示。

2　单击【图层】/【图层样式】/【投影】命令，打开【图层样式】对话框并自动选择【投影】选项，接着设置【结构】属性，如图 4-62 所示。

图 4-61　打开练习文件并选中当前图层

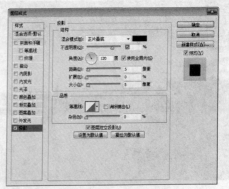
图 4-62　设置【投影】样式

3 打开【等高线】列表，在其中选择一种合适的品质选项，如图 4-63 所示。

4 在【图层样式】对话框中单击【外发光】选项，选中该选项并显示对应的选项卡，接着设置外发光选项，如图 4-64 所示。

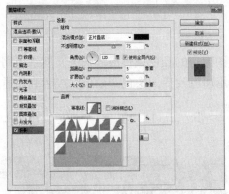

图 4-63　设置品质等高线

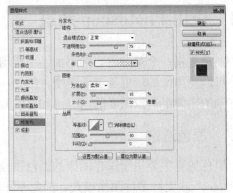

图 4-64　设置【外发光】样式

5 在【图层样式】对话框中单击【斜面和浮雕】选项，选中该选项并显示对应的选项卡，接着设置斜面和浮雕的【结构】选项，如图 4-65 所示。

6 设置斜面和浮雕的【阴影】选项，并选择光泽等高线选项，最后单击【确定】按钮，如图 4-66 所示。自定义图层样式后的结果如图 4-67 所示。

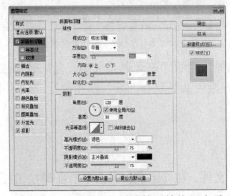

图 4-65　设置斜面和浮雕的【结构】选项

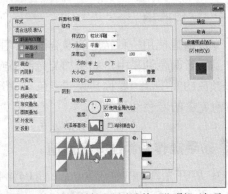

图 4-66　设置斜面和浮雕的【阴影】选项

图 4-67　图层自定义图层样式的结果

 单击效果的复选框可以应用当前效果的设置，而不显示效果的选项。只有单击效果名称，才可以显示效果选项。

4.4 应用 Photoshop 通道

通道是指一个单一色彩的平面，主要用来保存图像中的颜色属性或者选区。熟练使用通道，可以使图像编辑更加灵活多变，例如，可以利用通道改变图像色彩效果，或者利用通道在复杂的图像中选取需要的内容（如毛发）等。

4.4.1 原色通道

原色通道主要用于保存图像的颜色属性。由于 Photoshop 支持多种图像模式，因此不同的图像模式对应不同的通道数量。

例如，平时常见的 RGB 模式的图像，是由3 个颜色通道叠合起来形成一个真彩色图像，即红色通道（R）、绿色通道（G）与蓝色通道（B），如图 4-68 所示为 RGB 模式下的【通道】面板。

4.4.2 专色通道

专色通道使用一种特殊的混合油墨，替代或

图 4-68　RGB 模式下的【通道】面板

附加到图像颜色油墨中。如增加荧光油墨或夜光油墨，套版印制无色系（如烫金）等，这些特殊颜色的油墨（一般称其为"专色"）都无法用三原色油墨混合而成。在图像处理软件中，都存有完备的专色油墨列表。

动手操作　新建专色通道

1　打开光盘中的"..\Example\Ch04\4.4.2.jpg"文件，在【通道】面板中单击■按钮打开菜单，再选择【新建专色通道】命令，如图 4-69 所示。

2　在打开的【新建专色通道】对话框中单击颜色块，如图 4-70 所示，可以在打开的【拾色器】对话框中指定需要的专色油墨属性，最后单击【确定】按钮即可，如图 4-71 所示。

图 4-69　选择【新建专色通道】命令

图 4-70　【新建专色通道】对话框

3 此时在【通道】面板中就会生成与其相应的专色通道，如图 4-72 所示。另外，专色印刷可以让作品在视觉上更具质感与震撼力，但由于大多数专色无法在显示器上呈现效果，所以其制作过程也带有相当大的经验成分。

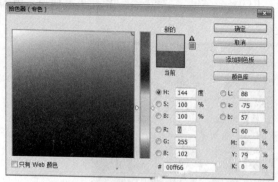

图 4-71　选择颜色

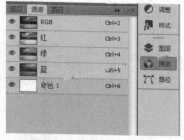

图 4-72　新建的专色通道

专色通道与原色通道恰好相反，专色通道是用黑色代表选取（即喷绘油墨），用白色代表不选取（不喷绘油墨）。

4.4.3　Alpha 通道

Alpha 通道是为保存选择区域而专门设计的通道，也可以把它当成一个保护膜来遮住图像，被屏蔽的区域不会受任何编辑操作的影响。在生成一个图像文件时，Photoshop 并不会自动生成 Alpha 通道，它通常是由用户在进行图像编辑处理时自行创建的。如图 4-73 所示为【通道】面板中的 Alpha 通道。

图 4-73　Alpha 通道

4.4.4　显示与隐藏通道

在对图像颜色进行编辑调整时，可以根据实际需要隐藏暂时不用的通道，当需要时再显示即可。显示与隐藏通道的操作方法与图层中的操作方法相似，只需要单击需要显示或隐藏通道前的眼睛图标即可。

动手操作 显示与隐藏通道

1 打开光盘中的"..\Example\Ch04\4.4.4.jpg"文件，然后打开【通道】面板，这是一个
RGB 颜色模式的图像，在默认状态预设了"RGB"、"红"、"绿"和"蓝"4 个通道，并且全
选为显示状态，如图 4-74 所示。

图 4-74　默认状态下的通道显示效果

2 如果只想显示某一个通道，例如，仅显示"红"通道，可以直接单击选择"红"通
道选项即可，这时候其他 3 个通道将会自动隐藏，而且图像也仅会显示红色通道下的色彩效
果，如图 4-75 所示。

图 4-75　显示"红"通道的结果

3 如果要同时显示"蓝"、"红"两个通道，可以在"红"通道左侧单击小眼睛符号，
这时图像仅会显示"蓝"、"红"两个通道下的色彩效果，如图 4-76 所示。

不能单独隐藏"RGB"通道。此外，单击隐藏"红"、"绿"、"蓝"任一通道时，
"RGB"通道也会跟着隐藏，而需要重新显示所有通道时，只要单击"RGB"通
道选项即可恢复 RGB 通道效果。

图 4-76　同时显示"红"通道和"蓝"通道的结果

4.4.5　分离与合并原色通道

在对通道进行编辑操作时，通常需要将各个原色通道分离，然后分别进行编辑，编辑完后再把各个原色通道按照一种颜色模式进行合并。

动手操作　分离与合并原色通道

1　打开光盘中的"..\Example\Ch04\4.4.5.jpg"文件，如果要分离原色通道，可以打开【通道】面板菜单，再选择【分离通道】命令，如图 4-77 所示。

2　将原色通道分离开来后，【通道】面板变成仅有一个"灰色"通道，如图 4-78 所示。

3　原来的 RGB 图像文件将拆分成 3 个独立的通道文件，分别为"红"、"绿"和"蓝"，如图 4-79 所示。

3　如果要重新合并通道，可以打开【通道】面板菜单，选择【合并通道】命令，如图 4-80 所示。

图 4-77　分离通道

4　在打开的【合并通道】对话框中选择合并模式，例如选择【RGB 颜色】，再设定通道数为 3（如果是 CMYK 模式需要设定通道数为 4），单击【确定】按钮，如图 4-81 所示。

图 4-78　分离后的通道　　　图 4-79　分离通道后原文件被拆分成 3 个文件　　　图 4-80　合并通道

5 在打开的【合并 RGB 通道】对话框中指定通道，最后单击【确定】按钮即可，如图 4-82 所示。完成后被拆分的 3 个文件又被重新合并，如图 4-83 所示。

图 4-81 选择合并模式

图 4-82 指定通道

图 4-83 合并通道的结果

 在【合并 RGB 通道】对话框中单击【模式】按钮，可以返回【合并通道】对话框，以便重新选择合并模式。另外，在合并通道时，各源文件的分辨率和尺寸必须一致，否则不能进行合并。

4.4.6 应用通道混合器

使用【通道混合器】命令可以指定改变图像中某一通道中的颜色，并混合到主通道，从而产生一种图像合成效果。

下例将使用【通道混合器】命令改变图像的色彩效果，以便使图像显得更加漂亮。

动手操作 使用【通道混合器】调整颜色

1 打开光盘中的"..\Example\Ch04\4.4.6.jpg" 文件，如图 4-84 所示。

2 选择【图像】/【调整】/【通道混合器】命令，在打开的对话框中设置输出通道为【绿】色，然后调整【绿色】源通道的数值为 80%，调整【蓝色】源通道的数值为 20%，如图 4-85 所示。调整后的结果如图 4-86 所示。

图 4-84 练习文件的初始效果

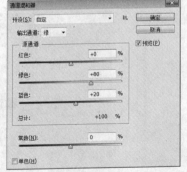

图 4-85 设置【绿】通道的选项参数

图 4-86 设置通道后的结果

3　切换到【红】输出通道，然后分别调整 3 个源通道的数值，同时观察图像的结果，当效果满意后单击【确定】按钮，如图 4-87 所示。

图 4-87　设置【红】通道及其结果

4　切换到【蓝】输出通道，然后分别调整 3 个源通道的数值，同样观察图像的结果，当效果满意后单击【确定】按钮，如图 4-88 所示。

图 4-88　设置【蓝】通道及其结果

4.5　滤镜

"滤镜"是图像处理软件所特有的，主要是为了满足复杂的图像处理的需求，使烦琐的步骤更简化，效果更逼真。Photoshop CS6 的滤镜主要分为两种：一种是内嵌的滤镜，另一种是外挂滤镜。

4.5.1　内置滤镜

滤镜是 Photoshop 针对图像像素的一种特定运算功能模块。滤镜在 Photoshop 中通过多种算法使像素重新组合，可以使图像发生一些特殊效果。如图 4-89 所示为原图和应用【干画笔】滤镜的对比效果。

在 Photoshop 中，滤镜依照功能分为很多种类，加起来超过 100 个滤镜，可以通过【滤镜】菜单选择并应用这些滤镜，如图 4-90 所示。

可以依照应用分为"效果型"和"调整型"滤镜。效果型滤镜是指对主要依照破坏图像原有像素的排列和色彩，从而达到较明显效果的滤镜；而调整型滤镜则对图像原有像素破坏较少，可以对图像进行适当的调整而得到不同的效果。

图 4-89　原图与应用【干画笔】滤镜的对比效果

此外，Photoshop 大部分的滤镜功能都提供了相关的对话框，通过设置不同的效果参数，可以使一个滤镜产生无数变化。如图 4-91 所示为"彩色半调"滤镜提供的参数设置对话框。

图 4-90　【滤镜】菜单

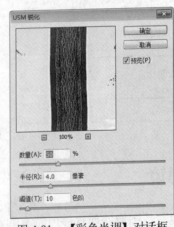

图 4-91　【彩色半调】对话框

4.5.2　外挂滤镜

外挂滤镜是指并非 Photoshop 内置的滤镜，它是由第三方厂商为 Photoshop 开发的滤镜程序。外挂程序具有很大的灵活性，而且可以依照实际需要来更新该程序，而不必更新整个主程序。

"外挂"是指为了扩展主程序并寄存在主程序中的补充性程序，这种程序可以在安装后附加到主程序内，并可以通过主程序调入和调出。

外挂滤镜作为 Photoshop 的外挂程序，可以提供丰富的滤镜功能，制作更多的图像效果。目前，著名的外挂滤镜有 KPT、PhotoTools、Eye Candy、Xenofen、Ulead Effects 等。如图 4-92 所示为 KPT 的界面。

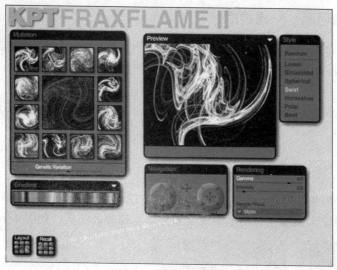

图 4-92　KPT 外挂滤镜

4.5.3　滤镜使用须知

　　Adobe 提供的滤镜功能都会显示在【滤镜】菜单中，而第三方厂商开发的外挂滤镜则在安装后显示在【滤镜】菜单的底部。要较好地使用滤镜，需要注意以下内容：

　　（1）滤镜需要应用在当前的可视图层或选区。

　　（2）对于 8 位/通道的图像，可以通过"滤镜库"命令应用大多数滤镜，而且所有滤镜都可以单独应用。

　　（3）滤镜不能应用在位图模式或索引颜色的图像上。

　　（4）有些滤镜只对 RGB 图像起作用，不过所有滤镜都可应用于 8 位图像。

　　（5）在 Photoshop 中，可以将下列滤镜应用在 16 位图像中，包括液化、平均模糊、两侧模糊、模糊、进一步模糊、方框模糊、高斯模糊、镜头模糊、动感模糊、径向模糊、样本模糊、镜头校正、添加杂色、去斑、蒙尘与划痕、中间值、减少杂色、纤维、镜头光晕、锐化、锐化边缘、进一步锐化、智能锐化、USM 锐化、浮雕效果、查找边缘、曝光过度、逐行、NTSC 颜色、自定、高反差保留、最大值、最小值、位移。

　　（6）在 Photoshop 中，可以将下列滤镜应用在 32 位图像中，包括平均模糊、两侧模糊、方框模糊、高斯模糊、动感模糊、径向模糊、样本模糊、添加杂色、纤维、镜头光晕、智能锐化、USM 锐化、逐行、NTSC 颜色、高反差保留、位移。

　　（7）有些滤镜完全在内存中处理。如果所有可用的 RAM 都用于处理滤镜效果，则可能看到错误信息。

4.6　典型滤镜的应用

　　Photoshop CS6 将常用的几种滤镜放置在【滤镜】菜单上方，以便用户选用。例如【镜头校正】滤镜、【液化】滤镜、【油画】滤镜等。这些滤镜功能强大，但在操作上较其他滤镜稍复杂。另外，为了便于进行效果对比，Photoshop CS6 还专门提供了【滤镜库】，可以方便地一次多目标应用多个滤镜。

4.6.1　制作彩色笔画——滤镜库

滤镜库将常用的滤镜组合在一起，可以随意地对图像应用不同的滤镜效果。另外，滤镜库还为每个滤镜提供了直观效果图，可以通过预览一次使用多种滤镜效果，极大地方便了滤镜的操作。

下面通过【滤镜库】功能为图像添加多个滤镜，将原始的图像制作成彩色笔图画的效果，如图 4-93 所示。

动手操作　通过滤镜库制作彩色笔画

1　打开光盘中的"..\Example\Ch04\4.6.1.jpg"文件，选择背景图层并单击右键，然后选择【复制图层】命令，接着在对话框中设置名称，复制背景图层，如图 4-94 所示。

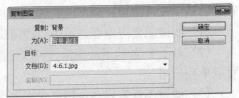

图 4-93　将图像制作成彩色笔图画效果　　　　图 4-94　复制背景图层

2　选择复制出来的图层，再选择【滤镜】/【滤镜库】命令，打开【艺术效果】列表，选择【胶片颗粒】滤镜，然后设置具体的参数，如图 4-95 所示。

图 4-95　应用【胶片颗粒】滤镜

3　在对话框中单击【新建效果图层】按钮，添加另外一个滤镜，然后选择滤镜为【强化的边缘】，接着设置具体参数并单击【确定】按钮，如图 4-96 所示。

图 4-96　应用【强化的边缘】滤镜

4　选择【图像】/【调整】/【去色】命令，将图层进行去色处理，如图 4-97 所示。

5　选择【滤镜】/【滤镜库】命令，打开【画笔描边】列表，选择【阴影线】滤镜，然后设置具体的参数并单击【确定】按钮，如图 4-98 所示。

6　选择背景图层并单击右键，然后选择【复制图层】命令，在对话框中设置名称，再次复制出另一个背景图层，如图 4-99 所示。

图 4-97　为图层进行去色处理

图 4-98　应用【阴影线】滤镜

7　选择步骤 6 复制出的背景图层，然后设置图层混合模式为【叠加】，再设置不透明度为 40%，如图 4-100 所示。

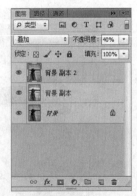

图 4-99　再次复制背景图层　　　　　图 4-100　设置图层混合模式和不透明度

4.6.2　制作奶茶的涟漪

　　利用【液化】滤镜可以对图像进行推、拉、旋转、反射和膨胀等操作，可以调整图像任意区域的形状，也可以创建强烈或细微的扭曲效果。

　　下面使用液化滤镜为照片中的奶茶茶面制作涟漪效果，如图 4-101 所示。

图 4-101　制作奶茶的涟漪效果

动手操作　应用液化滤镜

　　1　打开光盘中的 "..\Example\Ch04\4.6.2.jpg" 文件，然后选择【滤镜】/【液化】命令，打开【液化】对话框，如图 4-102 所示。

　　2　选择【向前变形工具】，设置画笔大小为 80、画笔压力为 100，然后在图像的奶茶上沿顺时针拖动扭曲奶茶面，如图 4-103 所示。

①液化滤镜的工具；②选项设置；③编辑区域

图 4-102　【液化】对话框

图 4-103　按照顺时针液化奶茶的茶面部分

3　选择【褶皱工具】 ，再设置画笔大小为 80，接着在奶茶面中心处按住鼠标左键，使像素朝着奶茶面的中心移动，如图 4-104 所示。

图 4-104　褶皱变形图像

4　如果想重复上一个操作，可以按 Ctrl+Z 快捷键；如果想要恢复图像原样，可以单击【恢复全部】按钮。完成液化图像的操作后，可以单击【确定】按钮并返回 Photoshop 编辑窗口查看效果。

4.6.3　修复相片镜头失真

使用镜头校正滤镜可以修复常见的镜头瑕疵，如桶形和枕形失真、晕影和色差，也可以使用该滤镜来旋转图像，或修复由于相机垂直或水平倾斜而导致的图像透视现象。

下面通过【镜头校正】滤镜将原来拍摄失真的照片进行校正，使照片恢复正常的画面效果。

动手操作 使用【镜头校正】滤镜修复相片镜头失真

1 打开光盘中的 "..\Example\Ch04\ 4.6.3.jpg"文件，可以看出相片有失真的问题，如图 4-105 所示。

2 选择【滤镜】/【镜头校正】命令，打开【镜头校正】对话框后，选择【拉直工具】，然后在图像上向右上方向拉出一条直线，调整相片的水平面，如图 4-106 所示。

3 在对话框左侧选择【移去扭曲工具】，然后切换到【自定】选项卡，再参考图的扭曲程序，设置移去扭曲为-11、垂直透视为-19，最后单击【确定】按钮，如图 4-107 所示。修复照片后的结果如图 4-108 所示。

图 4-105　练习文件的初始效果

图 4-106　拉直相片水平面

图 4-107　设置校正选项的参数

图 4-108 校正后的照片

4.6.4 将图像制成油画——油画与艺术化滤镜

利用 Photoshop 提供的滤镜可以将图像制成各种各样的艺术效果。下面利用【墨水轮廓】滤镜、【粗糙蜡笔】滤镜以及【油画】滤镜，将一张风景照制成油画效果，如图 4-109 所示。

 动手操作 使用油画与艺术化滤镜

1 打开光盘中的 "..\Example\Ch04\4.6.4.jpg" 文件，选择【滤镜】/【滤镜库】命令，再打开【画笔描边】列表，选择【墨水轮廓】滤镜，然后设置相关选项的参数，如图 4-110 所示。

图 4-109 将风景照制成油画的效果

图 4-110 应用【墨水轮廓】滤镜

2 在对话框中单击【新建效果图层】按钮 ，添加另外一个滤镜，然后选择滤镜为【粗糙蜡笔】，接着设置具体参数并单击【确定】按钮，如图 4-111 所示。

图 4-111　应用【粗糙蜡笔】滤镜

3　选择背景图层并单击右键，然后选择【复制图层】命令，在对话框中设置名称，再次复制出另一个背景图层，如图 4-112 所示。

4　选择步骤 3 复制出的背景图层，然后选择【滤镜】/【油画】命令，在打开的【油画】对话框中设置画笔和光照的参数，接着单击【确定】按钮，如图 4-113 所示。

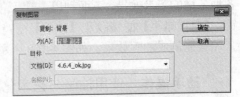

图 4-112　复制背景图层

5　将【背景 副本】图层的混合模式设置为【柔光】，如图 4-114 所示。

图 4-113　应用【油画】滤镜

图 4-114　设置图层混合模式

4.7　本章小结

本章介绍了图层与【图层】面板的作用、创建与管理图层的方法，以及图层样式的应用，然后介绍了"通道"的相关概念、使用【通道】面板的方法，并通过多个实例介绍了 Photoshop 的滤镜应用。

4.8　本章习题

1．填空题

（1）【图层】面板主要用于_____的状态与属性，通过它可以完成各种对图层的操作。

（2）普通图层泛指_____或_____的图层。

（3）图层的混合模式确定了_____进行混合。

（4）当合并图层后，所有透明区域的重叠部分将会_____。

（5）Photoshop 提供了_____、_____、_____、_____、_____、_____、_____、_____、_____等多种图层样式。

（6）滤镜是 Photoshop 针对_____的一种特定运算功能模块。

2．选择题

（1）按下哪个快捷键，可以打开【新建图层】面板？ （　　）

    A. Ctrl+N   B. Ctrl+Shift+N

    C. Ctrl+Shift++F   D. Shift+N

（2）按住哪个键并单击【图层】面板的"眼睛"图标，可以只显示该图标对应的图层或组的内容？ （　　）

    A. Ctrl   B. Shift   C. Alt   D. F2

（3）下面哪个通道不能单独隐藏？ （　　）

    A. 红通道   B. 蓝通道   C. 绿通道   D. RGB 通道

（4）按哪个快捷键可以快速创建当前图层的图层副本？ （　　）

    A. Ctrl+F   B. Ctrl+B   C. Ctrl+J   D. F12

3．操作题

打开光盘中的"..\Example\Ch04\4.8.jpg"文件，然后通过添加图层、应用【云彩】滤镜、添加渐变映射图层和设置图层混合模式等处理，将这个普通的风景照变成具有特殊效果的图像，如图 4-115 所示。

图 4-115　操作题的结果

提示：

（1）在 Photoshop CS6 中打开文件，然后在【图层】面板中新建一个空白图层，如图 4-116 所示。

（2）打开【滤镜】菜单，然后选择【渲染】/【云彩】命令为图层添加【云彩】效果（执行此操作前在工具箱中设置默认的前景色和背景色），如图 4-117 所示。

图 4-116　新建空白图层

图 4-117　应用【云彩】滤镜

3. 选择应用【云彩】滤镜的图层，然后设置该图层的混合模式为【柔光】，如图 4-118 所示。

4. 单击【创建新的填充或调整图层】按钮，再选择【渐变映射】选项，然后设置一种渐变颜色，如图 4-119 所示。

5. 选择渐变映射图层，然后设置该图层的混合模式为【叠加】，如图 4-120 所示。

图 4-118　设置图层混合模式

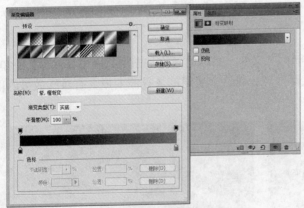

图 4-119　添加渐变映射调整图层

图 4-120　设置图层的混合模式

第5章 Flash 动画创作基础

 内容提要

Flash 动画是网页上常见的多媒体元素，它不仅可以增加网页的动感效果，还可以达到广告宣传的目的。在学习使用 Flash CS6 制作动画前，首先要了解什么是 Flash 动画，并掌握制作动画的基本方法。

 学习重点与难点

> ♪ 了解 Flash 动画及其元素
> ➤ 掌握时间轴的各种基本操作
> ➤ 掌握创建与应用原件的基本方法
> ➤ 了解 Flash 动画的创作概念
> ➤ 掌握播放与测试 Flash 动画的方法

5.1 动画创作元素

Flash 动画的创作通常由"场景、时间轴、帧格、图层、对象"等元素来完成，每种元素承担了一定的功能，它们与 Flash 动画创作是密不可分的。

5.1.1 Flash 动画

动画由连续变化的画面组成，将动画分解后，每个状态都会变成一张静态的影像。一张影像构成不了一个动画，需要将多张影像按照一定的顺序逐一显示形成动画。

例如，将人物跑步的动作分解成多个不同的瞬间，也就是绘制多张不同状态的影像，然后按先后顺序在眼前快速播放，就能看到跑步的动画效果。如果把这些影像重复播放，就会看到画面上的人物在进行跑步的动作，如图 5-1 所示。

图 5-1 人物跑步的过程

由此看来，动画的本质就是一组有连续变化的影像，而 Flash 动画制作就是把一组连续

变化的影像快速播放给观众观看。因为人的眼睛具有视觉暂留现象，当看到一组按顺序快速播放的影像时，人们会把它理解成一个连续的过程，从而形成动画。

　　Flash 动画的原理是利用帧设置不同的内容（或为对象设置不同的状态），然后经过时间轴播放，让帧逐一地连续出现，从而使每个帧的内容连续变化形成动画，如图 5-2 所示。

图 5-2　为帧设置不同的内容通过播放使帧连续变化形成动画

　　Flash 动画将一系列的单个画面记录在时间轴的不同帧中，在使用计算机制作动画时，每一个画面就是动画的一个帧。帧是 Flash 动画中最小的时间单位。换而言之，Flash 动画是基于时间轴的帧动画，每一个 Flash 动画都是以时间为顺序，由先后排列的一系列帧组成。

5.1.2　场景

　　从 Flash 的角度来说，可以把场景看作是舞台上所有静态和动态的背景、对象的集合，所有动画内容都会在场景中显示。一个 Flash 动画可以由一个场景组成，也可以由多个场景组成。一般简单的动画只需一个场景即可，但是一些复杂的动画，例如交互式的动画、设计多个主题的动画，通常会建立多个场景进行设计，如图 5-3 所示。

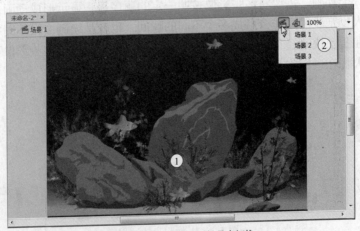

①场景内容；②可在不同场景中切换

图 5-3　Flash 动画的场景设计

5.1.3　时间轴

时间轴用于组织和控制一定时间内的图层和帧中的内容。Flash 文档将时长分为帧，而图层就像堆叠在一起的多张幻灯胶片一样，每个图层都包含一个显示在舞台中的不同图像，通过创建动画功能，Flash 会自动产生一个补间动画，将不同的图像作为动画的各个状态进行播放。

在【时间轴】面板中，可以通过颜色分辨创建的动画类型，如图 5-4 所示。

- 浅绿色的补间帧：表示为形状补间动画。
- 淡紫色的补间帧：表示为传统补间动画。
- 淡蓝色的补间帧：表示为 Flash CS6 新的补间动画，也称为项目动画补间帧。

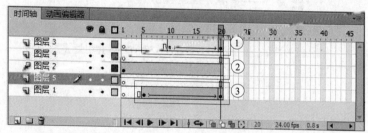

①传统补间动画的补间帧；②形状补间动画的补间帧；③补间动画的补间帧

图 5-4　时间轴显示的动画类型

 时间轴除了显示动画及帧信息外，还可以进行各种操作，在【时间轴】面板左下方，可以进行插入图层、插入图层文件夹、删除图层等操作。另外，在【时间轴】面板下方还提供播放时间轴和使用绘图辅助的功能按钮。

在默认情况下，【时间轴】面板显示在程序窗口下方。如果要更改其位置，可以将【时间轴】面板与程序窗口分离，然后在单独的窗口中使【时间轴】面板浮动，或将其停放在选择的任意其他面板上，如图 5-5 所示。

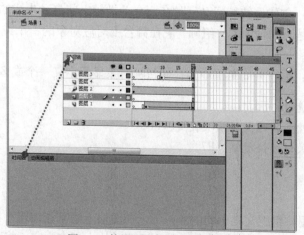

图 5-5　使用【时间轴】面板浮动

5.1.4　帧格

在时间轴中，帧是用来组织和控制文件的内容。在时间轴中放置帧的顺序决定帧内对象

在最终内容中的显示顺序。

在 Flash 中,帧是 Flash 动画中的最小单位,类似于电影胶片中的小格画面。如果说图层是空间上的概念,图层中放置了组成 Flash 动画的所有元素,那么帧就是时间上的概念,不同内容的帧串联组成了运动的动画。如图 5-6 所示为 Flash 的各种帧。

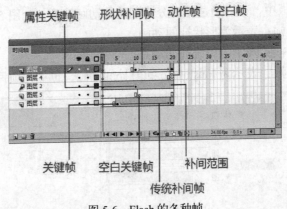

图 5-6 Flash 的各种帧

在 Flash 中只有关键帧是可编辑的,而补间帧是由关键帧定义产生的,代表了起始和结束关键帧之间的运动变化状态,可以查看补间帧,但不能直接编辑它们。如果要编辑补间帧,可以修改定义它们的关键帧,或在起始和结束关键帧之间插入新的关键帧。

各种帧的作用说明如下:

● 关键帧:用于延续上一帧的内容。

● 空白关键帧:用于创建新的动画对象。

● 行为帧:用于指定某种行为,在帧上有一个小写字母 a。

● 空白帧:用于创建其他类型的帧,是【时间轴】的组成单位。

● 形状补间帧:创建形状补间动画时在两个关键帧之间自动生成的帧。

● 传统补间帧:创建传统补间动画时在两个关键帧之间自动生成的帧。

● 补间范围:是时间轴中的一组帧,它在舞台上对应对象的一个或多个属性,可以随着时间而改变。

● 属性关键帧:是在补间范围中为补间目标对象显示定义一个或多个属性值的帧。

TIPS♪ 插入帧快捷键:F5.

插入关键帧和属性关键帧快捷键:F6。

插入空白关键帧快捷键:F7。

5.1.5 图层

图层可以帮助用户组织文档中的内容。可以在图层上绘制和编辑对象,而不会影响其他图层上的对象。图层就像一张透明胶片,每张透明胶片上都有内容,将所有的透明胶片按照一定顺序重叠起来,就构成了整体画面(透过上层的透明部分可以看到下层的内容)。同理,Flash 中的图层重叠起来构成了 Flash 影片,改变图层的排列顺序和属性可以改变影片的最终显示效果。

图层与图层之间有前后顺序的特性，在上方图层与下方图层的内容相重叠时，上方图层的内容就会覆盖下方图层的内容。在设计动画时，需要根据实际要求，将图层调换位置，以实现不同的效果。

图层位于【时间轴】面板的左侧，如图 5-7 所示。通过在时间轴中单击图层名称可以激活相应图层，时间轴中图层名称旁边的铅笔图标表示该图层处于活动状态。可以在激活的图层上编辑对象和创建动画，此时并不会影响其他图层上的对象。

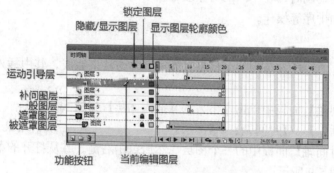

图 5-7　各种图层及相关图层处理功能

 新建的 Flash 文档仅包含一个图层，如果需要在文档中组织插图、动画和其他元素，可以添加更多的图层，还可以隐藏、锁定或重新排列图层。

Flash 并不限制创建图层的数量，可以创建的图层数只受计算机内存的限制，而且图层不会增加发布的 SWF 文件的文件大小，只有放入图层的对象才会增加文件的大小。

5.1.6　动画对象

组成 Flash 的动画对象包括文本、位图、形状、元件、组件、声音和视频等。可以在 Flash 中导入或创建这些对象，然后在舞台中排列它们，并通过时间轴定义它们在 Flash 动画中扮演的角色及其变化，从而成为动画的主要表现元素。

在 Flash 中，每一个对象都有它的属性和可以进行操作的动作。对象的属性是对象状态、性质的描述，而动作则可以改变对象的状态和性质。当动画中包含多个对象时，可以将这些对象进行组合，并将组合的对象按照一个对象来进行操作。另外，可以通过【库】面板来管理各种对象，如图 5-8 所示。

图 5-8　动画对象绝大多数都显示在【库】面板中（其中文本除外）

5.2　时间轴的基本操作

时间轴是组织 Flash 动画的重要元素，学习时间轴的操作，对于后续制作动画的处理非常重要。

5.2.1　插入与删除图层

在创作复杂的动画时，将不同的对象放置在不同的图层上，可以很容易地对动画的对象进行定位、分离和排序等操作。

1. 插入图层

在 Flash CS6 中，插入与删除图层可以通过多种方法来完成，其中插入图层的方法有如下 3 种：

（1）在【时间轴】面板中单击左下方的【插入图层】按钮。

（2）选择【插入】/【时间轴】/【图层】命令。

（3）选择【时间轴】面板中的一个图层，然后单击右键，并从打开的菜单中选择【插入图层】命令，如图 5-9 所示。

2. 删除图层

删除图层的方法有如下 3 种：

（1）选择图层，然后单击【时间轴】面板左下方的【删除图层】按钮。

（2）选择【时间轴】面板中的一个图层，然后单击右键，并从打开的菜单中选择【删除图层】命令。

（3）将需要删除的图层拖到【时间轴】面板的【删除图层】按钮上，即可将该图层删除，如图 5-10 所示。

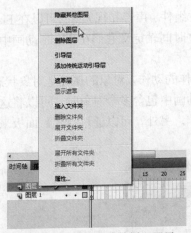

图 5-9　通过快捷菜单插入图层

图 5-10　删除图层

5.2.2　插入与删除图层文件夹

较复杂的动画设计通常会使用很多图层，容易导致管理上的混乱。此时，可以插入图层文件夹，然后将相关的图层分别放置到图层文件夹内，以便于管理图层。

在 Flash CS6 中，插入与删除图层文件夹也可以通过多种方法来完成。

1. 插入图层文件夹

插入图层文件夹的方法有如下 3 种：

（1）在【时间轴】面板中单击左下方的【插入图层文件夹】按钮 □ 。

（2）选择【插入】／【时间轴】／【图层文件夹】命令。

（3）选择【时间轴】面板中的一个图层，然后单击右键，并从打开的菜单中选择【插入文件夹】命令，如图 5-11 所示。

2. 删除图层文件夹

删除图层文件夹的方法有如下 3 种。

（1）选择图层文件夹，然后单击【时间轴】面板的【删除图层】按钮 🗑 。

（2）选择图层文件夹后单击右键，并从打开的菜单中选择【删除文件夹】命令。

（3）将需要删除的图层文件夹拖到【时间轴】面板的【删除图层】按钮 🗑 上，如图 5-12 所示。

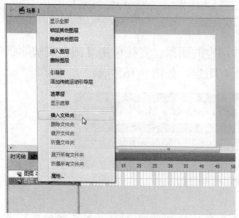

图 5-11　插入图层文件夹

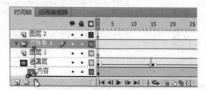

图 5-12　删除图层文件夹

5.2.3　显示、隐藏或锁定图层

在【时间轴】面板中，提供了显示、隐藏和锁定图层的功能，这些功能可以在创作动画时保护图层的内容或暂时隐藏图层，以便操作。

1. 显示与隐藏图层

单击【显示或隐藏所有图层】 👁 列中图层对应的黑色圆点即可隐藏图层。隐藏后图层出现一个红色的交叉图形，而且图层的内容在 Flash 设计窗口中不可见，但播放影片时是可见的，如图 5-13 所示。

图 5-13　隐藏图层

只需在变成红叉的小圆点上再次单击即可显示被隐藏的图层。直接单击【显示或隐藏所有图层】按钮 可以隐藏/显示面板中所有的图层，如图 5-14 所示。

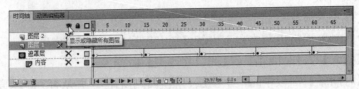

图 5-14　隐藏所有图层

2. 锁定图层与解除锁定

为了防止对图层内容的误操作，可以锁定该图层，这样图层中的所有对象都无法编辑。单击【锁定或解除锁定所有图层】 列中图层对应的黑色圆点即可锁定图层，如图 5-15 所示。

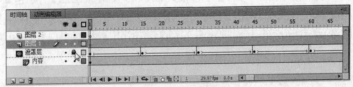

图 5-15　锁定图层

在变成红叉的小圆点上再次单击即可解除被锁定的图层。直接单击【锁定或解除锁定所有图层】 按钮，可以锁定或解除锁定面板中所有图层，如图 5-16 所示。

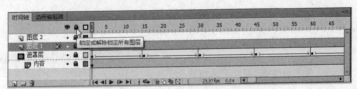

图 5-16　解除锁定所有图层

当图层处于隐藏或锁定状态时，图层名称旁边的铅笔图标 （表示可编辑）会被加上删除线 ，表示不能对该图层内容进行编辑，如图 5-17 所示。

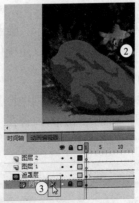

①图层未锁定时场景对应的对象出现边框，表示可编辑；②锁定图层后场景对应的对象没有边框，表示不可编辑；③被锁定的图层出现不可编辑图标

图 5-17　锁定图层后该图层内容不能被编辑

5.2.4　插入与删除一般帧

1. 插入一般帧

插入一般帧有下面 3 种方法：

（1）在时间轴的某一图层中选择一个空白帧，按下 F5 功能键插入一般帧。

（2）选择一个图层的空白帧，单击右键，从打开的菜单中选择【插入帧】命令插入一般帧，如图 5-18 所示。

（3）选择一个图层的空白帧，选择【插入】/【时间轴】/【帧】命令。

2. 删除一般帧

删除一般帧有下面 3 种方法：

（1）选择需要删除的一般帧，按下 Shift+F5 快捷键删除选定的一般帧（这种方法适合删除任何帧的操作）。

（2）选择需要删除的一般帧，然后单击右键，从打开的菜单中选择【删除帧】命令删除一般帧（这种方法适合删除任何帧的操作），如图 5-19 所示。

（3）如果需要删除多个帧，可以选择所有需要删除的帧，然后按下 Shift+F5 快捷键即可，如图 5-20 所示。

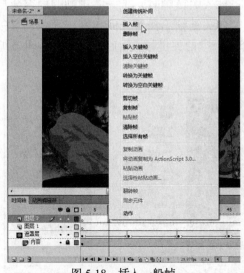

图 5-18　插入一般帧

图 5-19　删除选定的帧

图 5-20　删除多个帧

5.2.5　插入与清除关键帧

关键帧是 Flash 中编辑和定义动画动作的帧，Flash 中的动画元素都是在关键帧中创建和编辑。可以在时间轴中插入关键帧，也可以清除不需要使用的关键帧。

1. 插入关键帧

插入关键帧有以下 3 种方法：

（1）在时间轴的某个图层中选择一个空白帧，然后按下 F6 功能键插入关键帧。

（2）选择一个图层的空白帧，单击右键，从打开的菜单中选择【插入关键帧】命令，即可插入关键帧。

（3）选择一个图层的空白帧或一般帧，选择【插入】/【时间轴】/【关键帧】命令插入关键帧，如图 5-21 所示。

1. 清除关键帧

清除关键帧有以下两种方法。

（1）选择需要删除的关键帧，然后按下 Shift+F5 快捷键删除选定的帧。

（2）选择需要删除的关键帧，单击右键，从打开的菜单中选择【清除关键帧】命令清除选定的关键帧。

图 5-21　插入关键帧

TIPS▶　清除关键帧有别于删除帧，清除关键帧只是将关键帧转换为普通帧，而删除帧则是将当前帧格（可以是关键帧或普通帧）删除。

5.2.6　插入与清除空白关键帧

插入空白关键帧和插入关键帧的不同点在于：插入关键帧时，上一关键帧的内容会自动保留在插入的关键帧中；插入空白关键帧时，空白关键帧不保留任何内容。因此，空白关键帧一般用于编写 ActionScript 代码，例如选择一个空白关键帧，然后通过代码编辑器编写代码。

在 Flash 中，可以将当前帧转换为关键帧或空白关键帧。在转换为关键帧时，上一关键帧的内容会自动保留在转换后的关键帧中；在转换为空白关键帧时，转换后的空白关键帧不保留任何内容。

要在时间轴中插入空白关键帧，先在目标位置上方单击右键，打开快捷菜单后选择【插入空白关键帧】命令即可，如图 5-22 所示。

如果想要将某个帧转换成关键帧或者空白关键帧，可以选择这个帧并单击右键，从打开的菜单中选择【转换为关键帧】命令或者选择【转换为空白关键帧】命令。

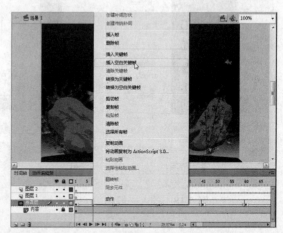

图 5-22　在时间轴中插入空白关键帧

5.2.7　复制、剪切、粘贴帧

在创作动画时，很多时候为了快速设计，需要复制、剪切和粘贴选定的帧，以便快速创作动画效果。

在需要复制或剪切的帧上方单击右键，打开快捷菜单后，选择【复制】命令或【剪切】命令即可复制或剪切帧，如图 5-23 所示。

在复制或剪切帧后，在需要粘贴帧的位置单击右键，打开快捷菜单后选择【粘贴帧】命令即可粘贴帧，如图 5-24 所示。

图 5-23 复制选定的帧

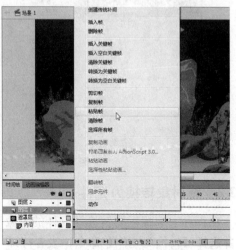

图 5-24 在目标位置上粘贴帧

5.3 创建与应用元件

在 Flash 中，元件有图形元件、按钮元件和影片剪辑元件 3 种类型，下面将介绍在 Flash 中创建与编辑这些元件的方法。

5.3.1 创建元件

在 Flash 中，可以通过菜单命令创建新元件，也可以通过【库】面板创建新元件。

1. 通过菜单命令创建新元件

打开【插入】菜单，选择【新建元件】命令打开【创建新元件】对话框，在其中可以设置元件的名称、类型和文件夹选项，最后单击【确定】按钮，如图 5-25 所示。

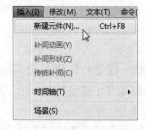

图 5-25 创建新元件

2. 通过【库】面板创建新元件

单击【窗口】/【库】命令，打开【库】面板，在其中单击【新建元件】按钮，打开【创建新元件】对话框，在其中可以设置元件的名称、类型和文件夹选项，最后单击【确定】按钮。

此外，还可以单击【库】面板右上角的 按钮，从打开的快捷菜单中选择【新建元件】命令，通过【创建新元件】对话框设置元件选项，如图 5-26 所示。

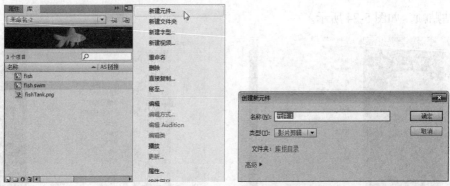

图 5-26　通过【库】面板快捷菜单新建元件

5.3.2　将对象转换为元件

在舞台上选择需要转换为元件的对象（如在舞台上的文本对象），然后在对象上单击右键并选择【转换为元件】命令，或者打开【修改】菜单并选择【转换为元件】命令，在打开的【转换为元件】对话框中设置元件选项，单击【确定】按钮即可将对象转换为元件，如图5-27 所示。

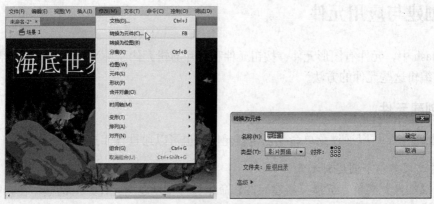

图 5-27　将文本对象转换为元件

5.3.3　编辑元件

1．在当前位置编辑

在当前位置编辑元件时，元件在舞台上可以与其他对象一起进行编辑，而其他对象以灰显方式出现，从而将它们和正在编辑的元件区别开。正在编辑的元件名称显示在舞台顶部的编辑栏内，位于当前场景名称的右侧。

首先选择元件，然后选择【编辑】/【在当前位置编辑】命令，或者直接双击元件即可当前位置编辑元件，如图 5-28 所示。

2．在新窗口中编辑

在 Flash 中，可以在新窗口中编辑元件，使元件在单独的窗口中编辑，方便用户同时看到该元件和主时间轴，正在编辑的元件名称会显示在舞台顶部的编辑栏内。

如果要在新窗口中编辑元件，可以选择元件并单击右键，然后从打开的快捷键菜单中选择【在新窗口中编辑】命令，如图 5-29 所示。

图 5-28　在当前位置编辑元件

图 5-29　在新窗口中编辑元件

 在新窗口中编辑元件后，可以直接按 Ctrl+S 快捷键保存编辑结果，该结果会保存在元件中，同时反映在元件所在的源文件。

3．使用元件编辑模式编辑元件

使用元件编辑模式可以将窗口从舞台视图更改为只显示该元件的单独视图来编辑它。正在编辑的元件的名称会显示在舞台顶部的编辑栏内，位于当前场景名称的右侧。

选择元件并单击右键，然后从打开的快捷键菜单中选择【编辑】命令，或者选择【编辑】/【编辑元件】命令（或按下 Ctrl+E 快捷键）即可使用元件编辑模式编辑元件，如图 5-30 所示。

图 5-30　使用元件编辑模式编辑元件

5.3.4 了解按钮元件

按钮元件实际上是由 4 种有效帧组成的交互影片剪辑。当为元件选择按钮行为时，Flash 会创建一个包含 4 帧的时间轴，前 3 帧显示按钮的 3 种可能状态（弹起、指针经过、按下），第 4 帧定义按钮的活动区域（点击），如图 5-31 所示。

图 5-31　按钮元件的 4 种状态帧

按钮元件时间轴上的每一帧都有一个特定的功能：

- 第一帧是弹起状态：代表指针没有经过按钮时该按钮的状态。
- 第二帧是指针经过状态：代表指针滑过按钮时该按钮的外观。
- 第三帧是按下状态：代表单击按钮时该按钮的外观。
- 第四帧是点击状态：定义响应鼠标单击的区域。此区域在 SWF 文件中是不可见的。

5.4　Flash 动画概念

Flash CS6 提供了多种创建动画和特殊效果的方法，这些方法为创作精彩的动画内容提供了多种可能。

5.4.1　Flash 动画类型

Flash CS6 支持创作以下类型的动画：

1. 补间动画

使用补间动画可以设置对象的属性，当创建补间动画后，Flash 在中间内插帧的属性值，从而使对象从一个帧到另一个帧产生变化。对于由对象的连续运动或变形构成的动画，补间动画很有用。

2. 传统补间

传统补间与补间动画类似，但是创建起来更复杂。传统补间允许一些特定的动画效果，使用基于范围的补间不能实现这些效果。

3. 反向运动姿势

反向运动姿势用于伸展和弯曲形状对象以及链接元件实例组，使它们以自然方式一起移动。在将骨骼添加到形状或一组元件之后，可以在不同的关键帧中更改骨骼或符号的位置。Flash 将这些位置内插到中间的帧中。

4. 补间形状

在形状补间中，可以在时间轴中的特定帧绘制一个形状，然后更改该形状或在另一个特定帧绘制另一个形状。Flash 将内插中间的帧的中间形状，创建一个形状变形为另一个形状的动画。

5. 逐帧动画

使用逐帧动画可以为时间轴中的每个帧指定不同的艺术作品。使用此技术可以创建与快速连续播放的影片帧类似的效果。对于每个帧的图形元素必须不同的复杂动画而言，逐帧动画非常有用。

5.4.2　动画的帧频

帧频是动画播放的速度，以每秒播放的帧数（fps）为度量单位。帧频太慢会使动画看起来一顿一顿的，帧频太快会使动画的细节变得模糊。Flash CS6 创建的文档默认帧频是 24fps，通常在 Web 上提供最佳效果。

动画的复杂程度和播放动画的计算机的速度会影响播放的流畅程度。如果要确定最佳帧速率，需要在各种不同的计算机上测试动画。

如果想要修改 Flash 动画帧频，可以在 Flash 中选择【窗口】/【属性】命令，打开【属性】对话框，单击【属性】标题栏，然后单击 FPS 项目后的数值，显示文本框后，输入新的帧频数值，如图 5-32 所示。

5.4.3　补间动画

补间动画是通过为一个帧中的对象属性指定一个值，并为另一个帧中的相同属性指定另一个值创建的动画。Flash 会计算这两个帧之间该属性的值，从而在两个帧之间插入补间属性帧。

例如，可以在时间轴第 1 帧的舞台左侧放置一个图形元件，然后将该元件移到第 30 帧的舞台右侧。在创建补间时，Flash 将计算指定的左侧和右侧这两个位置之间的舞台上图形元件的所有位置，最后会得到"从第 1 帧到第 30 帧，图形元件从舞台左侧移到右侧"这样的动画。其中，在中间的每个帧中，Flash 将元件在舞台上移动三十分之一的距离，如图 5-33 所示。

图 5-32　设置 Flash 动画的帧频

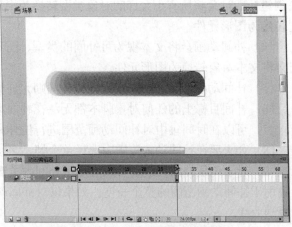

图 5-33　元件移动的补间动画

5.4.4　传统补间

传统补间从原理上来说，是在一个特定时间定义一个实例、组、文本、元件的位置、大

小和旋转等属性，然后在另一个特定时间
更改这些属性。当两个时间进行交换时，
传统补间会生成补间帧使属性进行过渡，
从而形成动画。

只需在【时间轴】面板中为对象添加
一个传统补间的开始关键帧和结束关键
帧，然后通过舞台更改关键帧的对象属性，
再创建传统补间，此时两个关键帧之间的
对象就会形成变化的动画。如图5-34所示
是利用传统补间制作一个圆形图形元件逐
渐放大的动画。

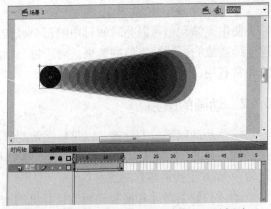

图5-34　圆形图形元件逐渐放大的传统补间动画

传统补间可以实现两个对象之间的大小、位置、颜色（包括亮度、色调、透明度）
变化。这种动画可以使用实例、元件、文本、组合和位图（位图对象应用传统补
间时会自动转换为图形元件）作为动画补间的元素，形状对象只有"组合"后才
能应用到补间动画中。

5.4.5　传统补间与补间动画的差异

补间动画提供了更多的补间控制，而传统补间提供了某些特定功能。补间动画和传统补
间之间的差异包括：

（1）传统补间使用关键帧。关键帧是显示对象的新实例的帧。补间动画只能具有一个与
之关联的对象实例，并使用属性关键帧而不是关键帧。

（2）补间动画在整个补间范围上由一个目标对象组成。

（3）补间动画和传统补间都只允许对特定类型的对象进行补间。如果应用补间动画，则
在创建补间时会将所有不允许的对象类型转换为影片剪辑，而应用传统补间会将这些对象类
型转换为图形元件。

（4）补间动画会将文本视为可补间的类型，而不会将文本对象转换为影片剪辑。传统补
间会将文本对象转换为图形元件。

（5）补间动画不允许帧脚本；传统补间则允许帧脚本。

（6）补间目标上的任何对象脚本都无法在补间动画范围的过程中更改。

（7）可以在时间轴中对补间动画范围进行拉伸和调整大小，并将它们视为单个对象。

（8）如果要在补间动画范围中选择单个帧，必须按住Ctrl键，然后单击帧。

（9）对于传统补间，缓动可以应用于补间内关键帧之间的帧组。对于补间动画，缓动可
以应用于补间动画范围的整个长度。如果仅对补间动画的特定帧应用缓动，则需要创建自定
义缓动曲线。

（10）利用传统补间可以在两种不同的色彩效果（如色调和 Alpha 透明度）之间创建动
画；而补间动画可以对每个补间应用一种色彩效果。

（11）可以使用补间动画为 3D 对象创建动画效果，而无法使用传统补间为 3D 对象创建
动画效果。

（12）只有补间动画才能保存为动画预设。

（13）对于补间动画，无法交换元件或设置属性关键帧中显示的图形元件的帧数。应用了这些技术的动画要求是使用传统补间。

5.4.6　补间的范围

补间范围是时间轴中的一组帧，它在舞台上对应对象的一个或多个属性，可以随着时间而改变。补间范围在时间轴中显示为具有蓝色背景的单个图层中的一组帧，如图 5-35 所示。

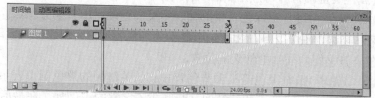

图 5-35　补间动画的补间范围

可以将补间范围作为单个对象进行选择，并从时间轴中的一个位置拖到另一个位置，包括拖到另一个图层，如图 5-36 所示。

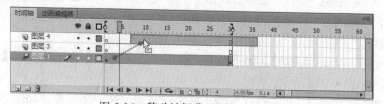

图 5-36　移动补间范围到另一个位置

5.4.7　属性关键帧

属性关键帧是在补间范围中为补间目标对象显示定义一个或多个属性值的帧。定义的每个属性都有它自己的属性关键帧。如果在单个帧中设置了多个属性，则其中每个属性的属性关键帧会驻留在该帧中。另外，可以在动画编辑器中查看补间范围的每个属性及其属性关键帧。

如图 5-37 所示，在将影片剪辑从第 1 帧到第 20 帧从舞台左侧补间到右侧时，第 1 帧和第 20 帧是属性关键帧。可以在选择的帧中指定这些属性值，而 Flash 会将所需的属性关键帧添加到补间范围，即 Flash 会为所创建的属性关键帧之间的帧中的每个属性内插属性值。

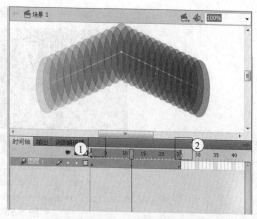

①关键帧；②属性关键帧

图 5-37　补间动画的关键帧和属性关键帧

从 Flash CS6 开始，"关键帧"和"属性关键帧"的概念有所不同。"关键帧"是指时间轴中其元件实例首次出现在舞台上的帧；而"属性关键帧"是指在补间动画的特定时间或帧中定义的属性值。如图 5-37 所示为"关键帧"（黑色圆点）和"属性关键帧"（黑色菱形）。

5.4.8 补间动画的标识

Flash 通过在包含内容的每个帧中显示不同的指示符来区分时间轴中的补间动画。

【时间轴】面板中帧内容指示符标识动画的说明如下：

- ●：一段具有蓝色背景的帧表示补间动画。补间范围的第一帧中的黑点表示补间范围分配有目标对象。黑色菱形表示最后一个帧和任何其他属性关键帧。属性关键帧是包含由用户定义属性更改的帧。

- ●：第一帧中的空心点表示补间动画的目标对象已删除。补间范围仍包含其属性关键帧，并可应用新的目标对象。

- ●：一段具有绿色背景的帧表示反向运动（IK）姿势图层。姿势图层包含 IK 骨架和姿势，每个姿势在时间轴中显示为黑色菱形。当创建反向运动姿势动画后，Flash 在姿势之间内插帧中骨架的位置。

- ●：带有黑色箭头和蓝色背景起始关键帧的黑色圆点表示传统补间。

- ●：虚线表示传统补间是断开或不完整的，例如，在最后的关键帧已丢失时，或者关键帧上的对象已经被删除时。

- ●：带有黑色箭头和淡绿色背景的起始关键帧处的黑色圆点表示补间形状。

- ●：一个黑色圆点表示一个关键帧。单个关键帧后面的浅灰色帧包含无变化的相同内容。这些帧带有垂直的黑色线条，而在整个范围的最后一帧还有一个空心矩形。

- ●：关键帧上如果出现一个小"a"符号，则表示已使用【动作】面板为该帧分配了一个帧动作。

- ●：红色的小旗表示该帧包含一个标签。如图 5-38 所示为设置帧标签的方法。

- ●：绿色的双斜杠表示该帧包含注释。

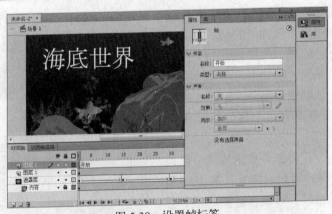

图 5-38　设置帧标签

5.5　播放与测试动画

播放与测试动画是 Flash 创作过程中不可或缺的环节，可以在播放过程中观察动画的效果，找出其中不尽如人意的地方并加以改正。

5.5.1　播放场景

使用"播放场景"功能可以在编辑环境中预览动画。在播放场景时，播放头按照预设的帧速在时间轴中移动，顺序显示各帧内容产生动画效果。此时，不支持按钮元件和脚本语言的交互功能，也就是无法使用按钮，也无法交互控制影片。

可以打开【控制】菜单，然后选择【播放】命令（或者按下 Enter 键）播放场景。此时将在播放头指示的当前帧开始播放动画，如图 5-39 所示。按下 Esc 键或单击时间轴中的任意帧可以暂停播放场景。

①设置播放头到开始播放的位置上；②打开【控制】菜单；③选择【播放】命令

图 5-39　播放场景

> 在默认情况下，动画在播放到最后一帧后停止。如果想重复播放，可以在菜单栏选择【控制】/【循环播放】命令，动画结束后将从第一帧开始继续播放。

5.5.2　测试动画

如果要完整预览动画的效果，可以通过播放器来测试动画。通过播放器测试影片时，Flash软件会自动生成 SWF 文件，并且将 SWF 动画文件放置在当前 Flash 文件所在的文件夹中，然后在 Flash Play 中打开影片并附加相关的测试功能。

如果要通过播放器测试影片，可以在菜单栏中选择【控制】/【测试影片】/【测试】命令（或者按下 Ctrl+Enter 快捷键），打开 Flash Play 来测试影片，如图 5-40 所示。

图 5-40　通过播放器测试动画

5.6 本章小结

本章主要介绍了 Flash 动画的创作元素、Flash 的时间轴基本操作以及创建与应用元件的方法，最后详细介绍了 Flash CS6 中不同的动画类型以及相关概念。

5.7 本章习题

1. 填空题

(1) Flash 动画的原理是利用_____设置不同的内容，然后经过_____播放，让_____逐一地连续出现，从而让_____连续变化，形成动画。

(2) _____是 Flash 动画中最小的时间单位。换而言之，Flash 动画是基于时间轴的_____。

(3) _____用于组织和控制一定时间内的图层和帧中的内容。

(4) 隐藏图层的内容在 Flash 工作区中将不可见，但播放影片时是_____。

(5) 帧频是动画播放的速度，以每秒播放的_____为度量单位。

(6) _____是通过为一个帧中的对象属性指定一个值，并为另一个帧中的相同属性指定另一个值创建的动画。

(7) _____是在补间范围中为补间目标对象显示定义一个或多个属性值的帧。

2. 选择题

(1) 下面哪个是插入关键帧或插入属性关键帧快捷键？ （　）
  A. F2   B. F5   C. F6   D. Shift+F6

(2) 按钮元件实际上是由四种有效帧组成的交互影片剪辑，它不包含下面哪种帧？ （　）
  A. 弹起   B. 指针经过   C. 按下   D. 指针双击

(3) Flash CS6 不支持创作以下哪种类型的动画？ （　）
  A. 补间动画   B. 反向运动姿势 C. 补间形状   D. 数码动画

(4) 按下哪个快捷键可打开 Flash Play 来测试影片？ （　）
  A. Ctrl+Enter B. Ctrl+F8   C. Ctrl+F11   D. F12

3. 操作题

在 Flash CS6 中打开光盘中的 "..\Example\Ch05\5.7.fla" 练习文件，然后将【时间轴】面板中的两个遮罩层锁定，再删除【说明】图层，接着通过 Flash Player 测试动画效果，如图 5-41 所示。

提示：

(1) 在 Flash CS6 中打开文件，然后在遮罩层的【锁定】列上单击，分别锁定【时间轴】面板的遮罩层，如图 5-42 所示。

(2) 选择【说明】图层，然后将该图层拖到【删除】按钮 上，以删除该图层，如图 5-43 所示。

图 5-41 操作题的结果

图 5-42 锁定遮罩层

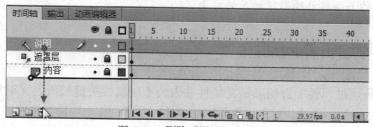

图 5-43 删除【说明】图层

（3）在菜单栏中选择【控制】/【测试影片】/【测试】命令（或者按下 Ctrl+Enter 快捷键），即可打开 Flash Play 来测试影片。

第 6 章　Flash 基本动画制作

 内容提要

　　本章将介绍在 Flash 中制作基本动画的各种方法。包括创建补间动画、插入传统补间、添加补间形状等。

 学习重点与难点

> ➢ 掌握制作与编辑补间动画的方法
> ➢ 掌握应用预设补间动画的方法
> ➢ 掌握制作与编辑传统补间动画的方法
> ➢ 了解补间形状的概念和特性
> ➢ 掌握制作与编辑补间形状动画的方法

6.1　制作与编辑补间动画

　　补间动画是通过属性关键帧来定义属性并因为不同属性关键帧所定义对象属性不同而产生动画。由此可知，通过为对象设置不同的属性，即可制作出各种效果的补间动画。

6.1.1　可补间的对象和属性

　　在 Flash CS6 中，可补间的对象类型包括影片剪辑、图形和按钮元件以及文本字段。可补间的对象属性包括以下项目：

　　(1) 平面空间的 X 和 Y 位置。

　　(2) 三维空间的 Z 位置（仅限影片剪辑）。

　　(3) 平面控制的旋转（绕 z 轴）。

　　(4) 三维空间的 X、Y 和 Z 旋转（仅限影片剪辑）。

　　(5) 三维空间的动画要求 Flash 文件在发布设置中面向 ActionScript 3.0 和 Flash Player 10 的属性。

　　(6) 倾斜的 X 和 Y。

　　(7) 缩放的 X 和 Y。

　　(8) 颜色效果。颜色效果包括 Alpha（透明度）、亮度、色调和高级颜色设置。

　　(9) 滤镜属性（不包括应用于图形元件的滤镜）。

6.1.2　制作改变位置的补间动画

　　制作改变位置的动画是指在不同属性关键帧中定义目标对象的位置属性。这种补间动画是最常见的 Flash 动画效果之一。

下面通过创建补间动画制作小鸟飞过的动画。

动手操作　**制作改变位置补间动画**

1　打开光盘中的 "..\Example\Ch07\6.1.2.fla" 文件，选择图层 2，然后打开【库】面板，将【小鸟】图形元件拖到舞台左下方外，如图 6-1 所示。

2　使用鼠标同时选择图层 1 和图层 2 的第 50 帧，然后按 F5 功能键插入帧，如图 6-2 所示。

图 6-1　将图形元件加入到场景

图 6-2　插入关键帧

3　任意选择图层 2 的帧格，选择【插入】/【补间动画】命令，创建补间动画，如图 6-3 所示。

4　选择图层 2 的第 15 帧，单击右键并从快捷菜单中选择【插入关键帧】/【位置】命令，插入位置属性关键帧，如图 6-4 所示。

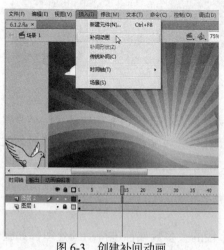

图 6-3　创建补间动画

图 6-4　插入位置属性关键帧

5　选择位置关键帧，将舞台外的图形元件向左上方移入舞台，使它产生从舞台左边飞入舞台的动画，如图 6-5 所示。

6 使用步骤 5 的方法，在第 30 帧上插入位置属性关键帧，然后向右下方移动图形元件，如图 6-6 所示。

7 在图层 2 第 50 帧上插入位置属性关键帧，然后将图形元件移出舞台，并放置在舞台右上方的外边，如图 6-7 所示。

8 选择【控制】/【测试影片】命令，测试 Flash 影片。打开影片播放窗口后，可以看到小鸟从舞台左边飞入再从右边飞出，如图 6-8 所示。

图 6-5　第一次调整图形元件的位置

图 6-6　第二次调整图形元件的位置

图 6-7　插入属性关键帧并调整元件位置

图 6-8　观看动画播放效果

在改变了位置的补间动画中，对象的移动方向上会出现一条移动路径。其中路径包括一般位置点和关键点。点排列密的路径段，对象移动相对较快；点排列疏的路径段，对象移动相对较慢。

6.1.3　制作改变其他属性的补间动画

通过创建补间动画，可以对元件实例或文本字段的大多数属性进行动画处理，如旋转、缩放、透明度或色调（仅限于元件和 TLF 文本）。

下面以设置小鸟的位置、缩放和 Alpha 属性为例，制作小鸟由大到小淡出屏幕的动画效果。

动手操作　制作改变其他属性补间动画

1　打开光盘中的"..\Example\Ch07\6.1.3.fla"文件，选择图层 2 的第 1 帧，然后选择【插入】/【补间动画】命令为图层 2 插入补间，如图 6-9 所示。

2　将播放头移到图层 1 第 50 帧上，然后单击右键并选择【插入关键帧】/【全部】命令，插入可以设置所有属性的属性关键帧，如图 6-10 所示。

3　选择【选择工具】，然后使用工具选择舞台上的【小鸟】元件实例，并将此实例移到舞台右上角，如图 6-11 所示。目的是改变元件实例的位置属性。

图 6-9　插入补间动画

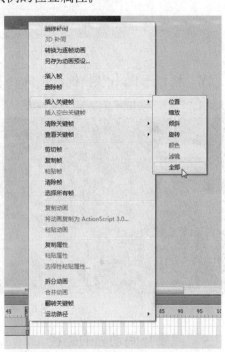

图 6-10　插入全部属性关键帧

4　在工具箱中选择【任意变形工具】，然后选择舞台右上角的【小鸟】元件实例，再按住 Shift 键维持比例从外到内缩小实例，从而改变实例的大小属性，如图 6-12 所示。

图 6-11　调整元件实例的位置

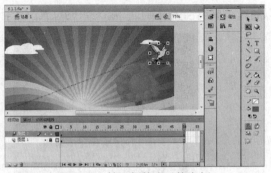

图 6-12　等比例缩小元件实例

5　在工具箱中选择【选择工具】，再选择舞台上的元件实例，然后打开【属性】面板中的【色彩效果】选项组，选择样式为【Alpha】，设置 Alpha 为 0%，如图 6-13 所示。

图 6-13　设置元件实例为完全透明

6　按 Ctrl+Enter 快捷键打开 Flash 播放器，测试动画效果，如图 6-14 所示。

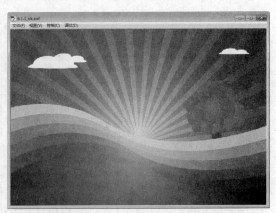

图 6-14　通过播放器测试动画效果

6.1.4　编辑补间动画的路径

在 Flash CS6 中，可以使用多种方法编辑补间的运动路径。

1. 通过更改对象位置来改变运动路径

通过更改对象的位置更改运动路径是最简单的编辑运动路径操作。在创建补间动画后，可以通过调整属性关键帧的目标对象的位置改变补间动画的运动路径，如图 6-15 所示。

图 6-15　通过改变目标对象位置来改变运动路径

2. 通过更改路径关键点来改变运动路径

在制作补间动画时常常会插入属性关键帧，然后通过关键帧来定义对象位置的属性，此时在路径上会生成一个路径关键点。可以通过调整这个路径关键点的位置来改变运动的路径，其原理就如同调整对象的位置一样，如图 6-16 所示。

图 6-16   通过调整路径关键点位置来改变运动路径

3. 移动整个运动路径的位置

如果要移动整个运动路径，可以在舞台上拖动整个运动路径，也可以在【属性】面板中设置其位置。其中通过拖动的方式调整整个运动路径的方法最常用。

在工具箱中选择【选择工具】，然后单击选中运动路径，将路径拖到舞台上所需的位置，或者在【属性】面板中设置路径的 X 和 Y 值。如图 6-17 所示为使用【选择工具】移动运动路径的结果。

4. 使用【任意变形工具】更改运动路径

在 Flash CS6 中，可以使用【任意变形工具】编辑补间动画的运动路径，如缩放、倾斜或旋转路径，如图 6-18 所示。

图 6-17   移动整个运动路径

图 6-18   旋转整个运动路径

5. 调整运动路径的形状

除了使用【任意变形工具】编辑运动路径外，还可以使用【选择工具】和【部分选取工具】改变运动路径的形状。

可以通过使用【选择工具】以拖动方式改变运动路径的形状，如图 6-19 所示。

补间中的属性关键帧将显示为路径上的关键点，因此也可以使用【部分选取工具】显示路径上对应于每个位置属性关键帧的控制点和贝塞尔手柄，并可以使用这些手柄改变属性关键帧点周围的路径的形状，如图 6-20 所示。

图 6-19　使用【选择工具】修改路径的形状

图 6-20　使用【部分选取工具】修改路径的形状

6.1.5　制作调整到路径的动画

在创建曲线运动路径（如圆）时，可以使补间对象在沿着该路径移动时进行旋转，就如同在一个固定的中心点上使对象旋转，如图 6-21 所示。

 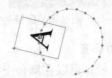

图 6-21　设置沿着路径移动时进行旋转的前后效果

下例将利用补间动画的【调整到路径】功能，制作音符图形沿卡通图头上移动的动画效果。

动手操作　制作调整到路径的动画

1　打开光盘中的"..\Example\Ch06\6.1.5.fla"文件，在【时间轴】面板中选择图层 2，然后打开【库】面板，并将【音乐】图形元件拖到舞台的左上方，如图 6-22 所示。

2　选择图层 1 和图层 2 第 50 帧，然后按F5 功能键插入帧，如图 6-23 所示。

图 6-22　将元件加入舞台

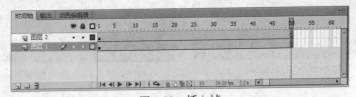

图 6-23　插入帧

3　任意选择图层 2 的帧格，然后单击右键并从打开的菜单中选择【创建补间动画】命令，如图 6-24 所示。

4　选择图层 2 的第 50 帧，然后单击右键并从快捷菜单中选择【插入关键帧】/【位置】命令，插入位置属性关键帧，如图 6-25 所示。

5　选择位置关键帧，然后将舞台的【音乐】图形元件按照水平方向向右移动，使它位于舞台的右上方，如图 6-26 所示。

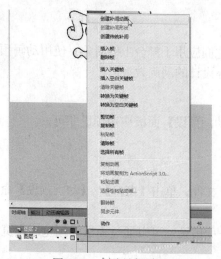

图 6-24　创建补间动画

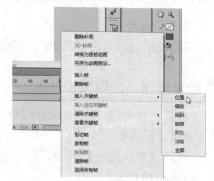

图 6-25　插入位置属性关键帧

6 在【工具箱】面板中选择【选择工具】 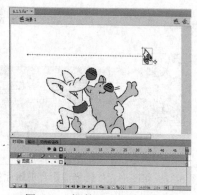 ，然后通过拖动方式使直线的运动路径变成弧线形状，如图 6-27 所示。

图 6-26　调整图形元件的位置

图 6-27　调整路径的形状

7 打开【属性】面板中的【旋转】栏目，再选择【调整到路径】复选项，如图 6-28 所示。

8 单击【时间轴】面板下方的【绘图纸外观】按钮 ，显示绘图纸外观，通过绘图纸显示元件的动画效果，从而测试元件调整到路径后的动画效果，如图 6-29 所示。

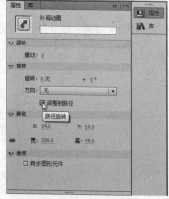

图 6-28　调整元件到路径

图 6-29　以绘图纸检视元件的动画效果

6.1.6 应用预设的动画

动画预设是指预先配置的补间动画，可以将它们应用于舞台上的对象。使用动画预设可以快速为对象应用补间动画，从而制作出各种符合设计的动画效果。

1. 应用预设动画

应用预设动画的方法很简单，只需要通过【动画预设】面板应用预设即可。

动手操作　应用预设动画

1　打开光盘中的"..\Example\Ch06\6.1.6.fla"文件，单击【窗口】/【动画预设】命令打开【动画预设】面板。

2　打开【默认预设】列表，在列表中选择一种预设，可以通过面板的预览区预览动画效果，如图 6-30 所示。

3　选择舞台上的图形元件，然后单击【修改】/【转换为元件】命令，再通过打开的对话框设置元件名称类型为【影片剪辑】，设置名称，最后单击【确定】按钮，将图形元件转换成影片剪辑元件（以达到应用预设动画的要求），如图 6-31 所示。

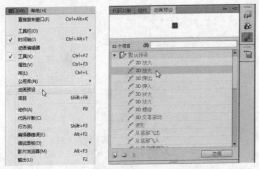

图 6-30　打开【动画预设】面板并预览动画效果

图 6-31　将图形元件转换成影片剪辑原件

4　选择舞台上的文本字段对象，然后在【动画预设】面板上选择【弹入】预设，接着单击【应用】按钮，如图 6-32 所示。

5　选择应用预设后产生的运动路径下端点，然后将它移到舞台内，以便使运动在舞台内进行，如图 6-33 所示。

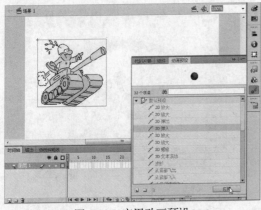

图 6-32　应用动画预设

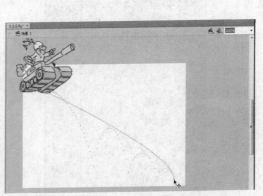

图 6-33　调整补间动画的路径端点位置

6 按 Ctrl+Enter 快捷键打开 Flash 播放器测试动画效果，如图 6-34 所示。

 每个对象只能应用一个预设，如果将第二个预设应用于相同的对象，则第二个预设将替换第一个预设。一旦将预设应用于舞台上的对象后，在时间轴中创建的补间就不再与【动画预设】面板有任何关系了。

2. 保存为动画预设

可以将创建的补间动画或将【动画预设】面板应用的补间进行更改后另存为新的动画预设。新预设将显示在【动画预设】面板中的【自定义预设】列表中。

图 6-34　通过播放器预览动画

 动手操作　将自定义补间另存为预设

1 选择下列任意一项：
① 时间轴中的补间范围。
② 舞台上的应用了自定义补间的对象。
③ 舞台上的运动路径。

2 打开【动画预设】面板，单击【将选区另存为预设】按钮，然后设置预设名称并单击【确定】按钮即可，如图 6-35 所示。

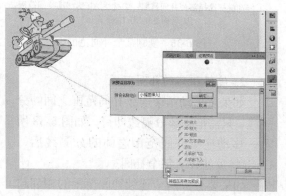

包含 3D 动画的动画预设只能应用于影片剪辑实例。已补间的 3D 属性不适用于图形或按钮元件，也不适用于传统文本字段。

图 6-35　保存为动画预设

6.1.7　编辑补间动画范围

可以执行下列任一操作在时间轴中选择补间范围和帧：
（1）如果要选择整个补间范围，单击该补间范围即可。
（2）如果要选择多个补间范围（包括非连续范围），可以在按住 Shift 键的同时单击每个范围。
（3）如果要选择补间范围内的单个帧，可以在按住 Ctrl+Alt 的同时单击该范围内的帧。
（4）如果要选择一个范围内的多个连续帧，可以在按住 Ctrl+Alt 的同时在范围内拖动。

（5）如果要在不同图层上的多个补间范围中选择帧，可以在按住 Ctrl+Alt 的同时跨多个图层拖动。

（6）如果要在一个补间范围中选择个别属性关键帧，可以在按住 Ctrl+Alt 的同时单击属性关键帧。

1. 移动、复制或删除补间范围

如果要将范围移到相同图层中的新位置，选择补间范围并拖动该范围即可。

如果要将补间范围移到其他图层，则可以先选定补间范围，然后将范围拖到目标图层。在 Flash CS6 中，可以将补间范围拖到现有的常规图层、补间图层、引导图层、遮罩图层或被遮罩图层上。如果新图层是常规空图层，它将成为补间图层。

如果要直接复制某个补间范围，可以在按住 Alt 键的同时将该范围拖到时间轴中的新位置，或复制并粘贴该范围，如图 6-36 所示。

如果要删除范围，可以选择该范围，然后单击右键并从菜单中选择【删除帧】命令或【清除帧】命令，如图 6-37 所示。

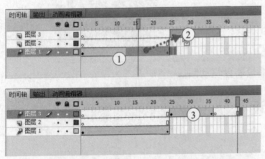

①拖动鼠标选择部分补间范围；②按住 Alt 键移动补间范围；
③直接复制出的补间范围

图 6-36　复制某个补间范围

图 6-37　删除补间范围

2. 编辑相邻的补间范围

如果要移动两个连续补间范围之间的分隔线，只需拖动该分隔线即可，如图 6-38 所示。移动连续补间范围之间的分隔线后，Flash 将重新计算每个补间。

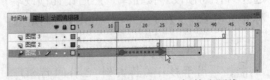

图 6-38　移动连续补间范围之间的分隔线

如果要分隔两个连续补间范围的相邻起始帧和结束帧，可以在按住 Alt 键的同时拖动第二个范围的起始帧。此操作将为两个范围之间的帧留出空间。

如果要将某个补间范围分为两个单独的范围，可以在按住 Ctrl 键的同时单击范围中的单个帧，然后在该帧上单击右键并从快捷菜单中选择【拆分动画】命令，如图 6-39 所示。

如果要合并两个连续的补间范围，可以选择这两个范围，然后单击右键并从快捷菜单中选择【合并动画】命令，如图 6-40 所示。

> 在拆分动画的操作中，如果选中了多个帧，则无法拆分动画。如果拆分的补间已应用了缓动，这两个较小的补间可能不会与原始补间具有完全相同的动画。

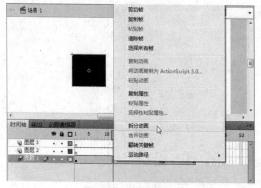

图 6-39　拆分动画

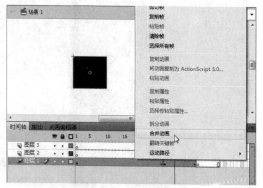

图 6-40　合并动画

3. 添加或删除补间范围中的帧

如果要从某个范围删除帧，可以在按住 Ctrl 键的同时拖动，以选择帧，然后单击右键并从快捷菜单中选择【删除帧】命令。

如果要从某个范围剪切帧，可以在按住 Ctrl 键的同时拖动，以选择帧，然后单击右键并从快捷菜单中选择【剪切帧】命令，如图 6-41 所示。

如果要将帧粘贴到现有的补间范围，可以在按住 Ctrl 键的同时拖动，以选择要替换的帧，然后单击右键并从快捷菜单中选择【粘贴帧】命令。

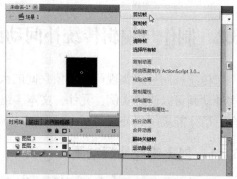

图 6-41　剪切补间范围的帧

6.1.8　设置补间动画缓动

使用缓动功能可以加快或放慢动画的开头或结尾速度，以获得更加逼真的效果。

缓动是一种用于修改 Flash 计算补间中的属性关键帧之间的属性值的方式。如果不使用缓动，Flash 在计算这些值时，会对值的更改在每一帧中都一样。如果使用缓动，则可以调整对每个值的更改程度，从而实现更自然、更复杂的动画。

例如，在制作小鸟经过舞台的动画时，可以使用缓动对小鸟应用一个补间动画，然后使该补间缓慢开始和停止。这样可以使小鸟从停止开始缓慢加速，然后在舞台的另一端缓慢停止，动画会显得更逼真，如图 6-42 所示。如果不使用缓动，小鸟将从停止立刻到全速，然后在舞台的另一端立刻停止。

①　　②　

①没有设置缓动时，小鸟以固定速度移动；②设置缓动后，小鸟从缓慢到加速移动

图 6-42　设置补间动画的缓动

通过选择补间范围，然后打开【属性】面板，输入缓动值即可设置补间动画的缓动，如图 6-43 所示。

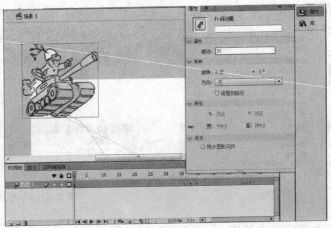

图 6-43　设置补间动画的缓动属性

6.2　制作与编辑传统补间动画

传统补间可以实现两个对象之间的大小、位置、颜色（包括亮度、色调、透明度）变化。这种动画可以使用实例、元件、文本、组合和位图作为动画补间的元素，形状对象只有"组合"后才能应用到补间动画中。

6.2.1　创建传统补间动画

通过"传统补间"类型创建的 Flash 动画，可以实现对象的颜色、位置、大小、角度、透明度的变化。在制作动画时，只需要在【时间轴】面板中添加开始关键帧和结束关键帧，然后通过舞台更改关键帧的对象属性，在图层上单击右键并选择【创建传统补间】命令即可，如图 6-44 所示。

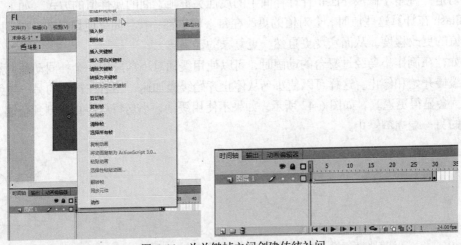

图 6-44　为关键帧之间创建传统补间

为开始关键帧和结束关键帧之间创建传统补间后，可以通过【属性】面板设置传统补间的选项，例如，缩放、旋转、缓动等。

关于传统补间的属性设置项目说明如下：

- 缓动：设置动画类似于运动缓冲的效果。使用【缓动】文本框输入缓动值或拖动滑块设置缓动值。缓动值大于 0，则运动速度逐渐减小；缓动值小于 0，则运动速度逐渐增大。
- 【编辑缓动】按钮：提供用户自定义缓动样式。单击此按钮将打开【自定义缓入/缓出】对话框，如图 6-45 所示。该对话框中直线的斜率表示缓动程度，可以使用鼠标拖动直线改变缓动值。

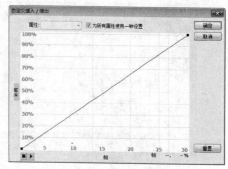

图 6-45　编辑缓动

- 旋转：可以设置关键帧中的对象在运动过程中是否旋转、怎么旋转。包括【无】、【自动】、【顺时针】、【逆时针】4 个选项。在使用【顺时针】和【逆时针】样式后，会激活一个【旋转数】文本框，可以在该文本框中输入对象在传统补间动画包含的所有帧中旋转的次数。
  - ➢ 【无】选项：对象在【传统补间】动画包含的所有帧中不旋转。
  - ➢ 【自动】选项：对象在【传统补间】动画包含的所有帧中自动旋转，旋转次数也自动产生。
  - ➢ 【顺时针】选项：对象在【传统补间】动画包含的所有帧中沿着顺时针方向旋转。
  - ➢ 【逆时针】选项：对象在【传统补间】动画包含的所有帧中沿着逆时针方向旋转。
- 调整到路径：将靠近路径的对象移到路径上。
- 同步：同步处理元件。
- 贴紧：使对象贴紧到辅助线上。
- 缩放：可以对对象应用缩放属性。

6.2.2　制作飞入并缩放的传统补间

下例先将文本转换为图形元件，然后为元件制作从舞台下方飞入舞台，再进行缩放变化的传统补间类型动画。

动手操作　制作飞入并缩放的传统补间

1　打开光盘中的 "..\Example\Ch06\6.2.2.fla" 文件，选择舞台上的文本对象，然后选择【修改】/【转换为元件】命令（或按下 F8 功能键），通过弹出的对话框将文本转换为图形元件，如图 6-46 所示。

2　选择图层 2 的第 30 帧，然后按 F6 功能键插入关键帧，接着选择图层 2 的第 1 帧，并将舞台上的图形元件垂直往下拖到舞台外，如图 6-47 所示。

3　选择图层 2 的第 60 帧，然后按 F6 功能键插入关键帧，接着在【工具箱】面板上选择【自由变形工具】，再选择舞台上的图形元件，并按住 Shift 键等比例放大元件，如图 6-48 所示。

图 6-46　将文本转换为元件

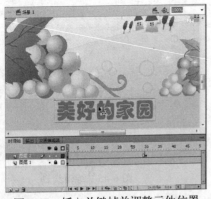

图 6-47　插入关键帧并调整元件位置

图 6-48　插入关键帧并等比例放大元件

4　分别在图层 2 的第 80 帧和 100 帧上插入关键帧，然后使用【自由变形工具】 调整这些关键帧上元件的大小，如图 6-49 所示。

图 6-49　设置第 80 帧和第 100 帧上的元件大小

5　在图层 2 上拖动鼠标选择各个关键帧之间的帧，然后单击右键并从打开的菜单中选择【创建传统补间】命令，创建传统补间动画，如图 6-50 所示。

6　单击【控制】/【测试影片】命令，通过播放器测试 Flash 动画，如图 6-51 所示。

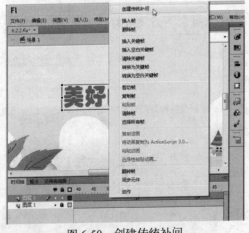

图 6-50　创建传统补间

图 6-51　通过播放器测试动画

6.2.3　制作旋转并渐隐的传统补间

在制作传统补间类型的 Flash 动画时，可以通过设置补间动画的【旋转】选项来制作改变角度的旋转动画，例如，为一个对象创建从左到右的移动动画，然后设置【旋转】选项，即可让对象在移动的过程中出现旋转效果，如同走轮在滚动一样。另外，也可以通过设置 Alpha 选项，使动画过程中的元件产生透明度变化的效果。

下例将为舞台上的【文本】图形元件制作由小到大渐隐变化的传统补间动画，并设置在动画过程中按照顺时针进行旋转。

动手操作　制作旋转并渐隐的传统补间

1　打开光盘中的"..\Example\Ch06\6.2.3.fla"文件，选择图层 2 的第 60 帧，然后按 F6 功能键插入关键帧，如图 6-52 所示。

图 6-52　插入关键帧

2　选择图层 2 的第 1 帧，然后在工具箱中选择【自由变形工具】，并按住 Shift 键等比例缩小【文本】图形元件，如图 6-53 所示。

3　选择图层 2 的第 60 帧，再次使用【自由变形工具】并按住 Shift 键等比例扩大【文本】图形元件，适当调整元件的角度，如图 6-54 所示。

4　选择图层 2 的第 1 帧，然后选择【插入】/【传统补间】命令，为图层 2 的关键帧插入传统补间，以创建传统补间类型动画，如图 6-55 所示。

图 6-53　设置元件初始帧的状态

图 6-54　设置元件结束帧的状态

图 6-55　插入传统补间

5　打开【属性】面板，设置旋转为【顺时针】、次数为 3，如图 6-56 所示。

6　选择图层 2 的第 60 帧，再选择舞台上的元件实例，然后打开【属性】面板的【色彩效果】选项组，选择样式为【Alpha】，并设置 Alpha 为 0%，使元件实例逐渐变透明，如图 6-57 所示。

7　单击【控制】/【测试影片】命令，测试动画播放效果，如图 6-58 所示。

图 6-56 设置旋转属性

图 6-57 设置元件在第 60 帧处变成完全透明

图 6-58 播放动画，观看文本旋转渐隐的效果

6.2.4 复制并粘贴传统补间动画

在制作传统补间动画的过程中，可以通过粘贴动画的方式复制传统补间，并且可以仅粘贴特定属性应用于其他对象，从而达到打开快速制作传统补间动画的目的。

下例将通过复制并粘贴传统补间的方法，快速为对象应用已有的传统补间动画。

 动手操作 复制并粘贴传统补间动画

1 打开光盘中的 "..\Example\Ch06\6.2.4.fla" 文件，在包含要复制的传统补间的时间轴中选择帧，可以选择一个补间、若干空白帧或者两个或更多补间，如图 6-59 所示。

2 单击【编辑】/【时间轴】/【复制动画】命令，复制动画，如图 6-60 所示。

> **TIPS▶** 在复制传统补间的属性时，所选的帧必须位于同一层上，但它们的范围不必只限于一个传统补间。

图 6-59 选择传统补间的帧

3 在时间轴上新增一个图层，然后在图层 2 第 31 帧上按 F6 功能键插入关键帧，接着将【库】面板的【记事本】元件加入舞台，如图 6-61 所示。

图 6-60 选择【复制动画】命令

图 6-61 新建图层并加入元件到舞台

4 选择接收复制的传统补间的元件实例，然后单击【编辑】/【时间轴】/【选择性粘贴动画】命令，选择要粘贴到该元件实例中的特定传统补间属性，如图 6-62 所示。

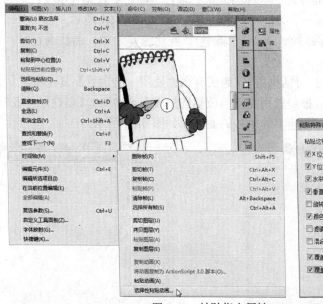

图 6-62 粘贴指定属性

5 粘贴传统补间动画的属性后，Flash 为选中的元件实例创建传统补间，该元件实例同时拥有了补间动画的属性，如图 6-63 所示。

在打开【粘贴特殊动作】对话框后，【覆盖目标缩放属性】复选框如果未选中，则指定相对于目标对象粘贴所有属性。如果选中，此选项将覆盖目标的缩放属性。【覆盖目标的旋转和倾斜属性】复选框如果未选中，则指定相对于目标对象粘贴所有属性。如果选中，所粘贴的属性将覆盖对象的现有旋转和缩放属性。

图 6-63　粘贴传统补间属性后的结果

6.2.5　为传统补间自定义缓入/缓出

在为传统补间动画编辑缓动时，可以打开【自定义缓入/缓出】对话框，该对话框显示了一个表示运动程度随时间而变化的坐标图。水平轴表示帧，垂直轴表示变化的百分比，第一个关键帧表示为 0%，最后一个关键帧表示为 100%，如图 6-64 所示。其中，图形曲线的斜率表示对象的变化速率。曲线水平时（无斜率），变化速率为零；曲线垂直时，变化速率最大，一瞬间完成变化。

在【自定义缓入/缓出】对话框中，【为所有属性使用一种设置】复选框默认情况下是选中状态，并且【属性】列表框是禁用的。当该复选框没有选中时，【属性】列表框是启用的，其中每个属性都有定义其变化速率的单独的曲线，如图 6-65 所示。

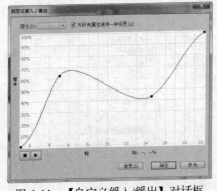

图 6-64　【自定义缓入/缓出】对话框

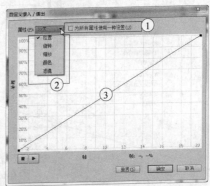

①取消选中该复选框；②打开【属性】列表框；
③变化速率曲线恢复默认状态

图 6-65　设置每个属性单独定义变化速率曲线

在【属性】列表框启用后，该列表框中显示的 5 个属性都会各自保持一条独立的曲线。在此列表框中选择属性后就会显示该属性的曲线。这些属性说明如下：

● 位置：为舞台上动画对象的位置指定自定义缓入缓出设置。
● 旋转：为动画对象的旋转指定自定义缓入缓出设置。

- **缩放**：为动画对象的缩放指定自定义缓入缓出设置。例如，通过定义缩放的缓入缓出，可以制作对象好像渐渐远离，再渐渐靠近，然后再次渐渐离开等效果。
- **颜色**：为应用于动画对象的颜色转变指定自定义缓入缓出设置。
- **滤镜**：为应用于动画对象的滤镜指定自定义缓入缓出设置。例如，可以制作模拟光源方向变化的投影缓动的效果。

6.3　制作与编辑补间形状动画

通过"补间形状"类型创建的 Flash 动画，可以实现图形的颜色、形状、不透明度、角度的变化。

6.3.1　补间形状概述

在补间形状中，在一个特定时间绘制一个形状，然后在另一个特定时间更改该形状或绘制另一个形状，当创建补间形状后，Flash 会自动插入二者之间的帧的值或形状来创建动画，可以在播放补间形状动画中看到形状逐渐过渡的过程，从而形成形状变化的动画，如图 6-66 所示。

 补间形状最适合于简单形状类型的动画，也可以对补间形状内的形状的位置和颜色进行补间。

6.3.2　补间形状的作用对象

补间形状可以实现两个形状之间的大小、颜色、形状和位置的相互变化。这种动画类型只能使用形状对象作为形状补间动画的元素，其他对象（如实例、元件、文本、组合等）必须先分离成形状才能应用到补间形状动画。

如果对象不是形状，那么创建的补间形状将会失败，此时图层上以点线表示，如图 6-67 所示。

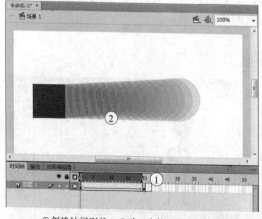

①创建补间形状；②动画中的形状变化过程

图 6-66　补间形状动画

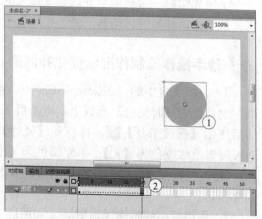

①对象是图形元件；②点线表示补间无效

图 6-67　创建补间形状失败

补间动画创建失败是初学者经常遇到的问题，原因如下：（1）选择了不合适的补间类型（如为形状创建传统补间动画）；（2）没有参照创建补间动画的方法，随意添加或删除动画对象，或者增加了多余的帧。

6.3.3 补间形状的属性设置

在制作补间形状动画时，只需要在【时间轴】面板上添加开始关键帧和结束关键帧，然后在关键帧中创建与设置形状，接着在图层上单击右键并从打开的菜单中选择【创建补间形状】命令。

为开始关键帧和结束关键帧之间创建补间形状后，可以通过【属性】面板设置补间形状的选项，其中包括【缓动】和【混合】选项，如图 6-68 所示。关于补间形状的设置项目说明如下。

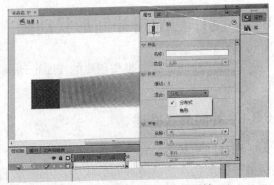

图 6-68　设置补间形状的属性

- 缓动：设置图形以类似运动缓冲的效果进行变化。使用【缓动】文本框输入缓动值或拖动滑块设置缓动值。缓动值大于 0，则运动速度逐渐减小；缓动值小于 0，则运动速度逐渐增大。
- 混合：用于定义对象形状变化时边缘的变化方式。包括分布式和角形两种方式。
  - 分布式：对象形状变化时，边缘以圆滑的方式逐渐变化。
  - 角形：对象形状变化时，边缘以直角的方式逐渐变化。

6.3.4 制作形状变化的补间形状动画

制作形状变化的动画是补间形状最常见的应用，只需在开始关键帧和结束关键帧中分别设置不同的形状，即可通过补间形状形成动画。

下例先绘制一个椭圆形并调整成烛光的形状，接着插入多个关键帧并分别调整图形的形状，最后创建补间形状动画，使形状持续变化从而形成烛光效果。

动手操作　制作形状变化补间形状动画

1　打开光盘中的 "..\Example\Ch06\6.3.4.fla" 文件，在【时间轴】面板上新增图层 2，然后使用【椭圆工具】，再打开【属性】面板设置笔触颜色为【无】、填充颜色为【橙色】，接着在蜡烛图上绘制一个椭圆形，如图6-69 所示。

2　使用鼠标同时选择到图层 1 和图层 2第 80 帧，然后按 F5 功能键插入帧，如图 6-70所示。

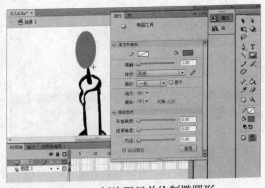

图 6-69　新建图层并绘制椭圆形

图 6-70 为图层 1 和图层 2 插入帧

3 在图层 2 第 20 帧上插入关键帧，然后在【工具箱】面板中选择【选择工具】，将该工具移动到椭圆形边缘，并按住鼠标拖动边缘，以调整椭圆形的形状，变成烛光形状的效果，如图 6-71 所示。

4 在图层 2 第 40 帧上插入关键帧，再使用【选择工具】修改该关键帧中椭圆形的形状，如图 6-72 所示。

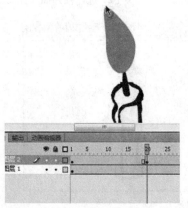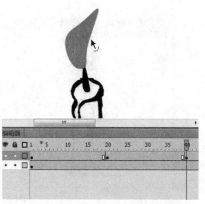

图 6-71 插入关键帧并调整形状　　　图 6-72 再次插入关键帧并调整形状

5 使用相同的方法分别在图层 2 第 60 帧和第 80 帧处插入关键帧，然后使用【选择工具】修改关键帧下椭圆形的形状，接着使用该工具修改图层 2 第 1 帧处椭圆形的形状，如图 6-73 所示。

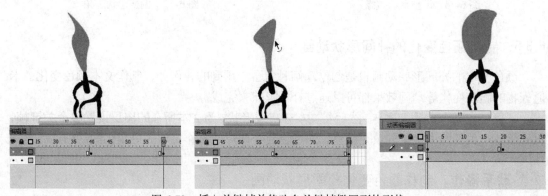

图 6-73 插入关键帧并修改各关键帧椭圆形的形状

6 拖动鼠标选择图层 2 所有关键帧之间的帧，然后单击【插入】/【补间形状】命令创建补间形状动画，如图 6-74 所示。

7 单击【控制】/【测试影片】命令测试动画播放效果，如图 6-75 所示。

 【选择工具】不仅可以选择图形，还可以针对图形的边缘和角点进行修改。

当需要修改图形的边缘形状时，可以先选择【选择工具】，然后移动鼠标到图形的边缘处，待其变成状，按住图形的边缘并拖动即可调整形状，如图 6-76 所示。

当需要修改图形的边角时，同样先选择【选择工具】，然后移动鼠标到图形的边角处，待其变成状，按住图形的边角并拖动即可调整形状，如图 6-77 所示。

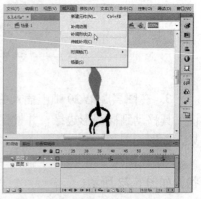

图 6-74 选择帧并插入补间形状

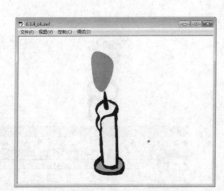

图 6-75 预览动画效果

图 6-76 调整形状边缘

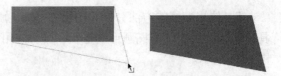

图 6-77 调整形状边角

6.3.5 制作颜色变化的补间形状动画

颜色变化的补间形状动画也是创作动画时常会应用到的，例如，制作文本颜色变化、卡通人物的脸色变化等动画效果都可以通过补间形状来完成。

下例先在舞台上输入文本，然后将文本分离成形状，为文本所在的图层设置多个关键帧，再修改各个关键帧中文本的填充颜色，通过创建补间形状制作文本颜色变化的动画。

动手操作 制作颜色变化补间形状动画

1 打开光盘中的"..\Example\Ch06\6.3.5.fla"文件，在【时间轴】面板中新增图层 2，然后选择【文本工具】并通过【属性】面板设置文本属性，接着在舞台上输入文本，如图 6-78 所示。

2 使用【选择工具】选择文本对象，然后单击两次【修改】/【分离】命令，将文本对象分离成形状，如图 6-79 所示。

图 6-78　新建图层 2 并输入文本

图 6-79　将文本分离成形状

　　3　使用鼠标同时选择图层 1 和图层 2 第 100 帧，然后按 F5 功能键插入帧，如图 6-80 所示。

　　4　在图层 2 第 20 帧上插入关键帧，然后选择该帧的文本形状，再打开【工具箱】面板的填充颜色调色板，选择一种颜色，以修改文本形状的填充颜色，如图 6-81 所示。

图 6-80　为图层 1 和图层 2 插入帧

图 6-81　插入关键帧并修改文本形状的填充颜色

　　5　使用步骤 4 的方法，在图层 2 的第 40 帧、60 帧、80 帧和 100 帧处插入关键帧，然后分别修改各个关键帧中文本形状的填充颜色，其中第 40 帧为红色、第 60 帧为黄色、第 80 帧为蓝色、第 100 帧为紫色，结果如图 6-82 所示。

　　6　拖动鼠标选择图层 2 的所有帧，然后单击【插入】/【形状补间】命令创建补间形状动画，如图 6-83 所示。

图 6-82　分别设置关键帧中文本形状的颜色

图 6-83　为图层 2 插入补间形状

7 单击【控制】/【测试影片】命令测试动画播放效果，如图 6-84 所示。

图 6-84　通过 Flash 播放器预览动画效果

选择要分离的文本，然后选择【修改】/【分离】命令即可分离文本。文本的数量不同，执行分离的次数也不同。

（1）对于只有一个文本的文本，只需执行一次分离操作即可，如图 6-85 所示。

（2）对于两个或两个以上的文本，第一次执行分离后，文本对象将分离出每个独立的文本，再执行一次分离的操作，每个独立的文本才会分离成图形，如图 6-86 所示。

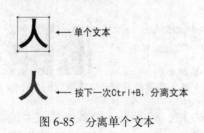

图 6-85　分离单个文本

图 6-86　分离多个文本

6.3.6　制作大小透明变化的形状补间动画

除了利用传统补间制作对象的大小和透明度变化动画外，还可以利用传统形状对形状对象制作大小和透明度变化的动画效果。

下例先为作为太阳光芒的圆形设置渐变颜色，然后为该图形所在的图层插入多个关键帧，并设置各个关键帧下圆形形状的填充渐变效果和大小，接着为图层插入补间形状，制作太阳光芒闪烁的动画效果。

动手操作　制作大小透明变化形状补间动画

1 打开光盘中的 “..\Example\Ch06\6.3.6.fla” 文件，选择图层 3 的圆形形状，打开【颜色】面板，设置填充类型为【径向渐变】，先设置渐变样本轴左端的颜色为 “#FFCC66”，再设置渐变样本轴右端的颜色为【白色】并设置 Alpha 为 0%（即透明），如图 6-87 所示。

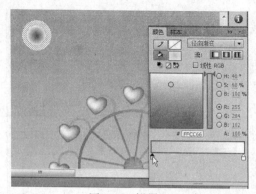

图 6-87　设置图层 3 第 1 帧圆形的填充颜色

2 使用鼠标同时选择图层 1、图层 2 和图层 3 第 80 帧，然后按 F5 功能键插入帧，如图 6-88 所示。

图 6-88　为图层插入帧

3 选择图层 3 的第 20 帧并插入关键帧，然后使用【自由变形工具】选择该帧的圆形并维持正比例扩大，接着打开【颜色】面板，设置渐变样本轴左端色标的 Alpha 为 50%，如图 6-89 所示。

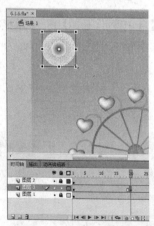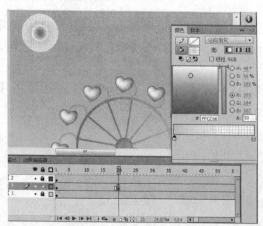

图 6-89　插入关键帧并扩大形状再设置透明度

4 选择图层 3 的第 40 帧并插入关键帧，然后使用【自由变形工具】选择该帧的圆形并维持正比例缩小，接着打开【颜色】面板，设置渐变样本轴右端色标的 Alpha 为 50%，如图 6-90 所示。

5 选择图层 3 的第 60 帧并插入关键帧，然后使用【自由变形工具】选择该帧的圆形并维持正比例扩大，接着打开【颜色】面板，设置渐变样本轴右端色标的 Alpha 为 0%，如图 6-91 所示。

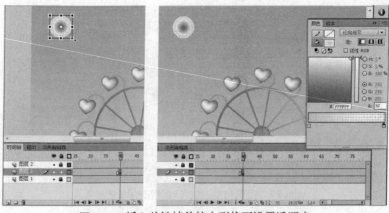

图 6-90　插入关键帧并缩小形状再设置透明度

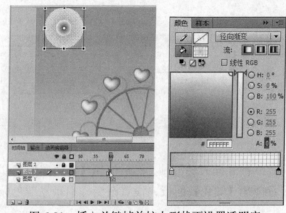

图 6-91　插入关键帧并扩大形状再设置透明度

6　选择图层 3 的第 80 帧并插入关键帧，然后使用【自由变形工具】█选择该帧的圆形并维持正比例缩小，接着打开【颜色】面板，设置渐变样本轴右端色标的 Alpha 为 10%，如图 6-92 所示。

7　拖动鼠标选择到图层 3 的所有帧，然后单击【插入】/【形状补间】命令创建补间形状动画，如图 6-93 所示。

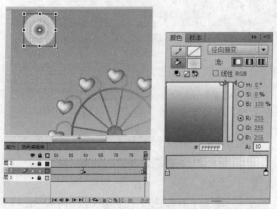

图 6-92　插入关键帧并缩小形状再设置透明度

图 6-93　插入补间形状

8　单击或者选择【控制】/【测试影片】命令测试动画播放效果，如图 6-94 所示。

图 6-94　通过 Flash 播放器预览动画效果

6.4　本章小结

本章主要介绍了使用 Flash CS6 制作补间动画、传统补间动画和补间形状动画的方法，通过这些方法，可以制作各种 Flash 动画效果，如飞行动画、弹跳动画、缩放动画、渐隐动画等。

6.5　本章习题

1. 填空题

（1）补间动画是通过_____来定义属性，并因为不同_____所定义对象属性不同而产生动画。

（2）动画预设是预先配置的_____，用户可以将它们应用于舞台上的对象。

（3）在 Flash CS6 中，包含 3D 动画的动画预设只能应用于_____。

（4）可以将补间范围拖到现有的_____、_____、_____、_____或_____上。

（5）_____是一种用于修改 Flash 计算补间中的属性关键帧之间的属性值的方式。

（6）_____可以实现两个形状之间的大小、颜色、形状和位置的相互变化。

2. 选择题

（1）补间动画不能对以下哪个对象类型产生补间的作用？　　　　　　　　　　（　　）

　　A. 图形元件　　　　B. 影片剪辑元件　　　C. 文本字段　　　　D. 形状

（2）下面哪个工具不可以修改补间动画的运动路径？　　　　　　　　　　　　（　　）

　　A. 选择工具　　　　B. 部分选取工具　　　C. 铅笔工具　　　　D. 任意变形工具

（3）在 Flash CS6 中应用动画预设，每个对象可以应用多少个预设？　　　　　（　　）

　　A. 1　　　　　　　B. 2　　　　　　　　C. 5　　　　　　　　D. 无限制

（4）按下哪个快捷键可以执行分离对象的操作？　　　　　　　　　　　　　　（　　）

　　A. Ctrl+F1　　　　B. Ctrl+E　　　　　C. Ctrl+B　　　　　D. Shift+B

3. 操作题

在 Flash CS6 中打开光盘中的 “..\Example\Ch06\6.5.fla” 文件，然后将图层 2 上的形状对象转换为图形元件，再通过补间动画制作元件从舞台左下方飞入并从舞台右上方飞出的动

画。在动画过程中，要求元件沿着弧线路径飞行，结果如图 6-95 所示。

图 6-95　操作题的结果

提示：

（1）在 Flash CS6 中打开文件，选择场景中的小鸟形状，再单击【修改】/【转换为元件】命令，将形状转换为图形元件，如图 6-96 所示。

（2）选择图层 1 和图层 2 的第 80 帧，然后按 F5 功能键插入一般帧，如图 6-97 所示。

 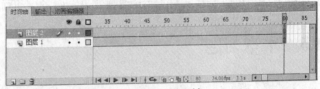

图 6-96　转换成元件　　　　　　　　　　　图 6-97　插入帧

（3）选择图层 2 第 1 帧，然后单击【插入】/【补间动画】命令，为图层 2 插入补间动画。

（4）选择图层 2 的第 30 帧并按 F6 功能键插入属性关键帧，再调整元件的位置，如图 6-98 所示。

（5）选择图层 2 的第 55 帧并按 F6 功能键插入属性关键帧，再调整元件的位置，如图 6-99 所示。

图 6-98　插入属性关键帧并调整元件位置　　图 6-99　再次插入属性关键帧并调整元件位置

（6）使用相同的方法，在图层 2 第 80 帧处插入属性关键帧，再将元件拖到舞台右上角的位置，如图 6-100 所示。

（7）在工具箱中选择【任意变形工具】，然后按住 Shift 键以维持正比例的方式缩小元件，如图 6-101 所示。

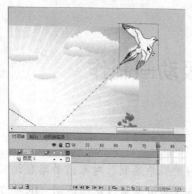

图 6-100　插入属性关键帧并再次调整元件位置

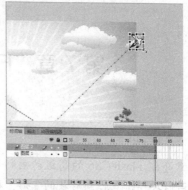

图 6-101　等比例缩小元件

（8）再次选择第 80 帧上的元件，打开【属性】面板，设置元件的 Alpha 为 0%，如图 6-102 所示。

（9）在工具箱中选择【选择工具】，然后使用此工具修改路径的形状成弧形，如图 6-103 所示。

图 6-102　设置元件为完全透明

图 6-103　修改路径成弧形

（10）选择图层 2 第 55 帧上的元件，再通过【属性】对话框修改该元件的 Alpha 为 100%，如图 6-104 所示。

图 6-104　修改属性关键帧上元件的 Alpha 属性

第 7 章　Flash 高级动画制作

内容提要

本章介绍 Flash CS6 的高级动画制作方法，包括利用引导层制作对象沿着路径运动的动画、利用形状提示点控制形状的变形、利用骨骼工具和姿势图层制作反向运动（IK）动画等。

学习重点与难点

➢ 了解引导层和遮罩层的概念和作用
➢ 掌握引导层动画和遮罩层动画的制作方法
➢ 了解形状提示的概念和应用基础
➢ 掌握通过形状提示为补间形状动画提供形状控制的方法
➢ 了解反向运动动画的概念和使用方式
➢ 掌握创建 IK 骨骼和骨架以及制作反向运动动画的方法

7.1　应用引导层与遮罩层

除了制作基本的补间动画外，还可以利用引导层和遮罩层来制作特殊的动画效果。

7.1.1　关于引导层

引导层是一种帮助用户使其他图层的对象对齐引导层对象的一种特殊图层，可以在引导层上绘制对象，然后将其他图层上的对象与引导层上的对象对齐。依照此特性，可以使用引导层来制作沿曲线路径运动的动画。

例如，创建一个引导层，然后在该层上绘制一条曲线，接着将其他图层上开始关键帧的对象放到曲线一个端点，并将结束关键帧的对象放到曲线的另一个端点，最后创建传统补间动画，这样在补间动画过程中，对象就根据引导层的特性对齐曲线，因此整个补间动画过程对象都沿着曲线运动，从而制作出对象沿曲线路径移动的效果，如图 7-1 所示。

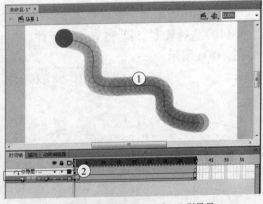

①对象沿引导层的曲线运动；②引导层

图 7-1　利用引导层使对象沿指定路径运动

引导层不会导出，因此引导线不会显示在发布的 SWF 文件中。任何图层都可以作为引导层，图层名称左侧的辅助线图标表明该层是引导层。

7.1.2 引导层的使用

1. 运动引导层与链接图层

在插入运动引导层后，可以在运动引导层上绘制曲线或直线线条作为运动路径。当另外一个图层的对象想要沿运动引导层的曲线运动时，就需要将该图层链接到运动引导层，使该图层的对象沿运动引导层所包含的曲线进行运动，如图 7-2 所示。

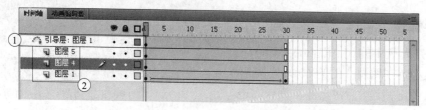

①运动引导层；②链接到运动引导层的常规图层

图 7-2 多个常规图层链接到运动引导层

2. 运动引导层的两种形式

引导层有两种形式：一种是未链接图层的运动引导层；另一种是已链接图层的运动引导层，如图 7-3 所示。

图 7-3 引导层的形式

（1）未链接图层的运动引导层会在图层上显示 图标，这种运动引导层没有链接图层，即没有被引导的对象，所以不会形成沿路径运动的传统补间动画。

（2）已链接图层的运动引导层会在图层上显示 图标，这种运动引导层已经链接图层，可以让链接图层上的对象沿着运动引导层的路径进行运动。

3. 引导层引导对象的要求

利用运动引导层制作对象沿引导线（运动引导层上的线条）运动有以下要求，只要满足了这些要求，即可让对象沿路径（引导线）运动。

（1）对象已经为其开始关键帧和结束关键帧之间创建传统补间动画。

（2）对象的中心必须放置在引导线上，如图 7-4 所示。

（3）对象不可以是形状。

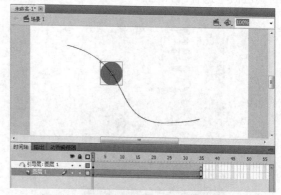

图 7-4 被引导对象中心必须在引导线上

7.1.3 制作引导层动画

本例将在图层 2 的第 6 帧处插入关键帧并调整元件的位置，再创建传统补间动画，然后添加传统运动引导层，并使用【铅笔工具】绘制一条曲线作为运动路径，将图层2的开始关键帧和结束关键帧上的元件中心放置到曲线上，制作成氢气球沿着曲线飞过舞台的动画效果，如图7-5所示。

动手操作　制作引导层动画

1 打开光盘中的"..\Example\Ch07\7.1.3.fla"文件，在图层2的第60帧处按F6功能键插入关键帧，然后将元件从舞台右边移到舞台左边，如图7-6所示。

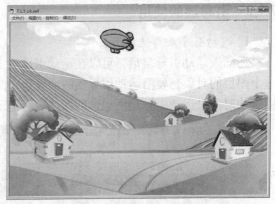

图7-5　氢气球沿曲线路径运动的动画

2 选择图层2的第1帧，然后选择【插入】/【传统补间】命令，为图层2的关键帧之间插入传统补间，如图7-7所示。

3 选择图层2并单击右键，在弹出的菜单中选择【添加传统运动引导层】命令，为图层2添加引导层，如图7-8所示。

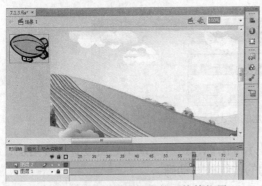

图7-6　插入关键帧并调整元件的位置

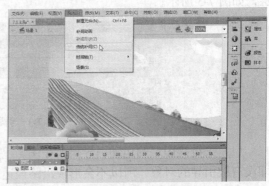

图7-7　插入传统补间

4 在工具箱中选择【铅笔工具】 ，再单击工具箱下方的【笔触颜色】图标，在弹出的调色板中选择【黑色】，如图7-9所示。

图7-8　为图层2添加传统引导层

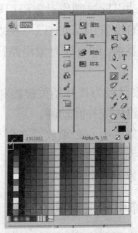

图7-9　选择铅笔工具并设置笔触颜色

5　使用【铅笔工具】 在舞台右上方的元件处作为起点，绘制一条横跨舞台的平滑曲线（需要注意，将曲线绘制在引导层上），如图 7-10 所示。

6　选择图层 2 的第 1 帧，然后将舞台上的元件中心放置在曲线上，再选择图层 2 的第 60 帧，将该关键帧的元件中心放置在曲线上，如图 7-11 所示。

图 7-10　绘制一条平滑的曲线

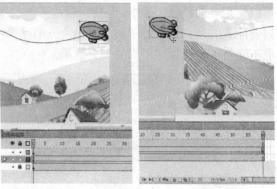

图 7-11　分别设置图层 2 起始关键帧和结束关键帧上元件的位置

7　在【时间轴】面板单击【绘图纸外观】按钮 ，以显示绘图纸外观效果，然后将时间轴中右边的大括号图示 拖到第 60 帧处，通过绘图纸外观查看元件沿着曲线路径运动的效果，如图 7-12 所示。

7.1.4　关于遮罩层

遮罩层是一种可以被挖空的特殊图层，可以使用遮罩层显示下方图层中图片或图形的部分区域。例如，图层 1 上是一张图片，

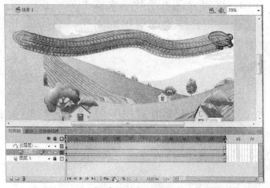

图 7-12　查看元件沿曲线运动的效果

可以为图层 1 添加遮罩层，然后在遮罩层上添加一个椭圆形，那么图层 1 的图片就只会显示与遮罩层的椭圆形重叠的区域，椭圆形以外的区域无法显示，如图 7-13 所示。

综合如图 7-13 所示的效果分析，可以将遮罩层理解成一个可以挖空对象的图层，即遮罩层上的椭圆形就是一个挖空区域，当从上往下观察图层 1 的内容时，就只能看到挖空区域的内容，如图 7-14 所示。

图 7-13　遮罩层的对比效果　　　　　　　图 7-14　遮罩层的原理示意图

7.1.5 遮罩层的使用

遮罩层上的遮罩项目可以是填充形状、文字对象、图形元件的实例或影片剪辑。可以将多个图层组织在一个遮罩层下创建复杂的效果，如图 7-15 所示。

对于用作遮罩的填充形状，可以使用补间形状；对于类型对象、图形实例或影片剪辑，可以使用补间动画。另外，当使用影片剪辑实例作为遮罩时，可以使遮罩沿着运动路径运动。需要注意的是，一个遮罩层只能包含一个遮罩项目，并且遮罩层不能应用在按钮元件内部，也不能将一个遮罩应用于另一个遮罩。

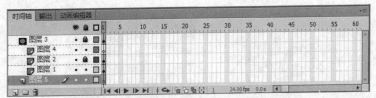

图 7-15 将多个图层组织在一个遮罩层下

转换成遮罩层有两种方法：一是使用快捷菜单，二是通过修改图层属性来转换遮罩层。

1. 使用快捷菜单转换成遮罩层

选择需要作为遮罩层的图层，然后单击右键，从打开的菜单中选择【遮罩层】命令，如图 7-16 所示。此时选定的层将变成遮罩层，而选定的层的下方邻近的层将自动变成被遮罩层。

2. 通过修改图层的属性来转换成遮罩层

选择需要作为遮罩层的图层，然后单击【修改】/【时间轴】/【图层属性】命令，在打开的【图层属性】对话框中选择【遮罩层】单选项，最后单击【确定】按钮即可，如图 7-17 所示。

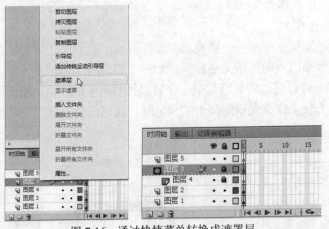

图 7-16 通过快捷菜单转换成遮罩层

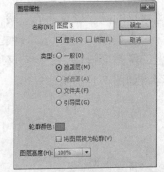

图 7-17 设置图层类型为遮罩层

7.1.6 制作遮罩层动画

下例将绘制一个圆形，然后制作圆形从小到大的补间形状动画，再将圆形所在的图层转换为遮罩图层，使圆形在从小到大的过程中逐渐显示舞台的内容，如图 7-18 所示。

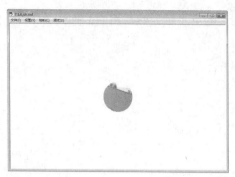 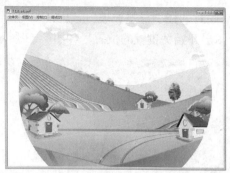

图 7-18　遮罩层动画的效果

动手操作　制作遮罩层动画

1　打开光盘中的 "..\Fxanıple\Ch07\ 7.1.6.fla" 文件，新增一个图层，在【工具箱】面板中选择【椭圆形工具】 ◎，然后在打开的【属性】面板中设置笔触颜色为【无】、填充颜色为【紫色】，接着在舞台上按住 Shift 键绘制一个圆形，如图 7-19 所示。

2　选择舞台上的圆形形状，单击【窗口】/【对齐】命令，打开【对齐】面板，

图 7-19　新增图层并绘制圆形

然后选择【与舞台对齐】复选框，分别单击【水平中齐】按钮 🔳 和【垂直中齐】按钮 🔳，如图 7-20 所示。

3　在【工具箱】面板中选择【任意变形工具】 🔳，然后选择圆形，设置显示比例为 25%，同时按住 Shift 和 Alt 键向外拖动变形控制点，等比例从中心向外扩大圆形，如图 7-21 所示。

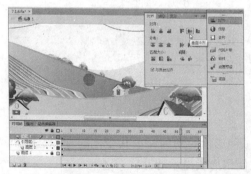 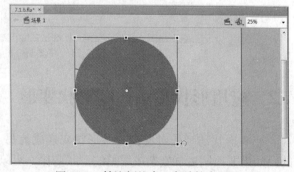

图 7-20　居中对齐形状　　　　　　　　图 7-21　等比例从中心向外扩大圆形

 在步骤 3 中，需要将圆形扩大到完全遮挡舞台，以便后续制作遮罩动画时，能够完全显示舞台上的内容。

4　选择图层 3 的第 1 帧，打开【插入】菜单并选择【补间形状】命令，创建补间形状动画，如图 7-22 所示。

5 同时选择引导层和被引导层（即图层 2）的第 1 帧，然后将它们拖到第 16 帧上，调整两个图层开始关键帧的位置，如图 7-23 所示。

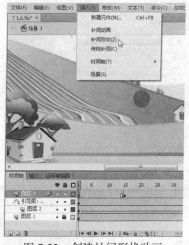

图 7-22 创建补间形状动画

图 7-23 调整引导层和被引导层开始关键帧的位置

6 选择图层 3 并将该图层拖到图层 1 的上方，在图层 3 上单击右键，从打开的菜单中选择【遮罩层】命令，将图层 3 转换为遮罩层，如图 7-24 所示。

图 7-24 将图层 3 转换为遮罩层

7.2 应用形状提示控制形状变形

补间形状动画是对象由一种形状变换成为另一种形状的动画，形状变化的过程是随机的。如果要控制更加复杂或罕见的形状变化，可以使用形状提示功能。

7.2.1 关于形状提示

"形状提示"功能可以标识起始形状和结束形状中相对应的点，这些标识点又称为形状提示点。在补间形状动画中设置了形状提示，前后两个关键帧中的动画将按照提示点的位置进行变换。例如，在补间形状动画前后两个关键帧中分别设置形状提示点 a 和 b，在创建补间形状动画后，起始关键帧中的形状提示点 a 和 b，将对应变换至结束关键帧中的形状提示点 a 和 b 上，相同的字母相互对应。如图 7-25 所示为添加形状提示和没有添加形状提示的补间形状变化。

如图 7-25 所示可以看出，没有添加形状提示的形状变化没有规律性，而添加了形状提示的形状变化则严格依照提示点标识的位置对象变化。通过形状提示的应用，可以很好地控制形状的变化，而不会使形状变化过程混乱。

①没有添加形状提示的形状变化；②添加形状提示的形状变化；③开始关键帧的形状提示点为黄色；④结束关键帧的形状提示点为绿色

图 7-25　利用形状提示控制形状变化

7.2.2　形状提示的使用

添加形状提示必须在已经建立形状补间动画的前提下才可以进行。形状提示以字母（a 到 z）表示，以识别开始形状和结束形状中相互对应的点，最多可以使用 26 个形状提示。

开始添加到形状上的形状提示为红色，在开始关键帧中的设置好的形状提示是黄色，在结束关键帧与开始关键帧中，位于同一曲线上的形状提示是绿色，当不在一条曲线上时为红色（即没有对应到的形状提示显示为红色），如图 7-26 所示。

刚添加的形状提示
显示为红色

开始关键帧与结束关键帧
对应的形状提示分别为红
色和绿色

开始关键帧与结束关键帧
中某个不对应的形状提示
显示为红色

图 7-26　形状提示的颜色

在使用形状提示时需遵循以下准则：

（1）在复杂的补间形状中，需要创建中间形状然后再进行补间，而不要只定义起始和结束的形状，如图 7-27 所示。

（2）确保形状提示是符合逻辑的。例如，如果在一个三角形中使用三个形状提示，则在原始三角形和要补间的图形中它们的顺序必须相同，不能在第一个关键帧中是 abc，而在第二个关键帧中是 acb，如图 7-28 所示。

图 7-27　创建中间形状进行补间

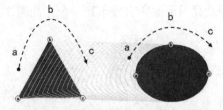

图 7-28　形状提示的位置要符合逻辑

（3）如果按逆时针顺序从形状的左上角开始放置形状提示，它们的工作效果最好。

7.2.3　添加、删除与隐藏形状提示

1. 添加形状提示

选择补间形状上的开始关键帧，单击【修改】/【形状】/【添加形状提示】命令，或者按下 Ctrl+Shift+H 快捷键，可以在形状上添加形状提示，如图 7-29 所示。

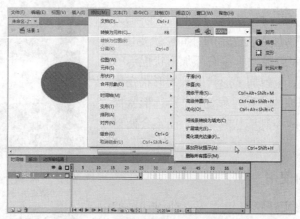

图 7-29　通过菜单添加形状提示

刚开始添加的形状提示只有 a 点，如果需要添加其他形状提示，可以再次按下 Ctrl+Shift+H 快捷键，也可以选择已经添加的形状提示，然后按住 Ctrl 键并拖动鼠标，新添加另外一个形状提示，如图 7-30 所示。

在添加形状提示后，将提示点移到要标记的点，然后选择补间序列中的最后一个关键帧，此时结束形状提示会在该形状上显示为一个带有字母的提示点，需要将这些形状提示移到结束形状中与开始关键帧标记的形状提示对应的点上，如图 7-31 所示。

图 7-30　通过拖动的方式添加新的形状提示　　　　图 7-31　设置开始关键帧和结束关键帧的形状提示

2. 删除形状提示

如果需要将单个形状提示删除，可以选择该形状提示的点，然后单击右键，在打开的菜单中选择【删除提示】命令，如图 7-32 所示。

如果需要将所有的形状提示删除，可以在任意一个形状提示上单击右键，从打开的菜单中选择【删除所有提示】命令，如图 7-33 所示。

图 7-32　删除单个提示　　　　　　　　　图 7-33　删除所有提示

在要删除形状提示时，需要在开始关键帧的形状上执行删除动作。在结束关键帧的形状上执行删除的操作是无法删除形状提示的。

当形状提示的某点被删除后，其他的形状提示会自动按照 a 到 z 的字母顺序显示。例如，形状上包含了 a、b、c3 个形状提示，当删除了 b 后，c 将自动变成 b。另外，开始形状上的形状提示删除后，结束形状上对应的形状提示也会同时被删除。

3. 显示与隐藏形状提示

可以选择【视图】/【显示形状提示】命
令显示形状提示；再次选择【视图】/【显示
形状提示】命令可以隐藏形状提示，如图 7-34
所示。只有包含形状提示的图层和关键帧处于
活动状态下时，【显示形状提示】命令才可用。

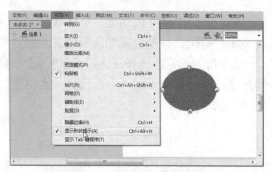

图 7-34　显示和隐藏形状提示

7.2.4　制作飘动的旗帜形状动画

下例将先为旗帜形状插入结束关键帧并
修改该关键帧下的形状，然后创建补间形状动画，接着在补间形状图层中插入两个关键帧并
修改关键帧的形状，最后添加形状提示点，利用形状提示点控制旗帜形状的变化。

动手操作　制作飘动的旗帜形状动画

1　打开光盘中的 "..\Example\Ch07\7.2.4.fla" 文件，选择图层 2 的第 60 帧并插入关键帧，
然后使用【选择工具】　修改关键帧下旗帜的形状，如图 7-35 所示。

2　选择图层 2 的第 1 帧，打开【插入】菜单并单击【补间形状】命令，如图 7-36 所示。

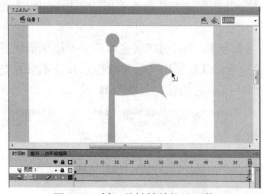

图 7-35　插入关键帧并修改形状

图 7-36　插入补间形状

3　选择图层 2 的第 20 帧，在此帧上插入关键帧，接着选择图层 2 的第 1 帧，单击【修
改】/【形状】/【添加形状提示】命令添加形状提示并放置提示的位置，如图 7-37 所示。

图 7-37　插入关键帧并添加形状提示

4 按 Ctrl 键并拖动第一个形状提示，以复制出第二个形状提示，使用相同的方法新增其他形状提示，分别放置它们的位置，如图 7-38 所示。

5 在工具箱中选择【选择工具】 ，然后选择图层 2 的第 20 帧，使用该工具修改旗帜的形状，接着参考步骤 4 中形状提示的位置，分别放置好图层 2 第 20 帧中形状提示的位置，如图 7-39 所示。

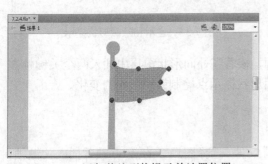

图 7-38　添加其他形状提示并放置位置

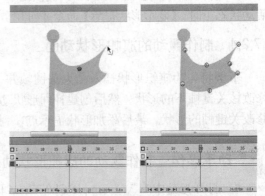

图 7-39　修改结束关键帧（第 20 帧）旗帜形状和形状提示点的位置

6 使用【选择工具】 选择图层 2 的第 40 帧，并使用该工具修改旗帜的形状，如图 7-40 所示。

7 选择图层 2 的第 40 帧，单击【修改】/【形状】/【添加形状提示】命令添加形状提示并放置提示的位置，然后按 Ctrl 键并拖动形状提示，以复制出其他形状提示并分别放置它们的位置，接着选择图层 2 第 60 帧，调整已有形状提示的位置，如图 7-41 所示。

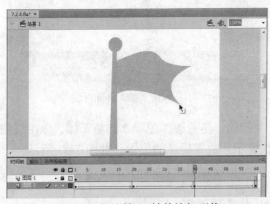

图 7-40　修改第 40 帧的旗帜形状

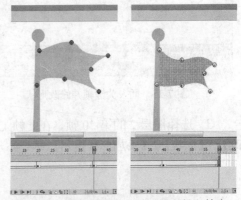

图 7-41　添加形状提示并设置开始和结束关键帧中形状提示的位置

8 单击【控制】/【测试影片】命令，测试动画播放效果，如图 7-42 所示。

> 在开始关键帧添加形状提示点后，结束关键帧也同样添加形状提示点，例如，本例中在第 1 帧（开始关键帧）上添加了形状提示，第 20 帧（结束关键帧）也同样自动添加形状提示。
>
> 形状提示只对开始关键帧和结束关键帧产生作用，在需要控制多个关键帧的形状变化时，就要分别为各个开始关键帧和结束关键帧添加形状提示点。

图 7-4？　播放动画以测试形状变化效果

7.3　制作反向运动（IK）动画

反向运动（IK）动画是一种使用骨骼的关节结构对一个对象和元件实例或彼此相关的一组对象和元件实例进行处理的动画。

7.3.1　关于反向运动

使用反向运动制作动画时，Flash 会自动在起始帧和结束帧之间对骨架中骨骼的位置进行内插处理，方便创建自然运动。

反向运动（IK）是一种使用骨骼对对象进行动画处理的方式，这些骨骼按父子关系链接成线性或枝状的骨架。当一个骨骼移动时，与其连接的骨骼也发生相应的移动。这个原理就如同人体骨骼一样，当人行走或跑步时，身体各部分的骨骼就随着行动而产生连动。

骨骼链称为骨架，在父子层次结构中，骨架中的骨骼彼此相连，骨架可以是线性的或分支的。源于同一骨骼的骨架分支称为同级，骨骼之间的连接点称为关节，如图 7-43 所示。

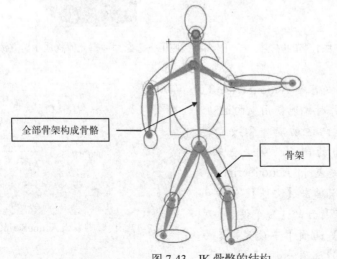

图 7-43　IK 骨骼的结构

7.3.2 使用反向运动的方式

使用反向运动可以方便地创建自然运动。如果要使用反向运动进行动画处理，只需在时间轴上指定骨骼的开始和结束位置。此时，Flash 自动在起始帧和结束帧之间对骨架中骨骼的位置进行内插处理，使骨骼生成连续的规律动作，如图 7-44 所示。

①骨骼开始的位置；②为对象添加骨骼并调整结束的位置；③Flash 为开始帧和结束帧之间进行内插处理，生成连续的动作

图 7-44　Flash 使骨骼生成连续的动作

在 Flash 中，可以通过两种方式使用反向运动：

（1）使用形状作为多块骨骼的容器。例如，可以在"对象绘制"模式下绘图，向恐龙的插图中添加骨骼。通过骨骼可以移动形状的各个部分并对其进行动画处理，即可使恐龙逼真地走，而无须绘制形状的不同版本或创建补间形状，如图 7-45 所示。

（2）将元件实例链接起来。例如，可以将显示躯干、手臂、前臂和手的影片剪辑链接起来，使其彼此协调而逼真地移动。如图 7-46 所示为使用三个影片剪辑元件构成手臂，并添加手臂骨骼。

图 7-45　使用形状作为多块骨骼的容器　　　图 7-46　使用三个影片剪辑元件构成手臂并添加了骨骼

 Flash 文件必须是基于 ActionScript 3.0 脚本语言的文件时才能使用反向运动，因此在使用反向运动前，需要新建 ActionScript 3.0 的 Flash 文件。如果当前使用的文件是基于 ActionScript 2.0 脚本语言，可以单击【文件】/【发布设置】命令，在打开的【发布设置】对话框的【Flash】选项卡中设置脚本为【ActionScript 3.0】选项，如图 7-47 所示。

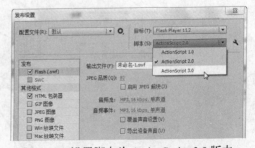

图 7-47　设置脚本为 ActionScript 3.0 版本

7.3.3　向对象添加骨骼

在 Flash CS6 中，可以向元件和形状添加骨骼。

1. 向元件添加骨骼

可以向影片剪辑、形状和按钮实例添加 IK 骨骼。在向元件实例添加骨骼时会创建一个链接实例链。元件实例的链接链可以是一个简单的线性链或分支结构。例如，蛇的特征仅需要线性链，而人体图形则需要包含四肢分支的结构。

在向元件添加骨骼前，首先按照与向其添加骨骼之前所需近似的配置，在舞台上排列元件，然后在工具箱中选择【骨骼工具】，并单击要成为骨架的根部或头部的元件，接着拖动到单独的元件，将其链接到根元件头例。

在拖动鼠标时，工具将显示骨骼。当释放鼠标后，在两个元件之间将显示实心的骨骼。每个骨骼都具有头部、圆端和尾部（尖端），如图 7-48 所示。

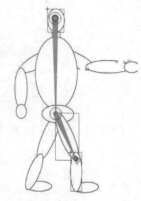

图 7-48　向元件添加骨骼

2. 向形状添加骨骼

可以向单个形状的内部添加多个骨骼，这就不同于元件实例，因为每个实例只能具有一个骨骼。可以向在"对象绘制"模式下创建的形状添加骨骼。

在向单个形状或一组形状添加骨骼时，在任一情况下，在添加第一个骨骼之前必须选择所有形状。在将骨骼添加到所选内容后，Flash 将所有的形状和骨骼转换为 IK 形状对象，并将该对象移动到新的姿势图层，如图 7-49 所示。

①原来是形状；②现在转换为 IK 形状对象

图 7-49　Flash 将所有的形状和骨骼转换为 IK 形状对象

7.3.4　关于姿势图层

在向元件实例或形状中添加骨骼时，Flash 会在时间轴中为它们创建一个新图层，这个新图层称为姿势图层。如果是为不同元件实例或形状添加各自独立的骨骼，Flash 会向时间轴中现有的图层之间添加新的姿势图层，使舞台上的对象保持以前的堆叠顺序。可以编辑各自姿势图层的骨骼，如图 7-50 所示。

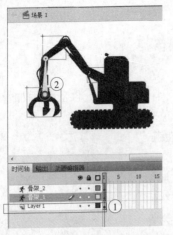
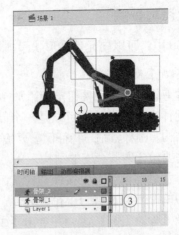

①【骨架_1】姿势图层；②【骨架_1】姿势图层所包含的骨骼；③【骨架_2】姿势图层；④【骨架_2】姿势图层所包含的骨骼

图 7-50　姿势图层及其对象的骨骼

 在 Flash CS6 中，每个姿势图层只能包含一个骨架及其关联的实例或形状。另外，在添加骨骼之前，元件实例可以位于不同的图层上，当添加骨骼时，Flash 将它们添加到姿势图层上。

7.3.5　选择骨骼和关联的对象

选择骨骼和关联对象的方法如下：

（1）如果要选择 IK 形状，可以在工具箱中选择【选择工具】，然后单击该形状即可，如图 7-51 所示。如果要选择连接到某个骨骼的元件实例，可以使用【选择工具】单击该实例即可。

（2）如果要选择单个骨骼，可以使用【选择工具】单击该骨骼。当按住 Shift 键时，连续单击骨骼可以选择多块骨骼，如图 7-52 所示。

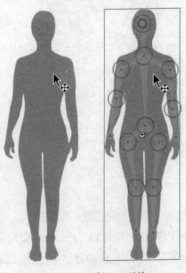
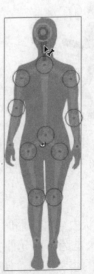
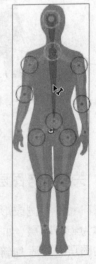

图 7-51　选择 IK 形状　　　　　　　　　图 7-52　选择多块骨骼

（3）如果要将所选内容移动到相邻骨骼，可以先打开【属性】面板，然后单击面板中的【父级】、【子级】或【下一个/上一个同级】按钮。如图 7-53 所示，先选择前臂的骨骼，然后单击【父级】按钮 ⬆ 即可选择手臂骨骼。

（4）如果要选择骨架中所有骨骼，只需双击某个骨骼即可。

（5）如果要选择整个骨架并显示骨架的属性及其姿势图层，可以单击姿势图层中包含骨架的帧，如图 7-54 所示。

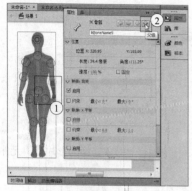
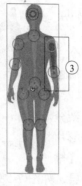

①先选择到前臂的骨骼；②单击【父级】按钮；
③此时手臂的骨骼被选中

图 7-53　选择相邻的骨骼

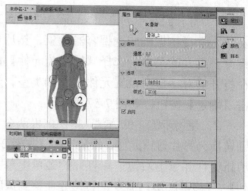

图 7-54　显示整个骨架和属性

7.3.6　删除骨骼和骨架

删除骨骼和骨架的操作方法如下：

（1）如果要删除单个骨骼及其所有子级，可以选择该骨骼，然后按 Delete 键，如图 7-55 所示。

（2）如果要从时间轴的某个 IK 形状或元件骨架中删除所有骨骼，可以在【时间轴】面板中右键单击 IK 骨架范围，并从快捷菜单中选择【删除骨架】命令，如图 7-56 所示。

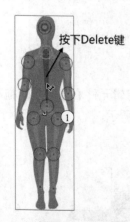

图 7-55　删除骨骼及其所有子级

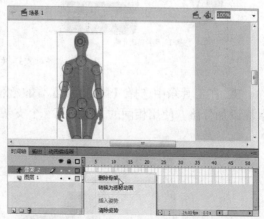

图 7-56　通过【时间轴】面板删除骨架

（3）如果要从舞台上的某个 IK 形状或元件骨架中删除所有骨骼，可以双击骨架中的某个骨骼以选择所有骨骼，然后按 Delete 键删除骨架。

7.3.7 制作挖掘机的 IK 动画

下例通过挖掘机的工作原理和 IK 骨骼运动，制作挖掘机工作的反向运动动画。在制作时首先将必要的挖掘机组件转换成元件，然后为这些组件添加骨骼，接着插入多个姿势，并分别设置各个姿势下挖掘机的组件姿势，最后调整图层的位置。

动手操作 制作挖掘机 IK 画

1 打开光盘中的"..\Example\Ch07\7.3.7.fla"文件，选择挖掘机的挖掘容器对象，然后单击右键并在打开的菜单中选择【转换为元件】命令，在打开的对话框中设置元件名称和类型，最后单击【确定】按钮，如图 7-57 所示。

图 7-57　将挖掘容器对象转换为影片剪辑元件

2 使用步骤 1 的方法，将挖掘机两个支架分别转换为影片剪辑元件，然后选择【支架 2】影片剪辑元件并单击右键，在打开的菜单中单击【排列】/【移至底层】命令，将该元件移到最底层，如图 7-58 所示。

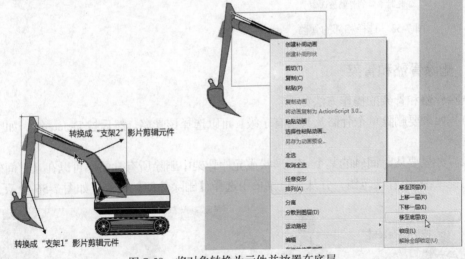

图 7-58　将对象转换为元件并放置在底层

3 在工具箱中选择【骨骼工具】 ，然后在【支架 2】影片剪辑元件右端向左端拖动鼠标添加骨骼。使用相同的方法为第二个支架添加骨骼，如图 7-59 所示。

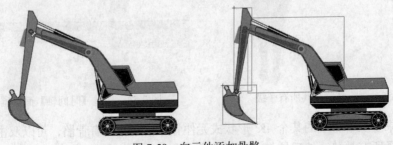

图 7-59　向元件添加骨骼

4　选择姿势图层的第 20 帧，然后单击右键并从打开的菜单中选择【插入姿势】命令，在第 20 帧上插入新的姿势，如图 7-60 所示。

5　在工具箱中选择【选择工具】![工具]，然后选择挖掘机的挖掘容器并拖动该元件，以调整第 20 帧的挖掘机姿势，如图 7-61 所示。

6　在姿势图层第 40 帧上插入姿势，使用【选择工具】![工具]拖动挖掘机的挖掘容器元件，调整挖掘机在第 40 帧上的姿势，如图 7-62 所示。

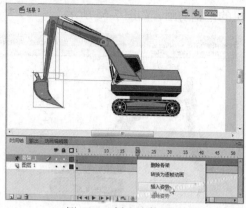

图 7-60　插入姿势图层

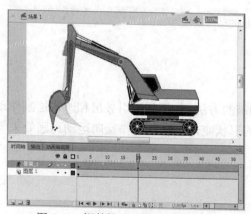

图 7-61　调整第 20 帧的挖掘机姿势

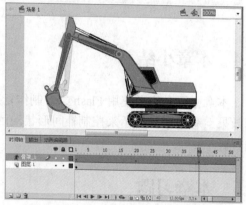

图 7-62　设置挖掘机在第 40 帧上的姿势

7　在姿势图层第 60 帧上插入姿势，使用【选择工具】![工具]拖动挖掘机的【支架 1】元件，调整挖掘机在第 60 帧上的姿势，如图 7-63 所示。

8　将图层 1 拖到姿势图层上方，将挖掘机的机身置于挖掘机支架组件的上方，如图 7-64 所示。

图 7-63　设置挖掘机在第 60 帧上的姿势

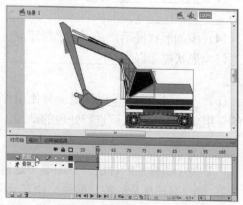

图 7-64　调整图层的放置

9　单击【控制】/【测试影片】命令，测试动画播放效果。因为挖掘机的组件添加了骨骼，当时间轴播放时，挖掘机的组件根据设置好的姿势，由骨骼引导产生运动，从而形成挖

掘机的挖掘动画，如图 7-65 所示。

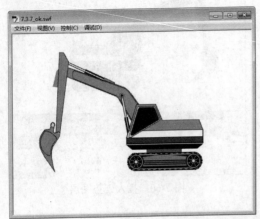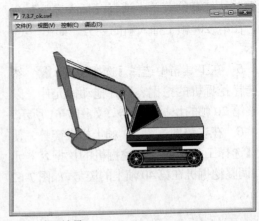

图 7-65　预览挖掘机的动画效果

7.4　本章小结

本章主要介绍了使用 Flash CS6 制作复杂动画的方法，包括利用引导层和遮罩层制作动画效果、利用形状提示来控制补间形状动画中的形状变形，以及制作反向运动动画效果等内容。

7.5　本章习题

1. 填空题

（1）引导层不会_____，因此引导线不会显示在发布的 SWF 文件中。

（2）_____是一种可以挖空的特殊图层，用户可以使用遮罩层来显示下方图层中图片或图形的部分区域。

（3）_____功能可以标识起始形状和结束形状中相对应的点，这些标识点，又称为_____。

（4）添加形状提示，必须在已经建立_____动画的前提下才可以进行。

（5）形状提示以_____表示，以识别开始形状和结束形状中相互对应的点。

（6）_____动画是一种使用骨骼的有关节结构对一个对象和元件实例或彼此相关的一组对象和元件实例进行处理的动画。

2. 选择题

（1）关于引导层的说法，下面哪个是错误的？　　　　　　　　　　　　　　　（　　）

　　A. 引导层是一种帮助用户让其他图层的对象对齐引导层对象的一种特殊图层

　　B. 未链接图层的运动引导层是其形式之一

　　C. 已链接图层的运动引导层是其形式之一

　　D. 利用引导层引导的对象可以是形状

（2）下面哪种动画对象不能作为遮罩层上的遮罩项目？　　　　　　　　　　（　　）

　　　A. 填充形状　　　　　B. 声效组件　　　　　C. 文字对象　　　　　D. 影片剪辑元件

（3）在 Flash CS6 中，最多可以为形状提示多少个形状提示点？　　　　　　（　　）

　　　A. 1　　　　　　　　B. 20　　　　　　　　C. 26　　　　　　　　D. 无限制

（4）按下以下哪组快捷键，可以在形状上添加形状提示？　　　　　　　　　（　　）

　　　A. Ctrl+Shift+H　　　B. Ctrl+E　　　　　C. Ctrl+Shift+B　　　D. Shift+H

3. 操作题

在 Flash CS6 中打开光盘中的 "..\Example\Ch07\7.5.fla" 文件，然后新建一个图层并使用【铅笔工具】在舞台上的汽车车头部位绘制一条曲线，在图层 2 第 60 帧插入关键帧后将【圆】元件放置在曲线上，接着创建传统补间动画，将曲线所在图层转换为引导层，使【圆】元件沿着曲线移动，结果如图 7-66 所示。

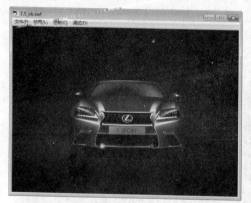
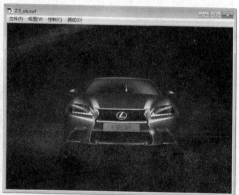

图 7-66　操作题的结果

提示：

（1）在 Flash CS6 中打开文件，在【时间轴】面板中新增图层 3，然后选择【铅笔工具】并设置笔触颜色为【黑色】、笔触高度为 1，在舞台上的汽车中沿车头透气槽边缘绘制一条曲线，如图 7-67 所示。

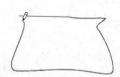

图 7-67　新增图层并沿车头透气槽边缘绘制一条曲线（右图隐藏背景所显示的曲线）

（2）选择图层 2 的第 50 帧，然后插入关键帧，将舞台上的【圆】图形元件的中心放置在曲线的结束位置上，接着选择图层 2 的第 1 帧，将【圆】图形元件的中心放置在曲线的开始位置上，如图 7-68 所示。

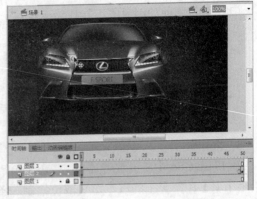

图 7-68　调整关键帧中元件的位置

（3）选择图层 2 第 1 帧，然后选择【插入】/【补间动画】命令为图层 2 插入补间动画。

（4）选择图层 3 并单击右键，然后在弹出的快捷键菜单中选择【引导层】命令，接着将图层 2 拖到引导层下方，将图层 2 转换成被引导层，如图 7-69 所示。

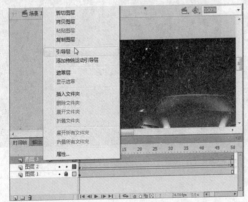

图 7-69　将图层 3 转换为引导层并将图层 2 转换为被引导层

第 8 章 专业交互动画制作

内容提要

本章主要介绍声音、行为和 ActionScript 在 Flash 中的应用。

学习重点与难点

➢ 掌握导入和应用声音以及设置声音的方法
➢ 掌握转换视频并导入视频到 Flash 的方法
➢ 了解行为和动作并掌握利用行为和动作制作动画的方法
➢ 了解 ActionScript 的基本概念和使用方式
➢ 了解 ActionScript 3.0 的基本概念和开发过程
➢ 掌握 ActionScript 3.0 在滤镜上的应用

8.1 在动画中添加声音与视频

在 Flash 的动画创作中，并非只有动画效果的处理，还包括声音、视频等视觉方面的效果。

8.1.1 Flash 声音使用

Flash 允许在发布的 SWF 文件中包含设备声音。设备声音是以设备本身支持的音频格式编码的声音，如 MIDI、MFI、SMAF。

在 Flash CS6 中，可以导入以下格式的声音文件：

（1）WAV（仅限 Windows 系统）。

（2）AIFF（仅限 Macintosh 系统。

（3）MP3（Windows 系统或 Macintosh 系统）。

如果系统上安装了 QuickTime 4 或更高版本，则可以导入以下格式的声音文件：

（1）AIFF（Windows 系统或 Macintosh 系统）。

（2）Sound Designer II（仅限 Macintosh 系统）。

（3）只有声音的 QuickTime 影片（Windows 系统或 Macintosh 系统）。

（4）Sun AU（Windows 系统或 Macintosh 系统）。

（5）System 7 声音（仅限 Macintosh 系统）。

（6）WAV（Windows 系统或 Macintosh 系统）。

另外需要注意，声音要使用大量的磁盘空间和内存，但 MP3 声音数据经过压缩后，比 WAV 或 AIFF 声音数据小。在使用 WAV 或 AIFF 文件时，最好使用 16～22kHz 的单声（立体声使用的数据量是单声的两倍）处理，在 Flash 中可以导入采样比率为 11kHz、22kHz 或

44kHz 的 8 位或 16 位的声音,因此,当将声音导入到 Flash 时,如果声音的记录格式不是 11kHz 的倍数(如 8、32 或 96kHz),将会重新采样。同样,在导出声音时,Flash 会把声音转换成采样比率较低的声音。

如果要向 Flash 中添加声音效果,最好导入 16 位声音。如果计算机的内存很少,应使用短的声音剪辑或用 8 位声音而不是 16 位声音,提高 Flash 动画播放的质量。

8.1.2　导入与应用声音

在 Flash 中使用声音时,可以先将声音导入到库内,然后依照设计需要多次从库中调用声音。在将声音从库中添加到文件时,可以为声音新增一个图层,以便在【属性】面板中查看与设置声音的属性选项,并对声音做单独的处理。

动手操作　导入与应用声音

1　打开光盘中的 "..\Example\Ch08\8.1.2.fla" 文件,单击【文件】/【导入】/【导入到库】命令打开【导入到库】对话框,选择声音文件,再单击【打开】按钮,如图 8-1 所示。

2　在【时间轴】面板中选择引导层,然后单击【新建图层】按钮插入图层 3,接着选择图层 3 的第 1 帧,将【库】面板的声音对象拖到舞台上,如图 8-2 所示。

图 8-1　导入声音到库

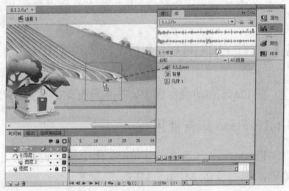

图 8-2　插入图层并加入声音

除了步骤 2 加入声音的方法外,还可以先选择图层的一个帧,然后在【属性】面板中打开【声音名称】列表框,从列表框中选择需要添加到动画的声音,如图 8-3 所示。

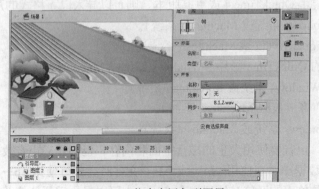

图 8-3　将声音添加到图层

3 打开【属性】面板，再设置声音的同步为【开始】，并设置声音重复播放 1 次，如图 8-4 所示。

图 8-4 设置属性的同步和重复

 Flash CS6 提供了"事件、开始、停止、数据流"4 种声音同步方式，可以使声音独立于时间轴连续播放，或使声音和动画同步播放，也可以使声音循环播放一定次数。各种声音同步方式的功能介绍如下。

- 事件：要求声音必须在动画播放前完成下载，而且会持续播放，直到有明确命令为止。
- 开始：与事件同步方式类似，在设定声音开始播放后，需要等到播放完毕才会停止。
- 停止：是一种设定声音停止播放的同步处理方式。
- 数据流：可以在下载了足够的数据后就开始播放声音（即一边下载声音，一边播放声音），无须等待声音全部下载完毕再进行播放。

8.1.3 设置声音的效果

没有经过处理的声音会依照原来的模式进行播放。为了使声音更加优美，Flash CS6 提供了多种预设声音效果，如淡入、淡出、左右声道等，如图 8-5 所示。

图 8-5 设置声音预设的效果

各种声音预设效果说明如下：

- 左声道：声音由左声道播放，右声道为静音。
- 右声道：声音由右声道播放，左声道为静音。
- 从左到右淡出：声音从左声道向右声道转移，然后从右声道逐渐降低音量，直至静音。
- 从右到左淡出：声音从右声道向左声道转移，然后从左声道逐渐降低音量，直至静音。
- 淡入：左右声道从静音逐渐增加音量，直至最大音量。
- 淡出：左右声道从最大音量逐渐减低音量，直至静音。

如果 Flash 默认提供的声音效果不能适合设计需要，还可以通过编辑声音封套的方式，对声音效果进行自定义编辑，以达到随意改变声音的音量和播放效果的目的。

通过编辑声音封套，可以使用户定义声音的起始点，或在播放时控制声音的音量。还可以改变声音开始播放和停止播放的位置，这对于通过删除声音文件的无用部分来减小文件的大小是很有用的。

选择添加声音的关键帧（以便选择到声音），然后打开【效果】列表框并选择【自定义】选项，或者直接单击【效果】列表后的【编辑声音封套】按钮 ✏，通过如图 8-6 所示的【编辑封套】对话框编辑声音即可。

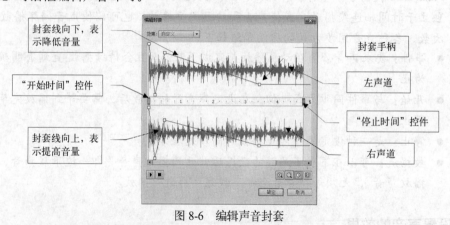

图 8-6　编辑声音封套

编辑声音封套的基本操作方法如下：

（1）如果要改变声音的起始点和终止点，可以拖动【编辑封套】对话框中的"开始时间"和"停止时间"控件，如图 8-7 所示。

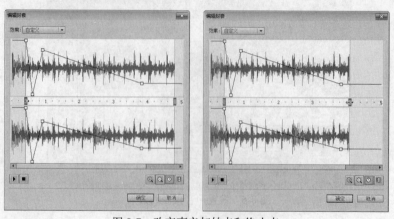

图 8-7　改变声音起始点和终止点

（2）如果要创建封套手柄，可以单击封套线。

（3）如果要更改声音封套，可以拖动封套手柄来改变声音中不同点处的级别。封套线显示声音播放时的音量，如图 8-8 所示。

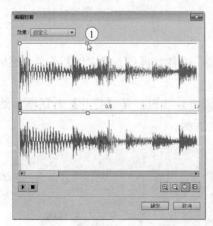
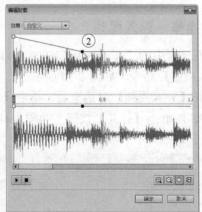

①单击添加封套线手柄；②拖动封套手柄调整封套线

图 8-8　添加封套手柄并调整封套线

（4）如果要删除封套手柄，可以将其拖出窗口，如图 8-9 所示。Flash 最多可以允许添加 8 个封套手柄。

（5）如果要改变窗口中显示声音的多少，可以单击【放大】按钮 或【缩小】按钮 。

（6）如果要在秒和帧之间切换时间单位，可以单击【秒】按钮 和【帧】按钮 。

（7）如果要在【编辑封套】对话框中播放声音，可以单击【播放声音】按钮 ；单击【停止声音】按钮 则可以停止播放当前声音。

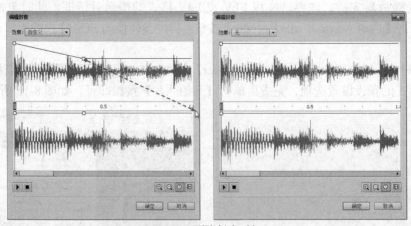

图 8-9　删除封套手柄

8.1.4　在动画文件中导入视频

Flash 不仅支持视频播放，还支持导入多种视频格式，包括 MOV、QT、AVI、MPG、MPEG-4、FLV、F4V、3GP、WMV 等，但部分视频格式需要经过 Adobe Media Encoder 程序转换才可以直接导入到 Flash。

可以将视频导入舞台或库中，以及对导入的视频进行编辑，设置视频的部署方式和视频播放组件的外观，也可以对导入的视频进行压缩，在清晰度和文件大小之间进行取舍。

在 Flash CS6 中，可以通过【导入视频】向导将视频导入。

动手操作 导入视频

1 打开光盘中的".\Example\Ch08\8.1.4.fla"文件，再打开【文件】菜单，然后选择【导入】/【导入视频】命令，如图 8-10 所示。

2 打开【导入视频】对话框后，单击【浏览】按钮打开【打开】对话框，然后选择视频素材文件，再单击【打开】按钮，如图 8-11 所示。

图 8-10　导入视频

图 8-11　选择视频文件

3 由于视频的原始格式不被 Flash 播放器支持，因此选择导入的视频后，向导会弹出一个不受播放器支持，需要转换成 FLV 或 F4V 格式的提示对话框，此时单击【确定】按钮，再单击【启动 Adobe Media Encoder】按钮，将视频转换为 FLV 格式的影片，如图 8-12 所示。

4 此时 Flash 打开【Adobe Media Encoder】软件，并显示视频正等待开始新编码，可以更改视频格式的预设设置选项，完成后单击【开始队列】按钮即可，如图 8-13 所示。

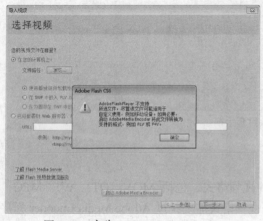

图 8-12　启动 Adobe Media Encoder

图 8-13　转换视频为 FLV 格式

Adobe Media Encoder 是一个独立编码应用程序,可以使 Adobe 其他程序(如 Flash)使用该应用程序输出某些媒体格式。根据程序的不同,Adobe Media Encoder 提供了一个专用的【导出设置】对话框,该对话框包含与某些导出格式关联的许多设置。

5　在开始队列后,Adobe Media Encoder 将使用指定的视频格式编码重新编组视频,完成后只需单击对话框的【关闭】按钮即可,如图 8-14 所示。

6　返回【导入视频】对话框中,重新单击【浏览】按钮,在【打开】对话框中选择 FLV 格式的影片,然后在【导入视频】对话框中选择导入视频的方式,最后单击【下一步】按钮,如图 8-15 所示。

7　如果选择了"使用播放组件加载外部视频"方式,导入视频向导将进入外观设置界面,此时可以选择一种播放组件外观,如图 8-16 所示。

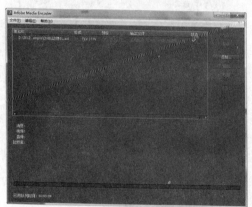

图 8-14　完成转换

图 8-15　再次导入视频

8　向导显示导入视频的所有信息,查看无误后即可单击【完成】按钮,如图 8-17 所示。

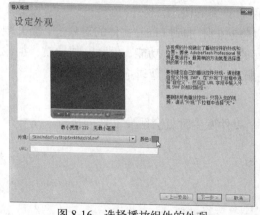

图 8-16　选择播放组件的外观

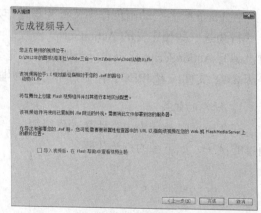

图 8-17　完成视频导入

9　打开【属性】面板,设置舞台的大小为 788×650 像素,再选择舞台上的视频对象,通过【属性】面板设置位置 X/Y 均为 0,如图 8-18 所示。

10　按 Ctrl+Enter 快捷键,通过播放器预览视频效果,可以通过播放条控制视频的播放,如图 8-19 所示。

视频导入方式说明如下：

- 使用播放组件加载外部视频：这种方式不需要将视频嵌入 Flash 文件内，而是在 Flash 中添加指定的播放组件，并通过该组件在发布 Flash 文件后加载指定的视频文件，并由组件控制视频的播放、暂停和停止等动作。
- 在 SWF 中嵌入 FLV 并在时间轴上播放：这种方式会将视频嵌入 Flash 文件中，所有视频文件数据都将添加到 Flash 文件，因此会导致文件及随后生成的 SWF 文件具有比较大的文件体积。
- 作为捆绑在 SWF 中的移动设备视频导入：这种方式与在 Flash 文件中嵌入视频类似，它将视频绑定到 Flash Lite 文件中以部署到移动设备。

图 8-18　设置舞台大小和视频对象的位置

图 8-19　播放视频

8.2　行为和动作的应用

在 Flash 的高级动画创作中，行为与动作是两个重要的概念。

行为是一些预定义的 ActionScript 函数，可以将它们附加到 Flash 文件的对象上，而无须自己编写 ActionScript 代码。行为提供了预先编写的 ActionScript 功能，例如，帧导航、加载外部 SWF 文件或者 JPEG、控制影片剪辑的堆叠顺序，以及影片剪辑拖动功能等。

1. 行为的组成

在 Flash 中，行为由事件和动作组成，当一个事件发生时就会触发动作的执行。举一个简单的例子，如下面的行为代码：

```
on (release) {
gotoAndStop (20);
}
```

其中，on (release)是事件，表示当鼠标按下对象并放开时；gotoAndStop (20)是动作，表示跳到时间轴第 20 帧并停止播放。

从上面的解析中，容易理解事件和动作的概念了。事件就是对对象的一种操作；动作就是由事件触发而执行 ActionScript 代码的自发行为。例如，在加载影片剪辑时，可以设置在进入时间轴上的关键帧，或者在单击某个按钮时，触发事件所指定的动作。

2. 编写脚本处理事件

在事件发生时，必须编写一个"事件处理"函数，从而在该事件发生时使一个动作响应该事件。要达到此目的，就需要先了解事件发生的时间和位置，或者以什么样的方式用一个动作响应该事件，以及在各种情况下分别应该使用哪些 ActionScript 工具。要编写这样的脚本，可以通过 Flash 提供的【动作】面板来完成。

3. 事件的分类

事件可以分为【鼠标和键盘事件】、【剪辑事件】、【帧事件】3 类，它们的说明如下：

（1）鼠标和键盘事件

鼠标和键盘事件即发生在用户通过鼠标和键盘与 Flash 应用程序交互时的事件。例如，当用户滑过一个按钮时，将发生 Button.onRollOver 或 on（RollOver）事件；当用户单击某个按钮时，将发生 Button.onRelease 事件；如果按下键盘上的某个键，则发生 on（KeyPress）事件。

（2）剪辑事件

剪辑事件即发生在影片剪辑内的事件。例如，可以响应用户进入或退出场景或使用鼠标或键盘与场景进行交互时触发的多个剪辑事件。假设用户播放影片时需要将外部 SWF 文件或 JPG 图像加载到影片剪辑中，即可为剪辑添加 onLoad 事件，使影片下载时触发动作。

（3）帧事件

帧事件是指发生在时间轴帧上的事件（即在主时间轴或影片剪辑时间轴上，当播放头进入关键帧时会发生系统事件）。帧事件可用于根据时间的推移（沿时间轴移动）触发动作或与舞台上当前显示的元素交互。例如，在时间轴第 20 帧插入关键帧，并在此关键帧中添加"gotoAndPlay(40)"代码，那么当播放头移动到第 20 帧时，就会直接跳到第 40 帧并继续播放。

8.2.1 【行为】面板和【动作】面板

【行为】面板和【动作】面板是使用行为和动作的必要场所。

1. 【行为】面板

为了方便没有编程基础的初、中级用户使用 ActionScript 语言制作交互功能，Flash 将常用的 ActionScript 指令整合在一个面板上，这就是【行为】面板。只需要通过该面板进行简单的选择、设置等操作，即可完成很多需要编写代码的动画效果，如图 8-20 所示。

在通过【行为】面板为对象添加行为后，面板中会显示该行为的事件与动作，如图 8-21 所示。

图 8-20　【行为】面板

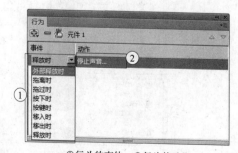

①行为的事件；②行为的动作

图 8-21　行为的事件和动作

同时，添加的行为所产生的 ActionScript 会显示在【动作】面板上，如图 8-22 所示。

行为仅在 ActionScript 2.0 及更早版本可用，在 ActionScript 3.0 中是不可用的。在基于 ActionScript 3.0 的 Flash 文件上添加行为时，Flash 将打开警告对话框，如图 8-23 所示。

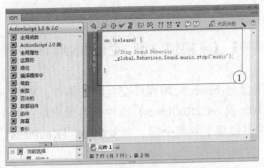

①行为的 ActionScript 代码

图 8-22　行为的 ActionScript 显示在【动作】面板上

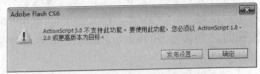

图 8-23　Flash 打开的警告对话框

2.【动作】面板

【动作】面板可以用于创建和编辑对象或帧的 ActionScript 代码。在选择帧、按钮元件或影片剪辑元件后，可以按 F9 功能键打开【动作】面板，然后输入与编辑代码。

【动作】面板由动作工具箱、脚本导航器和脚本窗格 3 部分组成，每部分都为创建和管理 ActionScript 提供支持，如图 8-24 所示。

- 动作工具箱：通过动作工具箱可以浏览 ActionScript 语言元素（如函数、类、类型等）的分类列表，并可以将选定的脚本指令插入到脚本窗格中，以应用脚本。
- 脚本导航器：脚本导航器可以显示包含脚本的 Flash 元素（如影片剪辑、帧和按钮等）的分层列表。使用脚本导航器可以在 Flash 档中的各个脚本之间快速切换。
- 脚本窗格：脚本窗格是一个全功能脚本编辑器（或称作 ActionScript 编辑器），它为创建脚本提供了必要的工具，可以直接在脚本窗格编写代码。

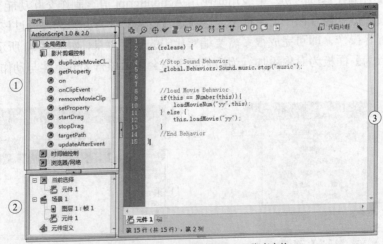

①动作工具箱；②脚本导航器；③脚本窗格

图 8-24　【动作】面板

另外，脚本编辑器还包括代码的语法格式设置和检查、代码提示、代码着色、调试以及其他一些简化脚本创建的功能，如图 8-25 所示。

图 8-25　通过脚本窗格创建脚本项目

如果用户是一个 ActionScript 的新手，没有编程的基础，但又想使用 ActionScript 语言及其语法为 Flash 添加简单交互性功能，可以使用【动作】面板中的"脚本助手"模式，它可以帮助用户简单地向 Flash 文件添加 ActionScript。

【动作】面板的脚本助手允许通过选择动作工具箱中的项目来构建脚本。单击某个项目一次，面板右上方会显示该项目的描述。如果双击某个项目，该项目就会被添加到动作面板的脚本窗格中，如图 8-26 所示。可以在"脚本助手"模式下添加、删除或者更改脚本窗格中语句的顺序，并且可以在脚本窗格上方的框中输入动作的参数完成脚本的编辑。

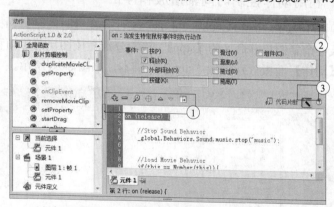

①添加脚本到窗格；②通过窗格设置参数；③【脚本助手】按钮

图 8-26　通过"脚本助手"模式编辑动作脚本

 脚本助手可以帮助用户避免可能出现的语法和逻辑错误。但要正确使用脚本助手，也需要熟悉 ActionScript，因为需要知道创建脚本时要使用什么方法、函数和变量，才可以让 ActionScript 产生作用。

8.2.2　控制时间轴的播放和停止

可以使用 gotoAndPlay、gotoAndStop、play 和 stop 控制时间轴的播放和停止，通过这些动作可以使时间轴在播放中停止，或在停止中播放，甚至使时间轴跳转到指定的帧播放或停止。

在控制时间轴的 ActionScript 中，可以指定要播放或停止的帧和标签，其中标签是指帧标签，可以在选择帧后，在【属性】面板的【帧标签】文本框中输入标签，如图 8-27 所示。帧标签有名称、注释、锚记 3 种类型，可以通过【属性】面板的【标签类型】列表框设置。

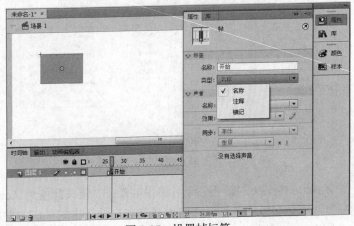

图 8-27　设置帧标签

下例将为动画中的 4 个按钮分别添加控制时间轴播放和停止的动作以方便浏览者通过按钮控制动画。

动手操作　利用动作控制时间轴播放和停止

1　打开光盘中的"..\Example\Ch08\8.2.3.fla"文件，在【时间轴】面板中单击【新建图层】按钮，插入一个新图层并命名为【stop】，接着分别在该图层第 1 帧和最后 1 帧上插入关键帧，并通过【动作】面板分别添加"stop();"脚本，如图 8-28 所示。

图 8-28　插入图层并添加停止动作

2　选择 stop 图层第 2 帧，然后按 F7 功能键插入空白关键帧，通过【属性】面板设置帧名称为【开始播放】，如图 8-29 所示。

3　选择舞台左下方的【开始播放】按钮，按 F9 功能键打开【动作】面板，接着在脚本窗格中输入如图 8-30 所示的动作脚本，使时间轴移到下一帧并开始播放。

图 8-29　插入空白关键帧并设置帧名称

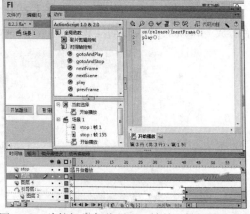

图 8-30　为按钮添加移到下一帧并开始播放的动作

4　选择舞台左下方的【暂停播放】按钮，在【动作】面板的脚本窗格中添加停止播放的动作脚本"on(release){stop();}"，如图 8-31 所示。

图 8-31　为【暂停播放】按钮添加停止播放的动作脚本

5　选择舞台左下方的【继续播放】按钮，在【动作】面板的脚本窗格中添加播放的动作脚本"on(release){play();}"，如图 8-32 所示。

图 8-32　为【继续播放】按钮添加播放的动作脚本

6　选择舞台下方的【重新播放】按钮，在【动作】面板的脚本窗格中添加跳转到"开始播放"的帧上播放的动作脚本"on(release){gotoAndPlay("开始播放");}"，如图 8-33 所示。

图 8-33　为【重新播放】按钮添加跳转播放的动作脚本

7　完成上述操作后，按 Ctrl+Enter 快捷键，打开动画播放器测试动画效果，如图 8-34 所示。刚开始动画是停止的，当单击【开始播放】按钮后可以播放动画；单击【暂停播放】按钮可以暂停播放动画；单击【继续播放】按钮可以在当前状态中继续播放动画；单击【重新播放】按钮可以从时间轴第 2 帧开始播放动画。

8.2.3　加载声音并控制声音播放

可以利用行为从库中将声音加载到动画上，通过行为控制加载声音的播放与停止。

图 8-34　测试动画播放效果

下例将为舞台上的两个按钮分别添加从库加载声音和停止播放声音的行为，以便浏览者可以通过这两个按钮控制声音的播放。

动手操作　利用行为加载声音并控制声音播放

1　打开光盘中的 "..\Example\Ch08\8.2.4.fla" 文件，选择打开【库】面板，然后在声音素材上单击右键，从打开的菜单中选择【属性】命令，在打开【声音属性】对话框后，切换到【ActionSprit】选项卡，再选择【为 ActionScript 导出】复选框并设置标识符为 "music.wav"，如图 8-35 所示。

为声音设置链接标识符的目的是可以使后续添加的行为链接该声音，否则后续添加了 "从库加载声音" 行为后仍然无法使声音播放。

2　在【时间轴】面板上新增一个图层并命名为【声音】，选择该图层第 1 帧，单击【行为】面板的【添加行为】按钮，单击【声音】/【从库加载声音】命令，打开对话框后设置声音链接的 ID 和实例，再取消选择【加载时播放此声音】复选框（后续由按钮控制播放），最后单击【确定】按钮，如图 8-36 所示。

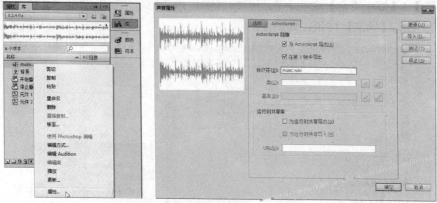

图 8-35 为声音设置链接标识符

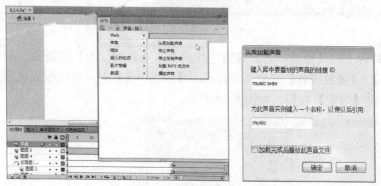

图 8-36 从库中加载声音

3 在添加行为后，声音会加载到动画上，但目前只能播放一次声音。为了使声音可以随着动画循环播放，还需要更改播放次数的参数。选择【声音】图层的第 1 帧，然后打开【动作】面板，并修改"_global.Behaviors.Sound.music.start(0,1);"代码为"_global.Behaviors.Sound.music.start(0,3);"，如图 8-37 所示。目的是让声音循环播放 3 次。

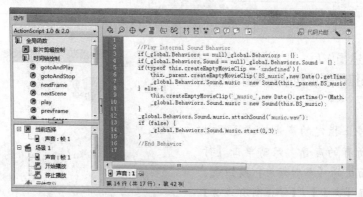

图 8-37 修改声音循环播放的次数

除了从库中加载声音外，还可以将外部的 MP3 声音文件加载到动画上。只需添加"加载 MP3 流文件"行为，然后输入 MP3 文件的 URL 并输入名称即可。

4 选择舞台上的【停止播放】按钮，然后单击【行为】面板的【添加行为】按钮，单击【声音】/【停止声音】命令，在打开的【停止声音】对话框中设置声音链接 ID 和实例名称，最后单击【确定】按钮，如图 8-38 所示。

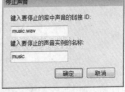

图 8-38　添加【停止声音】行为

5 选择舞台上的【播放声音】按钮，然后单击【添加行为】按钮，并从打开的菜单中选择【声音】/【播放声音】命令，在打开的【播放声音】对话框中设置要播放声音的实例名称，最后单击【确定】按钮，如图 8-39 所示。

图 8-39　添加【播放声音】行为

6 完成上述操作后，即可保存文件，并按 Ctrl+Enter 快捷键测试动画播放效果，如图 8-40 所示。

 TIPS▶ 除了停止指定的声音外，还可以停止所有的声音。只需单击【行为】面板的【添加行为】按钮，并选择【声音】/【停止所有声音】命令，打开对话框后单击【确定】按钮即可，如图 8-41 所示。

①单击此按钮播放声音；②单击此按钮停止声音

图 8-40　测试声音的控制效果

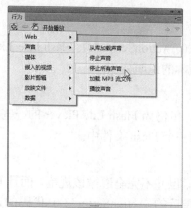 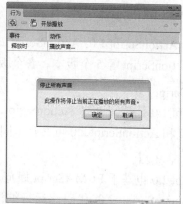

图 8-41　停止所有声音

8.3　ActionScript 语言的应用

ActionScript 是 Flash 的脚本撰写语言，使用 ActionScript 可以使 Flash 以灵活的方式播放动画，并使用该语言制作各种无法以时间轴表示的复杂的功能。

8.3.1　关于 ActionScript

ActionScript 是原 Macromedia 公司专为 Flash 设计的交互性脚本语言，它是一种面向对象的编程语言，提供了自定义函数、数学函数、颜色、声音、XML 等对象的支持。使用 Flash 中的 ActionScript 脚本，可以制作高质量、交互性的动画效果，甚至可以制作出动态网页。

ActionScript 是 Flash 专用的一种编程语言，它的语法结构类似于 JavaScript 脚本语言，都是采用面向对象化的编程思想。ActionScript 脚本撰写语言允许用户向 Flash 添加复杂的交互性、回放控制和数据显示。

例如，在默认的情况下 Flash 动画按照时间轴的帧数播放，如图 8-42 所示。当为时间轴的第 30 帧添加"返回第 10 帧并播放"（gotoAndPlay(10);）的 ActionScript，那么时间轴播放到第 30 帧时，即触发 ActionScript，从而返回时间轴第 10 帧重新播放，如图 8-43 所示。

按照时间轴的帧顺序播放

图 8-42　默认情况下，时间轴按照帧顺序播放

按照时间轴的帧播放

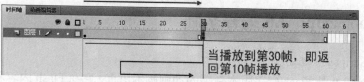

图 8-43　触发 ActionScript 后，改变了播放方式

8.3.2 ActionScript 的版本

Flash 包含 ActionScript 1.0、ActionScript 2.0、ActionScript 3.0、Flash Lite 1.x ActionScript、Flash Lite 2.x ActionScript 等 5 个版本，各个版本的说明如下。

1. ActionScript 1.0

ActionScript 1.0 是最简单的 ActionScript，但仍为 Flash Lite Player 的一些版本所使用，ActionScript 1.0 和 ActionScript 2.0 可共存于同一个 Flash 文件中。

2. ActionScript 2.0

ActionScript 2.0 也基于 ECMAScript 规范，但并不完全遵循该规范，而且 Flash Player 运行编译后的 ActionScript 2.0 代码比运行编译后的 ActionScript 3.0 代码的速度慢。但是 ActionScript 2.0 对于许多计算量不大的项目仍然十分有用，目前很多 Flash 动画基本的交互控制都是使用 ActionScript 2.0 来实现的。

3. ActionScript 3.0

这种版本的 ActionScript 的执行速度极快，与其他 ActionScript 版本相比，此版本要求开发人员对面向对象的编程概念有更深入的了解。

ActionScript 3.0 完全符合 ECMAScript 规范，提供了更出色的 XML 处理、改进的事件模型以及用于处理屏幕元素的改进的体系结构。不过需要注意，使用 ActionScript 3.0 的 Flash 文件不能包含 ActionScript 的早期版本。

4. Flash Lite 1.x ActionScript

Flash Lite 1.x ActionScript 是 ActionScript 1.0 的子集，支持运行在移动电话和移动设备上的 Flash Lite 1.x 应用程序上，例如开发智能手机上一些游戏程序。

5. Flash Lite 2.x ActionScript

Flash Lite 2.x ActionScript 是 ActionScript 2.0 的子集，支持运行在移动电话和移动设备上的 Flash Lite 2.x 应用程序上。

8.3.3 ActionScript 的使用方式

在 Flash 中，可以通过以下方法使用 ActionScript。

（1）可以使用【行为】功能在不编写代码的情况下将代码添加到 Flash 文件中。添加了行为后，可以轻松地在【行为】面板中配置它。

（2）可以通过【动作】面板亲自编写 ActionScript 代码，或者将相关的 ActionScript 语法插入并设置简单的参数。

（3）在【动作】面板中，可以使用"脚本助手"模式在不编写代码的情况下将 ActionScript 添加到文件。当用户选择动作后，Flash 将显示一个用户界面，用于输入每个动作所需的参数。

8.4 ActionScript 3.0 编程基础

1. ActionScript 3.0 概述

ActionScript 3.0 是 Flash CS3 版本新增的动画脚本语言，它在 Flash 内容和应用程序中实现了交互性、数据处理以及其他功能。

（1）特色

① 新增的 ActionScript 虚拟机，也称为 AVM2，它是用来执行 Flash Player 中的 ActionScript 的。AVM2 使用全新的字节码指令集，使性能显著提高。

② 提供更为先进的编译器代码库，它更为严格地遵循 ECMAScript（ECMA 262）标准，并且相对于早期的编译器版本，可执行更深入的优化。

③ 扩展并改进的应用程序编程接口（API），拥有对对象的低级控制和真正意义上的面向对象的模型。

④ 完全基于即将发布的 ECMAScript（ECMA-262）的语言规范。

⑤ 提供基于 ECMAScript for XML（E4X）规范的 XML API。其中，E4X 是 ECMAScript 的一种语言扩展，它将 XML 添加为语言的本机数据类型。

⑥ 提供基于文档对象模型（DOM）第 3 级事件规范的事件模型。

（2）优缺点

ActionScript 3.0 的脚本编写功能超越了 ActionScript 的早期版本，可以通过强大的编写功能，创建拥有大型数据集和面向对象的可重用代码库的高度复杂应用程序。

ActionScript 3.0 使用新型的虚拟机 AVM2 实现了性能的改善，其执行代码的速度可以比旧的 ActionScript 代码快 10 倍。

另外，ActionScript 3.0 改进了部分包括新增的核心语言功能，并能够更好地控制低级对象的改进 Flash Player API。而且，ActionScript 3.0 需要 Flash Player 9 或以上版本播放器的支持。

2. ActionScript 的基本概念

使用 ActionScript 3.0 编程会涉及很多概念，其中包括必须了解的基本概念，如对象和类、包、变量、数据类型等。

（1）对象和类

在 ActionScript 3.0 中，每个对象都是由类定义的。可以将类视为某一类对象的模板或蓝图，它的作用是定义对象的变量和常量以及方法等。其中变量和常量用于保存数据值，方法则是封装绑定到类的行为的函数。

ActionScript 中包含许多属于核心语言的内置类。其中的某些内置类（如 Number、Boolean 和 String）表示 ActionScript 中可用的基元值，而其他类（如 Array、Math 和 XML）定义属于 ECMAScript 标准的复杂对象。

　　基元值是指数字、字符串或布尔值。其中布尔值是指 true 或 false 中的一个，ActionScript 脚本有时会在适当时将值 true 和 false 转换为 1 和 0。

（2）包

包是一个位于指定的类路径目录下的目录，其中包含一个或多个类文件，也可以包含其他的包（称为子包），每个子包都可以具有自己的类文件。在创建类时，可以将 ActionScript 类文件组织到包中。

与变量一样，包名必须是标识符，也就是说，第一个字符必须是字母、下划线或美元符号，并且后面的每个字符可以是字母、数字、下划线或美元符号。

在 ActionScript 3.0 中，包是用命名空间实现的，但包和命名空间并不同义。在声明包时，

可以隐式创建一个特殊类型的命名空间,并保证它在编译时是已知的。而显示创建的命名空间在编译时不必是已知的。

(3)变量

由于编程主要涉及更改计算机内存中的信息,因此在程序中需要一种方法来表示单条信息,于是便产生了变量的定义。"变量"是一个名称,它代表计算机内存中的值。在编写语句来处理值时,编写变量名来代替值,只要计算机看到程序中的变量名,就会查看自己的内存并使用在内存中找到的值。

虽然变量可用来存储应用程序中使用的值,但要在 ActionScript 中声明变量,必须将 var 语句和变量名结合使用。在 ActionScript 2.0 中,只有当使用类型注释时,才需要使用 var 语句。但在 ActionScript 3.0 中,就必须总是使用 var 语句。如"var i;"的代码就是声明一个名为"i"的变量。

(4)数据类型

数据类型用于描述一个数据片段,以及可以对其执行的各种操作。在创建变量、对象实例和函数定义时,可以使用数据类型指定要使用的数据的类型。在编写 ActionScript 时,可以使用多种不同的数据类型描述变量。

变量可以保存不同类型的数据,并且它包含的数据类型影响脚本中分配值时变量值的变化方式。

8.5　ActionScript 3.0 在滤镜上的应用

Flash CS6 提供了"滤镜"功能,可以为文本、按钮和影片剪辑制作丰富的视觉效果,如模糊、发光、渐变发光等。

8.5.1　关于滤镜

利用 Flash 的滤镜功能,可以为文本、按钮和影片剪辑制作特殊的视觉效果,并且可以将投影、模糊、发光和斜角等图形效果应用于图形对象。通过该功能不但可以对象产生特殊效果,还可以利用补间动画使滤镜效果活动起来。

例如,为一个运动的对象添加投影效果后,然后利用补间动画效果使对象与其投影一起运动,则对象的运动动画效果将更加逼真,如图 8-44 所示。

要让时间轴中的滤镜活动起来,需要由一个补间结合不同关键帧上的各个对象,并且都有在中间帧上补间的相应滤镜的参数。如果某个滤镜在补间的另一端没有相匹配的滤镜(相同类型的滤镜),则会自动添加匹配的滤镜,以确保在动画序列的末端出现该效果。

Flash CS6 提供了"投影"、"模糊"、"发光"、"斜角"、"渐变发光"、"渐变斜角"、"调整颜色"7 种滤镜,可以为对象应用其中的一种,也可以应用全部滤镜。关于上述滤镜的说明如下:

● 投影:模拟对象投影到一个表面的效果。利用这种滤镜可以制作对象投影的效果,可以使对象更具有立体感。

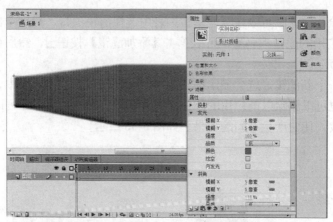

图 8-44　利用补间动画让使用的滤镜效果活动

- 模糊：可以柔化对象的边缘和细节。将模糊滤镜应用于对象后，可以使对象看起来好像位于其他对象的后面，或者使对象看起来好像是运动的。
- 发光：可以为对象的边缘应用颜色。利用发光滤镜可以制作光晕字效果，或者为对象制作发光的动画效果。
- 斜角：可以向对象应用加亮效果，使其看起来凸出于背景表面。使用斜角滤镜可以创建内侧斜角、外侧斜角或者整个斜角效果，从而使对象具有更强烈的凸出三维立体效果。
- 渐变发光：可以在发光表面产生带渐变颜色的发光效果。渐变发光要求渐变开始处颜色的 Alpha 值为 0，不能移动此颜色的位置，但可以改变该颜色。
- 渐变斜角：可以产生一种凸起效果，使对象看起来好像从背景上凸起，且斜角表面有渐变颜色。同样，"渐变斜角"滤镜要求渐变的中间有一种颜色的 Alpha 值为 0，无法移动此颜色的位置，但可以改变该颜色。
- 调整颜色：可以调整所选影片剪辑、按钮或者文本对象的高度、对比度、色相和饱和度。

8.5.2　添加与删除滤镜

如果要为对象应用滤镜，可以先选择对象，打开【属性】面板并切换到【滤镜】选项组，在其中单击【添加滤镜】按钮，然后在打开的菜单中选择需要应用的滤镜即可，如图 8-45 所示。

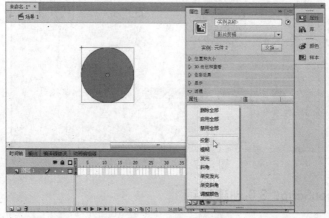

图 8-45　添加【投影】滤镜

ᅳ

如果需要删除滤镜，则可以在【滤镜】列表中选择滤镜项目，然后单击【删除滤镜】按钮。要将所有应用的滤镜都删除，可以单击【添加滤镜】按钮，然后在打开的菜单中选择【删除全部】命令。

对象每添加一个新滤镜，就会显示在【滤镜】面板的对象滤镜列表中，可以对一个对象应用多个滤镜，也可以删除以前应用的滤镜。另外，在应用滤镜后，还可以通过【滤镜】面板设置滤镜的参数，使它产生不同的效果，如图8-46所示。

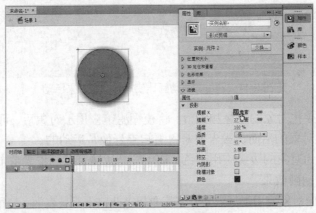

图8-46　设置滤镜参数

在 Flash 中只能对文本、按钮、位图和影片剪辑对象应用滤镜。

如果不想删除滤镜，但需要暂时不显示滤镜效果时，可以禁止滤镜，当需要显示滤镜效果时，只需将滤镜重新启用即可。如果要启用或禁止全部滤镜，可以单击【添加滤镜】按钮，然后在打开的菜单中选择【启用全部】命令或【禁止全部】命令。

如果要启用或禁用指定的滤镜，可以在滤镜列表中选择要启用或禁用的滤镜，然后单击该【滤镜】选项组下方的【启用或禁用滤镜】按钮，如图8-47所示。

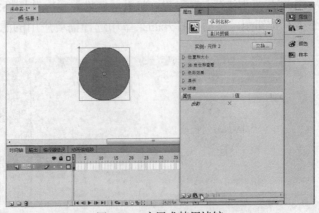

图8-47　启用或禁用滤镜

8.5.3　使用 ActionScript 3.0 创建滤镜

通过 ActionScript 3.0 编程，可以对位图和显示对象应用投影、斜角、模糊、发光等各种滤镜效果。

在 Flash CS6 中，可以通过调用所选的滤镜类的构造函数的方法创建滤镜，例如，以创建 BlurFilter 类的滤镜为例，可以使用以下代码来实现：

```
import flash.filters. BlurFilter;
var myFilter: BlurFilter = new BlurFilter();
```

虽然上述代码没有显示参数，但 BlurFilter()构造函数（与所有滤镜类的构造函数一样）可以接受多个用于自定义滤镜效果外观的可选参数。

ActionScript 3.0 包括 9 个可用于显示对象和位图对象的滤镜类：

（1）斜角滤镜（BevelFilter 类）。

（2）模糊滤镜（BlurFilter 类）。

（3）投影滤镜（DropShadowFilter 类）。

（4）发光滤镜（GlowFilter 类）。

（5）渐变斜角滤镜（GradientBevelFilter 类）。

（6）渐变发光滤镜（GradientGlowFilter 类）。

（7）颜色矩阵滤镜（ColorMatrixFilter 类）。

（8）卷积滤镜（ConvolutionFilter 类）。

（9）置换图滤镜（DisplacementMapFilter 类）。

8.5.4　加载位图并应用滤镜

在 Flash CS6 中，通过 ActionScript 3.0 不仅可以为文件已有的对象应用各种滤镜，也可以将外部的位图文件加载到 Flash 文件内并为位图应用滤镜。

下例通过创建滤镜实例和利用 "URLRequest" 动作脚本从外部加载位图，并将斜角滤镜应用到位图上，效果如图 8-48 所示。

图 8-48　加载位图并应用斜角滤镜的结果

 动手操作　加载位图并应用滤镜

1　打开 Flash CS6 程序，然后通过欢迎屏幕创建一个基于 ActionScript 3.0 的 Flash 文件，将 Flash 文件和位图放置在同一个目录下，如图 8-49 所示。

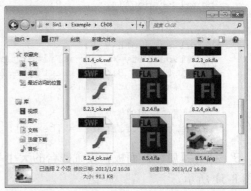

图 8-49　创建 Flash 文件并与位图保存在同一目录

2 打开 Flash 练习文件，选择图层上的第 1 帧，然后按 F9 功能键打开【动作】面板，将如图 8-50 所示代码输入【脚本】窗格内。

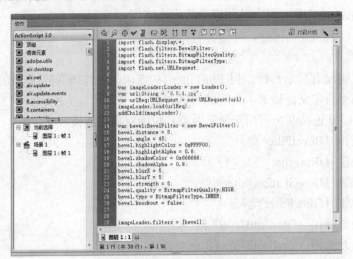

图 8-50　输入创建和应用滤镜的代码

```
//创建滤镜
import flash.display.*;
import flash.filters.BevelFilter;
import flash.filters.BitmapFilterQuality;
import flash.filters.BitmapFilterType;
import flash.net.URLRequest;

// 将图像加载到舞台上
var imageLoader:Loader = new Loader();
var url:String = "8.5.4.jpg";
var urlReq:URLRequest = new URLRequest(url);
imageLoader.load(urlReq);
addChild(imageLoader);

// 创建斜角滤镜并设置滤镜属性
var bevel:BevelFilter = new BevelFilter();
bevel.distance = 5;
bevel.angle = 45;
bevel.highlightColor = 0xFFFF00;
bevel.highlightAlpha = 0.8;
bevel.shadowColor = 0x666666;
bevel.shadowAlpha = 0.8;
bevel.blurX = 5;
bevel.blurY = 5;
bevel.strength = 5;
bevel.quality = BitmapFilterQuality.HIGH;
bevel.type = BitmapFilterType.INNER;
bevel.knockout = false;

// 对图像应用滤镜
imageLoader.filters = [bevel];
```

3 打开【属性】面板，设置舞台的大小为 445×360 像素，如图 8-51 所示。

4 单击【控制】/【测试影片】命令，测试动画播放的效果。

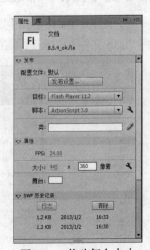

图 8-51　修改舞台大小

8.6　本章小结

本章主要介绍了声音、行为和 ActionScript 在 Flash CS6 中的应用，包括导入和应用声音、设置声音效果、行为和动作的应用、ActionScript 语言的应用以及 ActionScript 3.0 的应用等内容。

8.7　本章习题

1. 填空题

（1）Flash CS6 提供了_____、_____、_____、_____4 种声音同步方式。

（2）编辑声音封套，可以定义声音的_____，或在播放时控制声音的_____。

（3）行为由_____和_____组成，当一个_____发生时，就会触发_____的执行。

（4）事件可以分为_____、_____、_____3 类。

（5）ActionScript 是_____专用的一种编程语言，它的语法结构类似于_____脚本语言，都是采用面向对象化的编程思想。

2. 选择题

（1）以下哪种声音同步方式可以在下载了足够的数据后就开始播放声音？　　　（　　）

　　A. 事件　　　　　　B. 开始　　　　　　C. 停止　　　　　　D. 数据流

（2）在事件发生时，必须编写一个什么类型的函数，从而在该事件发生时让一个动作响应该事件？　　　　　　　　　　　　　　　　　　　　　　　　　　　　　　（　　）

　　A. 动作事件　　　　B. 事件处理　　　　C. 动作处理　　　　D. ActionScript

（3）行为在哪个版本的 ActionScript 中是不可用的？　　　　　　　　　　　（　　）

　　A. ActionScript 1.0　　　　　　　　　B. ActionScript 2.0

　　C. ActionScript 3.0　　　　　　　　　D. ActionScript 所有版本

（4）ActionScript 3.0 使用新型的虚拟机 AVM2 实现了性能的改善，其执行代码的速度可以比旧的 ActionScript 代码快多少倍？　　　　　　　　　　　　　　　　　　（　　）

　　A. 2　　　　　　　　B. 5　　　　　　　C. 10　　　　　　　D. 20

（5）在 Flash 中，不能对以下哪种类型的对象应用滤镜？　　　　　　　　　（　　）

　　A. 文本　　　　　　B. 按钮　　　　　　C. 影片剪辑　　　　D. 形状

3. 操作题

在 Flash CS6 中打开文件，然后为文件创建一个矩形的加载区影片剪辑元件实例，并设置实例名称，接着为舞台上的按钮元件分别添加"加载外部影片剪辑"行为和"卸载影片剪辑"行为，使浏览者通过单击按钮控制加载与卸载影片剪辑，结果如图 8-52 所示。

提示：

（1）打开光盘中的练习文件，选择图层 2 上的白色矩形对象，然后单击右键并从打开的菜单中选择【转换为元件】命令，打开对话框后，设置元件的名称为【加载区】、元件类型为【影片剪辑】，最后单击【确定】按钮即可，如图 8-53 所示。

图 8-52　操作题的结果

（2）选择舞台上的【加载区】影片剪辑元件，然后打开【属性】面板并设置元件的实例名称为"mc"，如图 8-54 所示。

图 8-53　将矩形对象转换为影片剪辑

图 8-54　设置【加载区】影片剪辑实例名称

（3）选择舞台上的【加载影片剪辑】按钮元件，然后按 Shift+F3 快捷键打开【行为】面板，此时单击【行为】面板的【添加行为】按钮，从打开的菜单中选择【影片剪辑】/【加载外部影片剪辑】命令，如图 8-55 所示。

（4）打开【加载外部影片剪辑】对话框后，输入要加载的 SWF 文件的路径和名称（本操作题已提供"mc.swf"影片剪辑素材），然后选择影片剪辑要载入的目的位置为"mc"实例，最后单击【确定】按钮，如图 8-56 所示。

图 8-55　添加行为

图 8-56　指定外部和目标影片剪辑

（5）选择舞台上的【卸载影片剪辑】按钮元件，然后单击【行为】面板的【添加行为】按钮 ，并从打开的菜单中选择【影片剪辑】/【卸载影片剪辑】命令，如图 8-57 所示。

（6）打开【卸载影片剪辑】对话框后，选择要卸载的影片剪辑，然后单击【确定】按钮即可，如图 8-58 所示。

图 8-57　添加行为

图 8-58　指定卸载的影片剪辑

第 9 章　网页内容的编排与链接

内容提要

　　Dreamweaver CS6 是一个网页设计和网站开发的应用程序，它提供了各种网页设计功能。本章主要介绍 Dreamweaver CS6 在网页设计上的基本应用，以及静态网页的编辑与设计的各种方法。

学习重点与难点

- ➢ 掌握编辑字体列表的方法
- ➢ 掌握输入文本和设置文本并编排段落的方法
- ➢ 掌握插入表格和设置表格属性的方法
- ➢ 掌握调整表格和合并与拆分单元格的方法
- ➢ 掌握表格自动化处理功能的应用
- ➢ 掌握插入网页素材和为页面元素设置超链接的方法

9.1　使用文本与编排段落

　　文字内容是网页的重要组成部分，绝大多数的网页都会使用文字搭配图像来设计页面。

9.1.1　编辑字体列表

　　在默认的状态下，Dreamweaver CS6 在【字体】列表中只显示部分字体，其中默认字体为中文字体"宋体"，其余为英文字体。如果要使用"楷体"、"隶书"、"黑体"或其他字体，需要先将字体添加至 Dreamweaver 的【字体】列表中，否则无法为文本设置这些字体。

动手操作　编辑字体列表

　　1　打开 Dreamweaver CS6 程序并新建一个网页文件，在【属性】面板左边单击【CSS】按钮，打开【字体】下拉选单，选择【编辑字体列表】命令，如图 9-1 所示。

图 9-1　编辑字体列表

2　打开【编辑字体列表】对话框，在【可用字体】中选择需要的字体项目，再单击⊠按钮添加所选字体，如图 9-2 所示。

3　单击对话框左上方的⊞按钮，然后根据步骤 2 的方法可以添加更多的字体。此时可以看到添加的字体显示在【字体列表】区中，如图 9-3 所示。

图 9-2　选择并添加字体

图 9-3　添加更多字体

4　完成字体列表编辑后，在【属性】面板中打开【字体】下拉选单，便可以看到已添加的可用字体，如图 9-4 所示。

图 9-4　编辑字体列表的结果

由于不同的计算机用户，其系统字体也可能不同。为了保证大家都能够清楚地识别网页上的字体，有必要使用大多数计算机用户都有的默认字体。当有用户无法识别网页特殊字体时，浏览器将自动使用默认字体显示内容。

9.1.2　添加文本到页面中

可以直接在文件窗口中输入文本，也可以通过复制并粘贴的方法添加文本，还可以从其他文件中导入文本。

可以执行下列操作之一，将文本添加到页面：

（1）将插入点定位在页面需要添加文本的地方，然后直接在文件窗口中输入文本，当需要换行时，按下 Enter 键即可，如图 9-5 所示。输入文本的结果如图 9-6 所示。

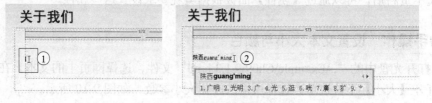

①定位插入点；②通过键盘输入文本

图 9-5　输入文本

图 9-6　输入文本的结果

（2）从其他应用程序中复制文本，例如，从 Word 文件中复制文本，如图 9-7 所示。切换到 Dreamweaver，将插入点定位在页面中，然后选择【编辑】/【粘贴】命令或【编辑】/【选择性粘贴】命令。粘贴文本的结果如图 9-8 所示。

图 9-7　复制文本

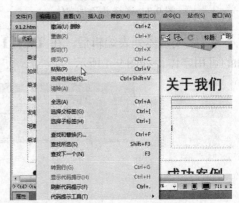

图 9-8　粘贴文本

在选择【编辑】/【选择性粘贴】命令后，可以选择若干粘贴格式设置选项，如图 9-9 所示。

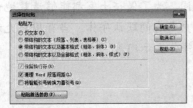

①保留结构和基本格式粘贴文本的结果

图 9-9　选择性粘贴

9.1.3　设置文本大小和颜色

网页文本的外观设置主要有大小、颜色、粗体/斜体 3 种基本设置。当用户在网页中输入所需的文本资料后，可以通过【属性】面板根据美观要求设置这些属性。

动手操作　设置文本大小与颜色

1　打开光盘中的 "..\Example\Ch09\9.1.3.html" 文件，选择网页上的文本，在【属性】面板中打开【大小】下拉选单，选择所需的字体大小参数，如图 9-10 所示。

2　打开【新建 CSS 规则】对话框，在【选择器名称】栏输入样式名称，再单击【确认】按钮，如图 9-11 所示。

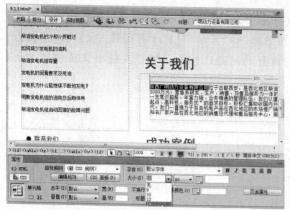

图 9-10　设置文本大小

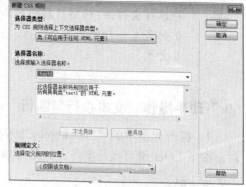

图 9-11　新建 CSS 规则

 由于 Dreamweaver CS6 全面支持 CSS 规则样式应用，在通过【属性】面板设置文本外观属性后，将自动弹出【新建 CSS 规则】对话框，要求命名文本属性 CSS 规则，后续其他文本属性设置可以通过套用已建立的 CSS 规则，快速设置相同的文本外观。

3 在文本选择状态下，在【属性】面板中打开文本调色板，选择所需的颜色，如图 9-12 所示。

图 9-12　为文本设置颜色

4 选择其他文本内容，在【属性】面板中打开【目标规则】选单，选择前面步骤新建的 CSS 规则，以套用 CSS 规则的方式快速设置文本大小与颜色，如图 9-13 所示。

9.1.4　文本的换行与断行

在网页中连续输入的文本其实都在一行之内，只不过受限于编辑区宽度自动由下一行接着显示。如果想将网页中一行文本变为两行显示，可以通过换行或断行处理实现。

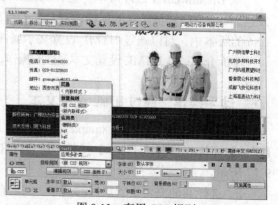

图 9-13　套用 CSS 规则

 通过换行的文本将另起一个段落（对应于 HTML 中的<p>标记），并且行与行之间存在较大行距；而断行后的文本虽然另起一行显示（对应于HTML 中的
标记），但仍与上一行同属一个段落，且行与行的间距比较小，适合在较小区域内编排大量文本。

动手操作　文本换行与断行

1 打开光盘中的"..\Example\Ch09\9.1.4.html"文件，将光标定位在文本内容合适的位置，按下 Enter 键可执行换行，如图 9-14 所示。

图 9-14　为文本内容执行换行

2 将光标定位在文本内容的另外一个位置，按 Shift+Enter 快捷键便可执行断行，如图 9-15 所示。

3 根据步骤 2 相同的方法，接着为网页"成功案例"栏目的文本内容进行断行处理，完成如图 9-16 所示的结果。

图 9-15　为文本进行断行

图 9-16　断行处理文本的结果

9.1.5　通过 HTML 设置文本

从 Dreamweaver CS4 版本开始，Dreamweaver 的【属性】面板在操作上进行了一项重要改进，即将一些网页元素的属性设置分为【HTML】和【CSS】两种分类。所以在 Dreamweaver CS6 的版本中，可以通过 HTML 设置文本属性，也可以通过 CSS 设置文本属性。

下面介绍通过 HTML 设置文本属性的操作，包括文本的格式、粗体、斜体等字体外观设置。

动手操作　通过 HTML 设置文本

1 打开光盘中的"..\Example\Ch09\9.1.5.html"文件，然后选择需要设置的文本，打开【属性】面板并单击【HTML】按钮，接着打开【格式】列表框，选择【标题 1】选项，如图 9-17 所示。

2 选择其他需要设置属性的文本，然后在【属性】面板的【HTML】选项卡中单击【粗体】按钮和【斜体】按钮，如图 9-18 所示。

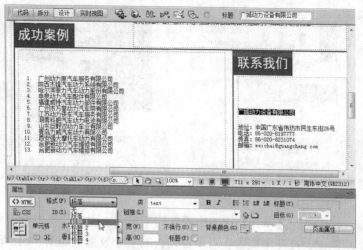

图 9-17　设置文本格式

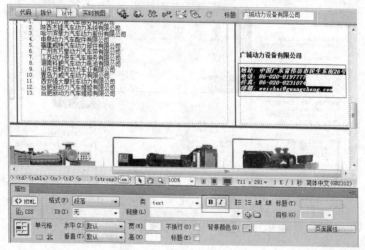

图 9-18　设置粗体和斜体

9.1.6　制作列表文本内容

可以通过设置列表使网页中的段落多行文本清晰易读，文本列表设置分为项目列表和编号列表两种。

1. 项目列表

通过设置项目列表可以将多个段落的文本用符号图案排列一组文本段落，使文本资料整齐、清晰地排列在网页中。

动手操作　设置项目列表

1　打开光盘中的"..\Example\Ch09\9.1.6a.html"文件，拖动选择网页中文本段落，在【属性】面板中单击【项目列表】按钮 ，如图 9-19 所示。

2　选定的文本将按照每行的内容应用项目列表格式。设置项目列表后，各段落文本的间距变小，同时前面以小黑点为项目符号，结果如图 9-20 所示。

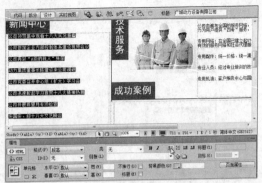

图 9-19　设置项目列表

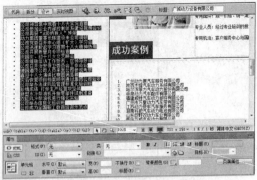

图 9-20　文本设置项目的结果

3　在 Dreamweaver 的【设计】视图中看到的项目列表内容与在浏览器看到的是不一样的，可以按 F12 功能键，打开浏览器查看项目列表的实际效果，如图 9-21 所示。

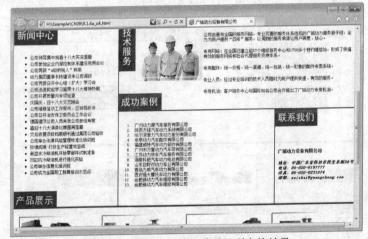

图 9-21　通过浏览器查看项目列表的效果

2. 编号列表

设置编号列表后的文本同样整齐排列，但各行文本前所显示的却是一组有顺序的数字资料。

动手操作　设置编号列表

1　打开光盘中的 "..\Example\Ch09\9.1.6b.html" 文件，在网页中拖动选择多个文本段落。

2　在【属性】面板中单击【HTML】按钮切换至 HTML，单击【编号列表】按钮，如图 9-22 所示。

3　设置编号列表后，各行文本的间距变小，同时在各行前方按顺序显示数字，如图 9-23 所示。

3. 修改列表样式

为网页文本设置项目列表默认的列表符号为黑色小圆点，而设置编号列表则以一组阿拉伯数字为默认编号样式。当需要特殊的列表符号或编号样式时，可以通过设置列表属性来实现。

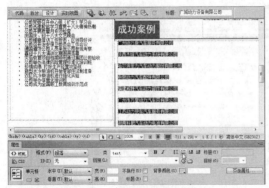

图 9-22 设置编号列表

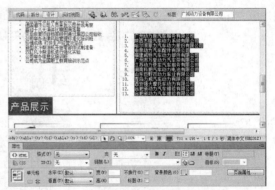

图 9-23 设置编号列表的结果

动手操作 修改列表样式

1 打开光盘中的 "..\Example\Ch09\9.1.6c.html" 文件，选择网页中的设置了项目列表的标题文本，然后选择【格式】/【列表】/【属性】命令，如图 9-24 所示。

2 打开【列表属性】对话框，在【样式】栏选择【正方形】样式选项，单击【确定】按钮，如图 9-25 所示。

图 9-24 选择项目列表内容并选择命令

图 9-25 修改列表样式

3 选择网页下方的编号列表内容，然后选择【格式】/【列表】/【属性】命令，打开【列表属性】对话框，在【样式】栏选择【大写字母】样式选项，单击【确定】按钮，如图 9-26 所示。

图 9-26 修改列表样式

4 按 F12 功能键，打开浏览器查看项目列表和编号列表修改样式后的实际效果，如图 9-27 所示。

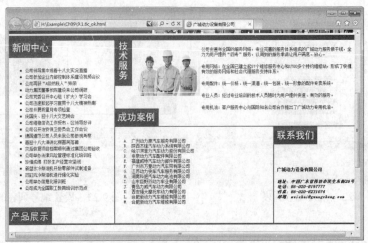

图 9-27　通过浏览器查看效果

9.2　用表格布局和编排内容

表格是由单元格所组成，常用于定位页面内容和编排，可以得到很好的页面布局。

9.2.1　插入表格

在网页中可以通过插入多个表格，或者是在表格中插入表格进行页面内容的布局定位，以便根据需要将内容分布在网页版面的不同位置。

下例将首先在网页上插入表格，然后设置表格的对齐方式，在表格内输入文本内容，介绍在 Dreamweaver CS6 中插入表格的方法。

动手操作　插入表格

1　打开光盘中的 "..\Example\Ch09\9.2.1.html" 文件，将光标定位在需要插入表格的位置，再打开【插入】面板切换至【常用】分类，然后单击【表格】按钮，如图 9-28 所示。

2　打开【表格】对话框后，设置表格行数为 1、列数为 1、表格宽度为 600 像素，边框粗细为 0 像素，然后单击【确定】按钮，如图 9-29 所示。

图 9-28　定位插入点

图 9-29　设置插入表格的属性

3　选择插入的表格，打开【属性】面板，设置表格的对齐方式为【居中对齐】，如图 9-30 所示。

4　插入表格后，在表格中输入文本内容，然后选择文本并为文本设置应用【text2】CSS 样式，如图 9-31 所示。

图 9-30　设置表格的对齐方式

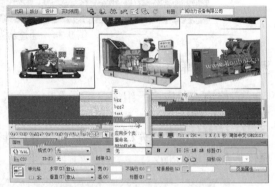

图 9-31　输入文本并应用样式

9.2.2　设置表格属性

在 Dreamweaver CS6 中为网页插入表格时，可以同时设置部分重要的表格属性；在插入表格后，也可以通过【属性】面板为表格设置包括宽高、填充与间距、边框、表格 ID 等属性。

动手操作　设置表格属性

1　打开光盘中的"..\Example\Ch09\9.2.2.html"练习文件，选择页面中需要设置属性的表格，然后在【属性】面板中设置【宽度】为 945 像素，如图 9-32 所示。

2　在【属性】面板修改【边框】为 1，使表格显示宽度为 1 像素的表格边框，如图 9-33 所示。

图 9-32　设置表格的宽度

图 9-33　设置表格的边框

3　按 F12 功能键打开浏览器查看表格设置宽度和边框的结果，如图 9-34 所示。

在选择表格时，将鼠标指针移动到表格的左上角、表格的顶缘或底缘的任何位置，或行或列的边框上，当指针变成表格网格图标时，单击即可选择表格。

图 9-34　通过浏览器查看表格效果

9.2.3　设置单元格属性

表格由一行或多行组成，每行又由一个或多个单元格组成。在使用表格时，常常需要设置单元格的属性。

将光标定位在单元格内，然后打开【属性】面板，即可通过面板展开的内容设置单元格属性，如图 9-35 所示。

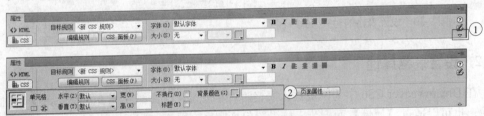

①单击【展开面板】按钮；②面板中的单元格属性项目

图 9-35　显示单元格属性

单元格的属性设置包括水平和垂直对齐方式、单元格宽高、换行设置、标题和背景颜色等。如图 9-36 所示为单元格设置背景的效果。

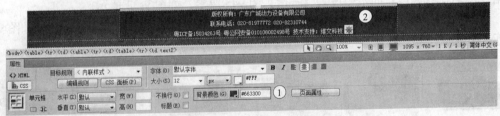

①设置单元格背景颜色；②设置单元格背景颜色的结果

图 9-36　设置单元格背景

- 水平：指定单元格、行或列内容的水平对齐方式。可以将内容对齐到单元格的左侧、右侧或使之居中对齐，也可以指示浏览器使用其默认的对齐方式（通常常规单元格为左对齐，标题单元格为居中对齐）。
- 垂直：指定单元格、行或列内容的垂直对齐方式。可以将内容对齐到单元格的顶端、中间、底部或基线，或者指示浏览器使用其默认的对齐方式（通常是中间）。

9.2.4　调整表格、行和列大小

表格的大小可以通过设置【属性】面板中单元格的宽高来调整，但这种方法不够直观，所以很多设计人员通常会直接手动调整表格，以便利用肉眼来判断表格大小适合程度。

1. 调整表格大小

先选择表格，然后执行下列的操作之一：

（1）如果要在水平方向调整表格的大小，可以拖动右边的选择柄（向左移动缩小表格宽度；向右移动扩大表格宽度），如图 9-37 所示。

（2）如果要在垂直方向调整表格的大小，可以拖动底部的选择柄（向上移动缩小表格宽度；向下移动扩大表格宽度），如图 9-38 所示。

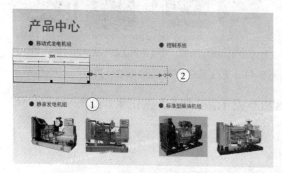

①选择表格；②向右拖动选择柄扩大表格

图 9-37 在水平方向调整表格大小

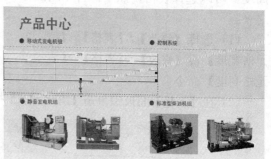

图 9-38 在垂直方向调整表格大小

（3）如果要同时在水平和垂直方向调整表格的大小，可以拖动右下角的选择柄（向左上移动缩小表格；向右下移动扩大表格），如图 9-39 所示。

2. 更改列宽度并保持整个表的宽度不变

如果要更改列宽度并保持整个表的宽度不变，可以拖动想要更改的列的右边框。此时相邻列的宽度也更改，因此实际上调整了两列的大小，但表格的总宽度不改变，如图 9-40 所示。

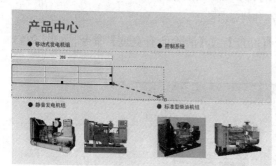

图 9-39 在水平和垂直方向调整表格大小

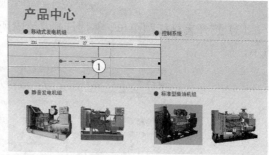

①按住列的右边框并拖动调整列宽

图 9-40 更改列宽度并保持整个表的宽度不变

在以百分比形式指定宽度（而不是以像素指定宽度）的表格中，如果拖动最右侧列的右边框，整个表格的宽度将会变化，并且所有的列都会成比例地变宽或变窄。

3. 更改某个列的宽度并保持其他列大小不变

如果要更改某个列的宽度并保持其他列的大小不变，可以按住 Shift 键然后拖动列的边

框。这个列的宽度就会改变，其他列的宽度不变，表的总宽度将更改以容纳正在调整的列，如图9-41所示。

4. 清除表格中所有设置的宽度和高度

如果要清除表格中所有设置的宽度和高度，可以选择表格，然后执行下列操作之一：

(1) 选择【修改】/【表格】/【清除单元格宽度】或【修改】/【表格】/【清除单元格高度】命令。

(2) 在【属性】面板中单击【清除行高】按钮 ┸ 或【清除列宽】按钮 ，如图9-42所示。

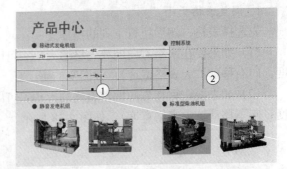

①按住 Shift 键拖动列边框；②其他列宽度不变，表格总宽度改变

图 9-41　更改某个列的宽度并保持其他列大小不变

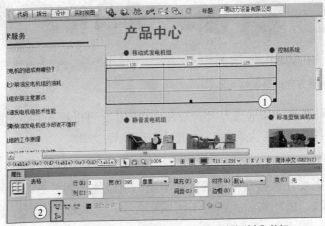

①选择表格；②单击【清除行高】按钮和【清除列宽】按钮

图 9-42　清除行高和列宽设置

(3) 打开表格标题菜单，然后选择【清除所有高度】或【清除所有宽度】命令，如图9-43所示。

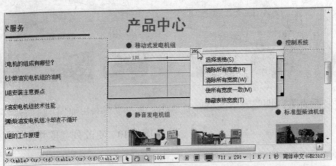

图 9-43　通过标题菜单清除行高和列宽

9.2.5　合并与拆分单元格

在网页中直接插入的表格以整齐行列呈现，但在很多情况下，出于一些内容特殊定位的需要，将对单元格进行合并或拆分，以便更灵活地编排网页内容。

动手操作　合并与拆分单元格

1　打开光盘中的 "..\Example\Ch09\9.2.5.html" 文件，在页面 "联系我们" 栏目中拖动选择表格需要合并的单元格，然后在【属性】面板中单击【合并所选单元格，使用跨度】按钮，如图 9-44 所示。

2　依照步骤 1 相同的方法，再合并表格第 2 列和第 3 列的单元格，结果如图 9-45 所示。

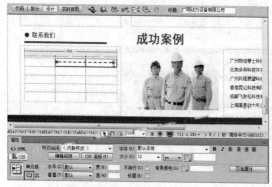
图 9-44　合并选定的单元格

图 9-45　合并其他单元格

3　将光标定位在第 1 列第 5 行单元格，在【属性】面板中单击【拆分单元格为行或列】按钮，打开【拆分单元格】对话框，设置行数为 2，然后单击【确定】按钮，如图 9-46 所示。

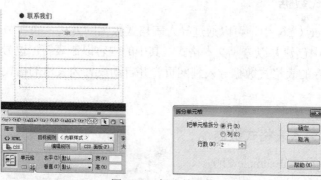
图 9-46　拆分单元格

4　使用步骤 3 相同的方法，将表格中第 5 行第 2 列的单元格拆分成两行单元格，结果如图 9-47 所示。

图 9-47　调整单元格数量

5 对表格的单元格进行合并和拆分处理后，在每个单元格中输入文本内容，并设置文本大小为 12px，结果如图 9-48 所示。

图 9-48 合并及拆分单元格后并输入文本的结果

9.3 表格的自动化处理

使用 Dreamweaver CS6 中的表格自动化处理功能，可以快速为页面建立表格资料、排序表格资料，使页面的内容布局变得方便。

9.3.1 导入表格式数据

在 Dreamweaver CS6 中，可以通过导入表格式数据的方法，将在另一个应用程序（如 Excel、文本文件）中创建并以分隔文本格式（其中的内容以制表符、逗号、冒号、分号或其他分隔符隔开）保存的表格式数据导入到网页，并自动设置为表格的格式，可以节省输入表格数据的时间。

动手操作 导入表格式数据

1 打开光盘中的 "..\Example\Ch09\9.3.1.html" 文件，将插入点定位在插入导入数据的单元格内，然后选择【文件】/【导入】/【表格式数据】命令，或选择【插入】/【表格对象】/【导入表格式数据】命令，如图 9-49 所示。

2 打开【导入表格式数据】对话框，单击【浏览】按钮，浏览并选择需要导入的文件，如图 9-50 所示。

3 返回【导入表格式数据】对话框后，选择将文件保存为分隔文本时使用的定界符，选项包括【Tab（制表符）】、【逗点】、【分号】、【引号】和【其他】。如果选择【其他】选项，则在该选项旁边的空白文本框内输入定界符的字符。本例选择定界符为【逗点】，然后使

图 9-49 导入表格式数据

用其余选项设置格式或定义要向其中导入数据的表格，完成后单击【确定】按钮，如图 9-51 所示。

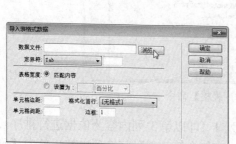

图 9-50 选择要导入的文件

4 导入表格式数据后，适当调整单元格大小和设置数据内容的对齐，结果如图 9-52 所示。

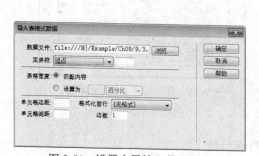

图 9-51 设置定界符和其他选项

图 9-52 导入表格式数据的结果

定界符是指要导入的文件中所使用的分隔符。用户需要将定界符指定为保存数据文件时所使用的符号。如果不这样做，则无法正确地导入文件，也无法在表格中对数据进行正确的格式设置。另外，定界符使用的符号都应该是英文符号，而非中文符号。例如，定界符是逗点，那么数据文件中应该使用英文格式的【,】符号，而不是中文格式的【，】符号。

9.3.2 自动排序表格内容

在 Dreamweaver CS6 中，使用【排序表格】命令不但可以根据单个列的内容对表格中的行进行排序，还可以根据两个列的内容执行更加复杂的表格排序。

动手操作 自动排序表格内容

1 打开光盘中的 "..\Example\Ch09\9.3.2.html" 文件，选择需要排序的表格，再选择【命令】/【排序表格】命令，如图 9-53 所示。

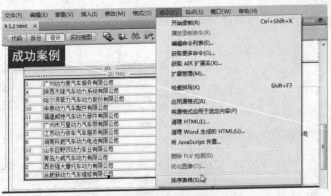

图 9-53　使用【排序表格】命令

2　打开【排序表格】对话框，设置排序按列 1（即以第 1 列内容为依据进行排序）、顺序设置为【按数字顺序】和【升序】，再选择【排序包含第一行】复选项，然后单击【确定】按钮，如图 9-54 所示。排序的结果如图 9-55 所示。

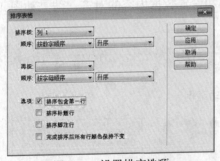

图 9-54　设置排序选项

图 9-55　自动排序表格后的结果

排序表格设置选项说明如下：

● 排序方式：确定使用哪个列的值对表格的行进行排序。

● 顺序：确定是按字母还是按数字顺序以及是以升序（A 到 Z，数字从小到大）还是以降序对列进行排序。

● 再按/顺序：确定将在另一列上应用的第二种排序方法的排序顺序。在【再按】菜单中指定将应用第二种排序方法的列，并在【顺序】菜单中指定第二种排序方法的排序顺序。

● 排序包含第一行：指定将表格的第一行包括在排序中。如果第一行是不应移动的标题，则不选择此选项。

● 对标题行进行排序：指定使用与主体行相同的条件对表格的 thead 部分（如果有）中的所有行进行排序。

● 对脚注行进行排序：指定按照与主体行相同的条件对表格的 tfoot 部分（如果有）中的所有行进行排序。

● 使排序完成后所有行的颜色保持相同：指定排序之后表格行属性（如颜色）应该与同一内容保持关联。如果表格行使用两种交替的颜色，则不要选择此选项以确保排序后的表格仍具有颜色交替的行。如果行属性特定于每行的内容，则选择此选项以确保这些属性保持与排序后表格正确的行关联在一起。

9.4　插入各种网页素材

图像是除了文本之外，网页中另一类重要的组成内容。图像在网页中既可以直观地表达信息，同时也可起到装饰美化的作用。

9.4.1　插入图像

在 Dreamweaver 中，插入图像的方法有很多种，下面列举几种常用的插入图像方法：

（1）在菜单栏选择【插入】/【图像】命令，然后通过打开的【选择图像源文件】对话框选择图像并单击【确定】按钮。

（2）按 Ctrl+Alt+I 快捷键，通过打开的【选择图像源文件】对话框选择图像并单击【确定】按钮。

（3）打开【插入】面板并选择【常用】选项卡，然后单击【图像：图像】按钮，在打开列表框中选择【图像】选项，再通过打开的【选择图像源文件】对话框种选择图像，最后单击【确定】按钮。

动手操作　插入图像

1　打开光盘中的 "..\Example\Ch09\9.4.1.html" 文件，将光标定位在需要插入图像的位置，然后打开【插入】面板并单击【常规】选项卡中的【图像：图像】按钮，接着从打开的菜单中选择【图像】选项，如图 9-56 所示。

2　打开【选择图像源文件】对话框，指定练习文件所在目录中的 "imges" 文件夹内的 "gm_7.png" 素材文件，再单击【确定】按钮，如图 9-57 所示。

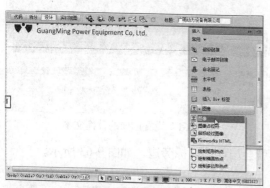

图 9-56　插入图像

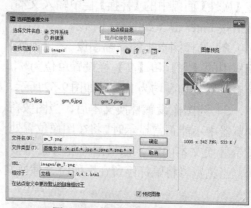

图 9-57　指定需要插入的图像

3　此时弹出【图像标签辅助功能属性】对话框，其中提供了【替换文本】和【详细说明】设置，可直接单击【取消】按钮忽略此操作，如图 9-58 所示。

4　在插入图像后，可以按 F12 功能键打开浏览器查看网页插入图像的结果，如图 9-59 所示。

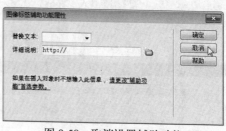

图 9-58　取消设置辅助功能

如果不想每次插入图片以及接下来插入其他图像及多媒体素材时，都弹出【图像标签辅助功能属性】对话框，可以单击该对话框下方的【请更改"辅助功能"首选参数】链接，通过首选参数设置不再显示辅助功能，如图9-60所示。

图9-59　查看插入图像的结果

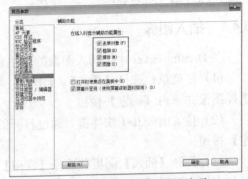
图9-60　设置辅助功能的首选项

9.4.2　设置图像属性

在为网页插入图像后，可以通过【属性】面板设置图像的大小、替换文本、链接等属性。

动手操作　设置图像属性

1　打开光盘中的"..\Example\Ch09\9.4.2.html"文件，选择网页上方的横幅图像，在【属性】面板中的【替换】栏中输入文本，然后按Enter键，如图9-61所示。

2　选择网页上的横幅图像，在【属性】面板中的【宽】和【高】栏设置单位为%，接着设置宽和高均为100%，如图9-62所示。

3　为图像设置替换文本后，当图像在浏览器中不能正常显示时，将在图像位置处显示替换文本内容。如果图像能够正常显

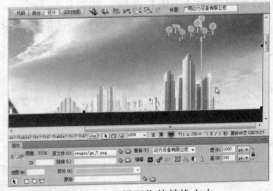
图9-61　设置图像的替换文本

示，当浏览者将鼠标停留在图像时，替换文本就会出现在鼠标旁边，如图9-63所示。

图9-62　设置图像的宽/高

图9-63　预览设置图像替换文本的效果

9.4.3 图像的编辑与优化

Dreamweaver CS6 提供了基本图像编辑和优化功能，可以快速编辑和优化页面的图像。Dreamweaver 提供的图像编辑功能包括编辑图像设置、从源文件更新、裁剪、重新取样、亮度和对比度、锐化。

1. 编辑

启动在【编辑器】首选参数中指定的图像编辑器并打开选定的图像。如果系统安装了 Photoshop 应用程序，则默认使用 Photoshop，如图 9-64 所示。

①选择图像；②单击【编辑】按钮；③启动 Photoshop 程序并打开选定的图像

图 9-64　使用外部编辑器编辑图像

 当使用外部编辑器编辑图像后，如果在返回 Dreamweaver 窗口后没有看到已更新的图像，可以选择该图像，然后在【属性】面板中单击【从源文件更新】按钮。

如果想要更改主要编辑器，可以通过【首选参数】对话框添加其他外部编辑器，并设置为主要编辑器，如图 9-65 所示。

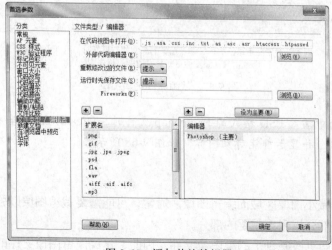

图 9-65　添加其他编辑器

2. 编辑图像设置

当打开【图像优化】对话框后，可以使用预设的优化方案对图像进行优化，也可以使用不同格式的优化设置，或者设置图像透明，如图 9-66 所示。

图 9-66　图像优化

3. 从源文件更新

如果页面中的外部编辑器的图像（如 Photoshop 文件）经过外部编辑器编辑，但图像与外部编辑器的文件不同步，则表明 Dreamweaver 检测到原始文件（Photoshop 文件）已经更新，并以红色显示智能对象图标的一个箭头。此时单击【从原始更新】按钮时，图像将自动更新，以反映对原始文件所做的任何更改，如图 9-67 所示。

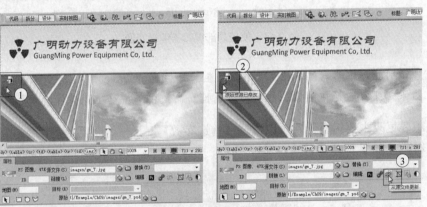

①图像的源文件没有更新，则智能对象显示绿色图标；②当图像的源文件有更新时，以红色显示智能对象图标的一个箭头；③单击【从源文件更新】按钮即可更新图像

图 9-67　从源文件更新图像

当在页面中插入 PSD 格式的 Photoshop 文件时，Dreamweaver 会将该文件转换为智能对象，并显示智能对象图标，如图 9-68 所示。

4. 裁剪

裁剪是指通过减小图像区域而编辑图像。通常，可能需要裁剪图像以强调图像的主题，并删除图像中强调部分周围不需要的部分。

在裁剪图像时会更改磁盘上的源图像文件。因此，建议保留图像文件的一个备份副本，以便在需要回复到原始图像时使用。

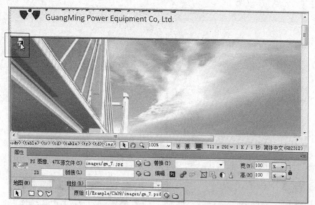

图 9-68 页面中显示的是智能对象,并可从【属性】面板中查看原始文件

5. 重新取样

重新取样可以添加或减少已调整大小的 JPEG 和 GIF 图像文件的像素,以便与原始图像的外观尽可能地匹配。对图像进行重新取样会减小该图像的文件大小并提高下载性能。

在 Dreamweaver 中调整图像大小时,可以对图像进行重新取样,以适应其新尺寸。对位图对象进行重新取样时,会在图像中添加或删除像素使其变大或变小。

另外需要注意,对图像进行重新取样并取得更高的分辨率一般不会导致品质下降。但重新取样并取得较低的分辨率总会导致数据丢失,并且通常会使品质下降。

6. 亮度/对比度

可以修改图像中像素的对比度或亮度,影响图像的高亮显示、阴影和中间色调。如图 9-69 所示为调整图像亮度/对比度的过程。

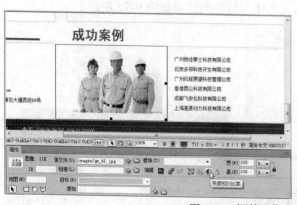

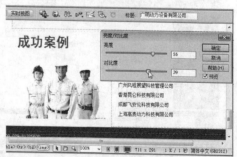

图 9-69 调整图像亮度和对比度

在使用亮度/对比度编辑图像时会更改磁盘上的源图像文件,可以执行【编辑】/【撤销】命令撤销修改,如图 9-70 所示。

7. 锐化

【锐化】功能通过增加图像中边缘的对比度调整图像的焦点,其操作与调整图像的亮度/

对比度一样。

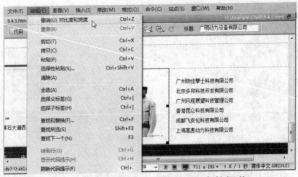

图 9-70 撤销应用对比度和亮度的操作

在扫描图像或拍摄数码照片时，大多数图像捕获软件的默认操作是柔化图像中各对象的边缘。这可以防止特别精细的细节从组成数码图像的像素中丢失。

不过，如果要显示数码图像文件中的细节，经常需要锐化图像，从而提高边缘的对比度，使图像更清晰。

9.4.4 插入图像占位符

图像占位符是指在准备好将最终图像添加到 Web 页面之前使用的图形。有时在设计网页布局时，某些区域的大小已经预定好，但暂时没有合适的图像素材，此时可以先插入图像占位符，模拟图像插入的效果，等到找到合适素材后，就可以编辑成图像占位符的大小并插入页面了。

在文件窗口中将插入点放置在要插入图像占位符的位置，然后选择【插入】/【图像对象】/【图像占位符】命令，设置名称、宽高、颜色和替换文本并单击【确定】按钮即可插入图像占位符号对象，如图 9-71 所示。在页面插入图像占位符的结果如图 9-72 所示。

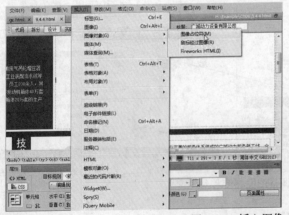
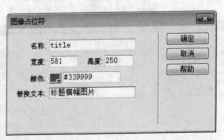

图 9-71 插入图像占位符

TIPS▶ 对于【名称】选项（可选），可以输入要作为图像占位符的标签显示的文本。如果不想显示标签，则保留该文本框为空。另外，名称必须以字母开头，并且只能包含字母和数字；不允许使用空格和高位 ASCII 字符。

图 9-72　页面插入图像占位符的结果

图像占位符不在浏览器中显示图像。在发布页面前，应该用适用于 Web 的图像文件（如 GIF 或 JPEG）替换所有添加的图像占位符。双击图像占位符或选择它再单击【源文件】文本框右侧的【浏览文件】按钮，打开【选择图像源文件】对话框后，选择需要替换的图像文件并单击【确定】按钮即可替换图像占位符，如图 9-73 所示。

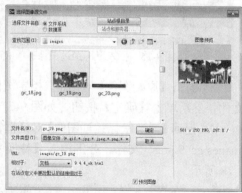

图 9-73　替换图像占位符

返回 Dreamweaver 的文件窗口后，可以查看图像替换图像占位符对象的结果，如图 9-74 所示。

图 9-74　图像替换图像占位符对象的结果

9.4.5　插入鼠标经过图像

鼠标经过图像是一种能够在浏览器中查看并在浏览者使用鼠标指针移过它时发生变化的图像。它包括主图像（原始图像）和次图像（鼠标经过图像）两个对象，其中主图像是指

首次载入页面时显示的图像；次图像是指当鼠标指针移过主图像时显示的图像。

动手操作 插入鼠标经过图像

1 打开光盘中的"..\Example\Ch09\9.4.5\9.4.5.html"文件，将光标定位在需要插入鼠标经过图像的单元格内，在【插入】面板中打开【图像】下拉列表框，选择【鼠标经过图像】选项，如图 9-75 所示。

2 打开【插入鼠标经过图像】对话框，在【图像名称】栏中输入名称，然后在【原始图像】栏单击【浏览】按钮，如图 9-76 所示。

图 9-75　插入鼠标经过图像

图 9-76　设置图像名称并单击【浏览】按钮

3 打开【原始图像】对话框，指定图像素材为"..\Example\Ch09\9.4.5\images\gc_09.png"文件，然后单击【确定】按钮，如图 9-77 所示。

4 返回【插入鼠标经过图像】对话框，再指定【鼠标经过图像】为"..\Example\Ch09\9.4.5\images\gc_9.png"文件，分别输入【替换文本】和链接地址，然后单击【确定】按钮，如图 9-78 所示。

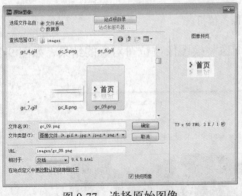

图 9-77　选择原始图像

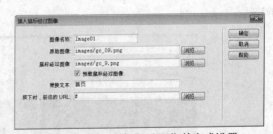

图 9-78　指定鼠标经过图像并完成设置

5 使用步骤 1～步骤 4 的方法，分别为页面导航条中几个空白的单元格插入对应的鼠标经过图像，如图 9-79 所示。

6 选择鼠标经过图像，打开【拆分】视图，在代码窗格中为鼠标经过图像添加【border="0"】，其目的是消除鼠标经过图像因设置链接后出现的边框，如图 9-80 所示。使用相同的方法，为其他鼠标经过图像添加设置边框为 0 的代码。

7 保存网页文件并按 F12 功能键预览网页效果，可以看到鼠标经过图像后的图像变换效果，如图 9-81 所示。

图 9-79　为其他单元格插入鼠标经过图像

图 9-80　添加设置鼠标经过图像边框为 0 的代码

 使用图片作为链接后，在图片的周围出现了一个带颜色边框，一般会显示成蓝色的边框。这样对于大部分的网站来说是不美观的，如图 9-82 所示。因此在上例中，通过步骤 6 的方法，为图像添加设置边框为 0 的代码，以消除图像因添加链接后出现的边框。

图 9-81　通过浏览器查看鼠标经过图像的效果

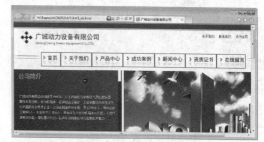

图 9-82　鼠标经过图像因添加链接后出现蓝色的边框

9.4.6　插入 Flash 动画

SWF 动画（一般使用 Flash 制作）是近年网络最流行的媒体内容，它以文件容量小、效果丰富等特点深受用户喜爱。Dreamweaver CS6 提供了插入 Flash 动画的功能。

动手操作　插入 Flash 动画

1　打开光盘中的 "..\Example\Ch09\9.4.6. html" 文件，将光标定位在需要插入 Flash 动画位置，然后在【插入】面板中打开【媒体】下拉选单，选择【SWF】选项，如图 9-83 所示。

2　打开【选择 SWF】对话框，选择光盘中的 "..\Example\Ch09\images\9.4.6.swf" 文件，然后单击【确定】按钮，在弹出【对象标签辅助功能属性】对话框后单击【取消】按钮，如图 9-84 所示。

图 9-83　插入 SWF 对象

3　在插入 SWF 动画后，打开【属性】面板设置 SWF 的属性，选择【循环】和【自动播放】复选项，使 SWF 动画在打开页面时即可自动播放并一直循环，如图 9-85 所示。

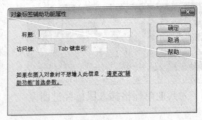

图 9-84　指定 SWF 文件

4 选择 Flash 动画，然后在【属性】面板单击【播放】按钮测试动画的播放效果，如图 9-86 所示。

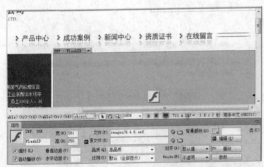

图 9-85　设置 SWF 属性

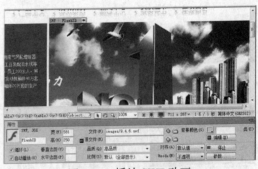

图 9-86　播放 SWF 动画

5 按 Ctrl+S 快捷键保存文件。在保存编辑结果时会自动弹出【复制相关文件】对话框，提示将自动复制动画播放的支持文件到网页所保存的同一文件夹内，如图 9-87 所示。此时只需单击【确定】按钮即可。

图 9-87　保存文件是确定复制相关文件

9.5　网站超链接的应用

超链接是网页中最基本的元素之一，通过超链接可以实现在不同网页乃至不同网站之间跳转，延伸网络信息的传播。Dreamweaver CS6 提供了多种创建超链接的方法，可以为网页制作文本、图像、电子邮件以及文档下载等链接类型。

9.5.1　超链接的类型

在一个文件中可以创建以下几种类型的链接：

（1）链接网页文件或其他文件（如图像、影片、PDF 或声音文件）的链接，此类链接通常用于查看链接目标或下载链接目标。

（2）命名锚记链接，此类链接跳转至文件内的特定位置。

（3）电子邮件链接，此类链接新建一个已填好收件人地址的空白电子邮件。

（4）空链接和脚本链接，此类链接用于在对象上附加行为，或者创建执行 JavaScript 代码的链接。

9.5.2　创建到文件的链接

以目标文件作为超链接是网页中最常见的超链接方式。在创建链接时，应始终先保存新文件，然后再创建文档相对路径。因为如果没有一个确切起点，文档相对路径无效。

 动手操作　创建到文件超链接

1　打开光盘中的 "..\Example\Ch09\9.5.2.html" 文件，选择需要设置超链接的文本，再打开【属性】面板，单击【链接】项目右端的【浏览文件】按钮，如图 9-88 所示。

2　打开【选择文件】对话框，指定链接的目标文件 "..\Example\Ch09\about.html"，然后单击【确定】按钮，如图 9-89 所示。

图 9-88　选定文本并设置链接

 在【选择文件】对话框选择文件时，可以使用【相对于】选项菜单，使路径成为文档相对路径或根目录相对路径，然后选择文件并单击【确定】按钮即可。指向所链接的文件的路径显示在 URL 框中。

3　在【属性】面板的【目标】项中设置链接目标为【_blank】，如图 9-90 所示。

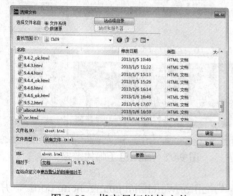

图 9-89　指定目标链接文件

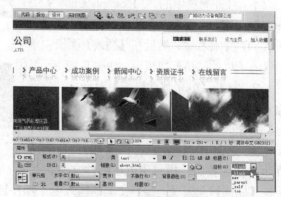

图 9-90　设置链接目标方式

 设置不同超链接目标后，单击链接时，所打开的网页会根据不同目标设置而以不同方式显示，例如：有些链接所打开的网页会覆盖原来的浏览器窗口，而有些链接所打开的网页则以新打开浏览器窗口显示。下面分别说明不同目的的应用：

- _blank：将链接的文件载入一个未命名的新浏览器窗口中。
- _parent：将链接的文件载入含有该链接的框架的父框架集或父窗口中。如果包含链接的框架不是嵌套的，则链接文件加载到整个浏览器窗口中。
- _self：将链接的文件载入该链接所在的同一框架或窗口中。此目标是默认的，所以通常不需要指定它。
- _top：将链接的文件载入整个浏览器窗口中，因而会删除所有框架。

4 为网页文本设置到"about.html"文件的超链接后，按 F12 功能键打开浏览器预览链接效果，结果如图 9-91 所示。

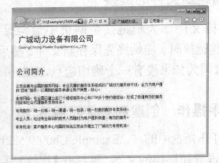

图 9-91　通过浏览器查看链接的效果

9.5.3　设置电子邮件链接

在 Dreamweaver 中，可以为文本或图像创建电子邮件链接，浏览者通过电子邮件链接可以快速打开电子邮件程序并发送邮件。

电子邮件链接的对象可以是文本也可以是图像等媒体文件，其链接 URL 格式必须为"mailto:"＋"电子邮件地址"。

动手操作　插入电子邮件链接

1 打开光盘中的"..\Example\Ch09\9.5.3.html"文件，将插入点定位在页面右上角【关于我们】文本右侧，然后在【插入】面板中单击【电子邮件链接】按钮，如图 9-92 所示。

2 打开【电子邮件链接】对话框，分别输入链接文本和电子邮件地址，然后单击【确定】按钮，如图 9-93 所示。

3 返回 Dreamweaver 的文件窗口，选择页面"联系我们"栏目中电子邮件文本，然

图 9-92　插入电子邮件链接

后在【属性】面板【链接】文本框输入电子邮件链接"mailto: weichai@guangcheng.com"，并按 Enter 键确定，如图 9-94 所示。

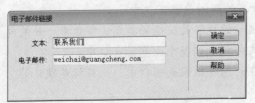

图 9-93　设置电子邮件链接　　　　　图 9-94　为文本创建电子邮件链接

4 创建电子邮件链接并保存文件后，按 F12 功能键打开浏览器测试链接效果。当浏览者单击网页中的电子邮件链接时，将打开一个新的邮件发送窗口（系统的邮件发送客户端口程序）。在该窗口中的【收件人】文本框自动载入电子邮件链接中设置的地址，如图 9-95 所示。

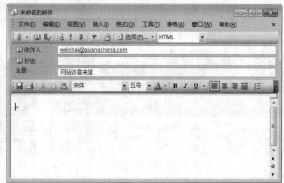

图 9-95　单击电子邮件链接后，即可打开邮件应用程序让浏览者发送邮件

9.5.4　创建空链接和脚本链接

1. 空链接

空链接是指未指派的链接。空链接用于向页面上的对象或文本附加行为。例如，可以向空链接附加一个行为，以便在指针滑过该链接时会交换图像或显示绝对定位的元素（AP 元素）。

动手操作　创建空链接

1 在文件窗口的【设计】视图中选择文本、图像或对象。

2 在【属性】面板的【链接】框中输入【javascript:;】（javascript 一词后依次接一个冒号和一个分号），如图 9-96 所示。

2. 脚本链接

脚本链接用于执行 JavaScript 代码或调用 JavaScript 函数。这种链接能够在不离开当前 Web 页面的情况下为访问者提供有关某项的附加信息。脚本链接还可以用于在访问者单击特定项时，执行计算、验证表单和完成其他处理任务。

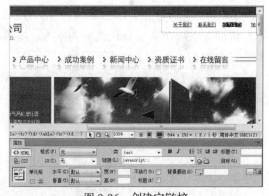

图 9-96　创建空链接

动手操作　创建脚本链接

1 在文件窗口的【设计】视图中选择文本、图像或对象。

2 在【属性】面板的【链接】框中输入【javascript:】，再后跟一些 JavaScript 代码或一个函数调用。在冒号与代码或调用之间不能键入空格。本例创建一个将网站设为主页的脚本链接，在【链接】文本框中输入：javascript:window.external.AddFavorite('http://www.guangchengpower.com','广城动力')，如图 9-97 所示。

3 保存网页后按 F12 功能键，然后单击脚本链接的文本即可执行脚本链接，运行将网站添加为收藏的脚本，如图 9-98 所示。

图 9-97　创建脚本链接

图 9-98　执行脚本链接

9.5.5　创建到特定位置的链接

如果要链接到文件中的特定位置，首先要创建命名锚记，然后可以创建到这些命名锚记的链接，这些链接可以快速将访问者带到指定位置。

命名锚记可以在文件中设置标记，这些标记通常放在文件的特定主题处或顶部。创建到命名锚记的链接的过程分为两步：首先创建命名锚记，然后创建到该命名锚记的链接。

动手操作　创建到特定位置链接

1 打开光盘中的 "..\Example\Ch09\9.5.5.html" 文件，然后在文件窗口的【设计】视图中，将插入点放在需要命名锚记的地方，接着在【插入】面板的【常用】选项卡中，单击【命名锚记】按钮，如图 9-99 所示。

2 打开【锚记名称】对话框后，输入锚记的名称，然后单击【确定】按钮，如图 9-100 所示。

图 9-99　插入命名锚记

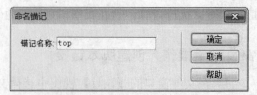

图 9-100　输入锚记名称

3 此时锚记标记在插入点处出现，如图 9-101 所示。如果看不到锚记标记，可以选择【查看】/【可视化助理】/【不可见元素】命令显示锚记标记。

4 在文件窗口的【设计】视图中选择要从其创建链接的文本或图像，然后在【属性】

面板的【链接】文本框中输入一个数字符号（#）和锚记名称。例如要链接到当前文件中名为"top"的锚记，则输入【#top】，如图 9-102 所示。

图 9-101 页面显示锚记标记

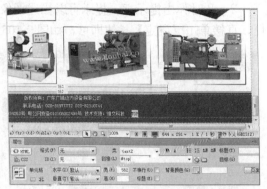

图 9-102 创建命名锚记链接

创建命名锚记链接时，锚记的名称需要区分大小写。

5 创建命名锚记链接后保存文件，然后将文件在浏览器中打开以检测命名锚记链接的效果。当单击页面的【Top】文本时，页面将自动跳到锚记处显示顶部内容，如图 9-103 所示。

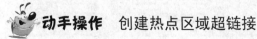

图 9-103 在页面下方单击【Top】文本，页面即跳回页面顶部

9.5.6 创建热点区域超链接

在 Dreamweaver 中，可以为图像指定不同的区域并创建链接，这些区域称为图像的"热点"。所谓的"热点"是指为图像指定某个区域，该区域可作为超链接的响应区，在单击某个热点时，即可执行超链接。

在制作热点链接时，首先要为图像绘制热点区域，Dreamweaver CS6 提供了【矩形热点工具】□、【椭圆形热点工具】○、【多边形热点工具】▽ 3 种创建热点工具，可以绘制矩形、椭圆形和任意多边形热点区域。在绘制热点区域后，即可通过【属性】面板为热点设置链接。

动手操作 创建热点区域超链接

1 打开光盘中的 "..\Example\Ch09\9.5.6.html" 文件，在网页中选择图像，然后单击【属

性】面板中的【矩形热点工具】按钮□，在图像上根据其中的图案拖动绘制矩形热点区域，如图 9-104 所示。

2 此时弹出提示框，提示可以描述图像映射，以便为有视觉障碍的浏览者提供阅读方便，直接单击【确定】按钮即可，如图 9-105 所示。

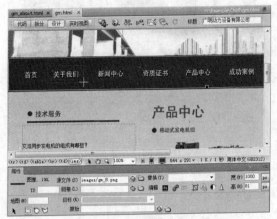

图 9-104 绘制矩形热点区域

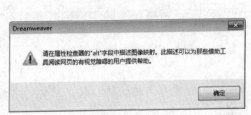

图 9-105 确认提示

3 在【属性】面板中的【链接】选项中单击【浏览文件】按钮□，接着选择光盘中的".. \Example\Ch09\gm_about.html"文件并单击【确定】按钮，如图 9-106 所示。

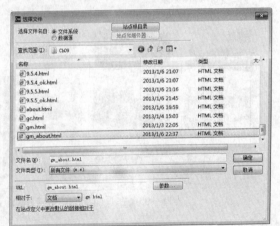

图 9-106 设置热点区域的链接

4 在【属性】面板中设置链接目标打开方式和替换文本，如图 9-107 所示。

5 完成建立热点区链接后保存文件。然后按 F12 功能键打开浏览器预览网页效果。当使用鼠标单击图像的热点区域后，即执行链接打开链接目标文件，如图 9-108 所示。

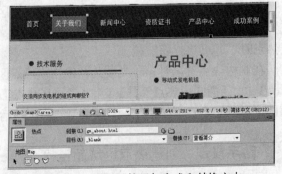

图 9-107 设置链接目标方式和替换文本

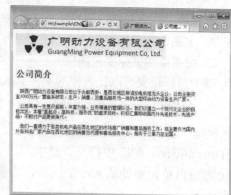

图 9-108　通过图像热点区域链接打开目标文件

9.6　本章小结

本章主要介绍了网页页面设计的各种操作方法，包括输入文本并设置文本格式、编辑页面的段落、插入表格并设置表格属性、利用表格布局页面、插入各种网页素材、设置网页超级链接等。

9.7　本章习题

1. 填空题

（1）如果多行的文本是以断行的方式换行，那么设置项目列表后，只会显示_____项目列表符号。

（2）按下_____快捷键可以对文本进行断行处理。

（3）在 Dreamweaver CS6 中，文本的属性可以通过_____和_____来设置。

（4）表格由一行或多行组成，每行又由一个或多个_____组成。

（5）在 Dreamweaver CS6 中，使用_____命令可以让用户根据单个列的内容对表格中的行进行排序。

（6）Dreamweaver 提供的图像编辑功能包括_____、_____、_____、_____、_____、_____、_____。

2. 选择题

（1）"项目列表"功能作用的对象是什么？　　　　　　　　　　　　　（　　）

　　A. 单个文本　　　　　B. 段落　　　　　　　C. 字符　　　　　　D. 图片

（2）通过以下哪种方法可在网页中插入标准表格？　　　　　　　　　（　　）

　　A. 选择【插入记录】/【表格】命令

　　B. 通过【插入】面板的"布局"选项卡单击【表格】按钮

　　C. 按下 Ctrl+Alt+T 快捷键

　　D. 以上皆可

（3）合并单元格的快捷键是什么？　　　　　　　　　　　　　　　　（　　）

　　A. Alt+M　　　　　　B. Ctrl+N　　　　　　C. Ctrl+Alt+N　　　　D. Ctrl+Alt+M

(4) 鼠标经过图像包括以下哪组对象？　　　　　　　　　　　　　　　　（　　）

　　A. 主图像和原始图像　　　　　　　B. 主图像、次图像和原始图像

　　C. 次图像和鼠标经过图像　　　　　D. 主图像和次图像

(5) 哪个目标设置可以让链接的文件载入一个未命名的新浏览器窗口中？　　（　　）

　　A. _parent　　　　　B. _blank　　　　　C. _top　　　　　D. _self

3.操作题

　　在 Dreamweaver CS6 中打开光盘中的 "..\Example\Ch09\9.7.html" 练习文件，然后在文件页面上方空白单元格处插入一个图片，为图片设置打开公司简介页面的链接，结果如图9-109 所示。

图 9-109　操作题的结果

提示：

　　(1) 将光标定位在需要插入图像的位置，然后打开【插入】面板并单击【常规】选项卡中的【图像：图像】按钮，接着从打开的菜单中选择【图像】选项，如图 9-110 所示。

　　(2) 打开【选择图像源文件】对话框，指定练习文件所在目录中的 "imges" 文件夹内的 "gm_31.png" 素材文件，再单击【确定】按钮，如图 9-111 所示。

图 9-110　插入图像

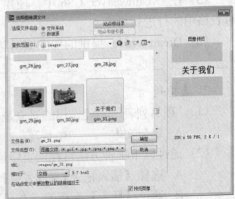

图 9-111　选择图像文件

　　(3) 此时弹出【图像标签辅助功能属性】对话框，提供"替换文本"和"详细说明"设置，可以直接单击【取消】按钮忽略此操作，如图 9-112 所示。

　　(4) 选择刚插入的图像，再打开【属性】面板，单击【链接】项目右端的【浏览文件】

按钮，如图 9-113 所示。

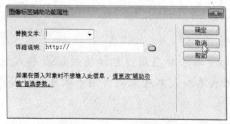

图 9-112　单击【取消】按钮

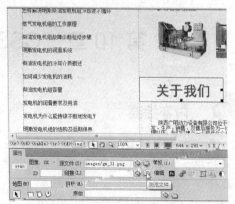

图 9-113　选择图像并设置链接

（5）打开【选择文件】对话框，指定链接的目标文件 "..\Example\Ch09\gm_about.html"，然后单击【确定】按钮，如图 9-114 所示。

（6）选择设置链接的图像，再打开【拆分】视图，在代码窗格中为图像添加【border="0"】，目的是消除鼠标经过图像因设置链接后出现的边框，如图 9-115 所示。

图 9-114　指定作为链接的目标文件

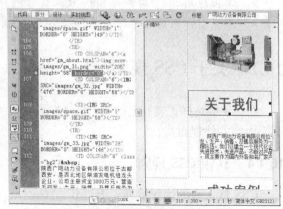

图 9-115　添加消除图像边框的代码

第 10 章　CSS、Spry 与表单应用

内容提要

本章主要介绍 Dreamweaver CS6 中的 CSS、Spry 与表单应用，包括使用 CSS 样式设置页面外观、使用 Spry 功能快速制作页面效果、使用表单和表单对象制作用于收集和提交信息的载体等。

学习重点与难点

➤ 认识 CSS 的起源、应用原理、使用方法和相关概念
➤ 掌握创建与应用不同选择器类型 CSS 规则的方法
➤ 了解 Spry 构件和 Spry 效果的概念
➤ 掌握应用 Spry 构件与 Spry 效果设计网页的方法
➤ 掌握制作网页表单和表单，以及使用 Spry 验证表单的方法

10.1　关于 CSS 规则

CSS（层叠样式表）也称为"风格样式表"，它是一系列格式设置的规则，用于控制 Web 页面内容的外观布局。

10.1.1　认识 CSS 规则

CSS 样式表的出现填补了 HTML 语法不足。虽然 HTML 语法是网页设计的主要语法，但是它也有不少缺点，如文字格式只默认使用标题 1~6 等级、图像不能重叠、链接文字下有下划线并且执行链接时会改变颜色等，给网页设计造成一定的局限性，CSS 样式表也就是在这样的情况下应势而生。

1. CSS 的起源

CSS 源于 1994 年 W3C 组织提出的"CSS（层叠样式表）"概念，其目的是解决 HTML 在网页设计方面的局限，1996 年通过审核正式发表了 CSS 1.0。CSS1.0 规范了 HTML 页面的属性，这些属性代替了传统的字体标签和其他"样式"标记，如颜色和边距，但是需要 IE 4.0 和 Netscape 4.0 以上版本的浏览器支持。

直至 1998 年 5 月，W3C 批准了 CSS 2.0 规范，添加了一些附加功能并引进了定位属性，这些属性代替了表格标签普遍的用法。而全新的 CSS3.0 发布于 2011 年 6 月，它新增了丰富的定义功能，如文本阴影、对象变换、色彩渐变等技术，特别是趋向于模块化发展，使用户有更多的途径完善个性的页面对象及布局，为 Web 应用提供了更多可能。随着众多浏览器品牌的进一步普及，以及相关 Web 应用软件对 CSS3.0 的支持，CSS3.0 成为了一种强大的网页

外观风格设计应用工具。

2. CSS 的应用特点

CSS 具有以下 3 个重要的应用特点：

（1）极大地补充了 HTML 语言在网页对象外观样式上的编辑。

（2）能够控制网页中的每一个元素（精确定位）。

（3）能够将 CSS 样式与网页对象分开处理，极大地减少了工作量。

Dreamweaver CS6 全面支持 CSS3.0 规则，能够直接创建 CSS 样式表文件，还可以通过【CSS 样式】面板完成创建/附加、定义、编辑和管理 CSS 样式表工作。如图 10-1 所示为通过 Dreamweaver 的示例文件夹创建 CSS 样式表文件。

图 10-1　新建 CSS 样式表文件

10.1.2　CSS 应用原理及方法

下面介绍 CSS 规则应用原理和通过 Dreamweaver CS6 应用 CSS 样式的 3 种方法。

1. CSS 规则应用原理

使用 Dreamweaver CS6 为网页设计添加 CSS 规则后，会将页面内容与其 CSS 规则定义分开，在页面中所见及所得的内容主要是指 HTML 代码 <body> 标签中的内容，而用于定义网页对象外观格式的 CSS 规则主要放置在 HTML 网页的"文件头"或另一个专属的 CSS 格式文件中（外部样式表）。

CSS 格式设置规则由两部分组成：选择器和声明（大多数情况下为包含多个声明的代码块）。选择器标识已设置格式元素的术语（如 p、h1、类名称或 ID），而声明块则用于定义样式属性。

在如图 10-2 所示的 CSS 样式示例中，title 是选择器，介于大括号（{}）之间的所有内容都是声明块：

图 10-2　CSS 规则样式表的组成及其含义

```
.title {
    font-size: 18px;
    line-height: 30px;
  background-color: #990000; color: #FFFF66;
}
```

各个声明由两部分组成：属性（如 font-family）和值（如 Helvetica）。

示例中 CSS 样式的含义为：文本大小为 18px、行高为 30px、背景颜色为#990000、文本颜色为#FFFF66。

CSS 规则的应用方式决定了它在网页设计中的优点，即设计者需要修改网页某一组内容外观样式时，直接修改 CSS 规则中的声明代码，便可以将网页中套用该样式的内容一起更新，这为网页设计工作带来了很大方便。

2. 三种 CSS 应用方法

在 Dreamweaver CS6 网页设计中，当需要为网页加入 CSS 样式时，可以通过以下 3 种方法完成：

方法 1 在打开网页文件的情况下，通过【CSS 样式】面板新增并定义 CSS 规则，再将 CSS 规则套用到网页中，如图 10-3 所示。

图 10-3 通过【CSS 样式】面板新增 CSS 样式

方法 2 打开【CSS 样式】面板，再使用"附加样式表"功能，以链接或导入的方式附加外部的 CSS 样式表，并将其中的 CSS 规则套用至网页对象，如图 10-4 所示。

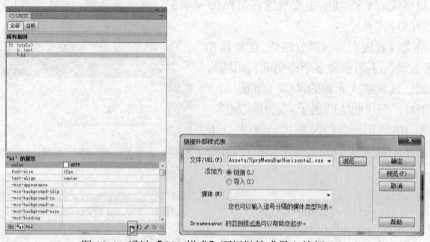

图 10-4 通过【CSS 样式】面板链接或导入外部 CSS

方法 3 在 Dreamweaver 中切换至【代码】或【拆分】视图模式后，直接在代码窗口

编写或添加应用 CSS 样式的代码，如图 10-5
所示。

　Dreamweaver CS6 的【代码】视图
模式提供了智能化的代码编写功
能，设计者只要按下空格键便会
打开下拉选单，从而选择所需的
代码标签，快速完成 CSS 样式代
码的编写，如图 10-6 所示。

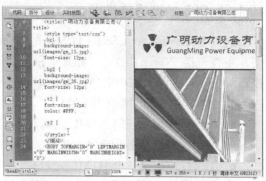

图 10-5　通过代码窗格编写或添加 CSS 代码

3. 修改与删除 CSS 样式的方法

Dreamweaver CS6 的【CSS 样式】面板中除了新建和附加 CSS 规则，还可以对现有的
CSS 样式进行修改与删除。修改与删除 CCS 样式的操作方法如下：

方法 1　直接在【CSS 样式】面板中修改 CSS：可以在【CSS 样式】面板中选择需要修
改的 CSS 规则，然后在面板下方显示的样式属性表中直接修改，如图 10-7 所示。

图 10-6　智能化的代码编写 CSS 代码

图 10-7　直接在【CSS 样式】
面板中修改

方法 2　通过定义对话框修改 CSS：在面板下方单击【编辑样式】按钮 ，便可打开 CSS
规则定义对话框，如图 10-8 所示，从而对所选 CSS 样式进行修改。

方法 3　删除 CSS：当需将网页不再需要的 CSS 样式删除时，可以在【CSS 样式】面板
中选择多余的 CSS 规则，然后在面板下方单击【删除 CSS 规则】按钮 ，如图 10-9 所示，
即可将所选择的 CSS 样式删除。

图 10-8　通过 CSS 定义对话框修改

图 10-9　删除 CSS 规则

10.1.3 CSS 的选择器类型

通过 Dreamweaver CS6 的【CSS 样式】面板创建 CSS 样式时，需要先指定一种选择器类型，主要包括"类"、"ID"、"标签"和"复合内容"4 种，如图 10-10 所示。先选择一种选择器类型，再设置名称和定义位置，才可进行定义 CSS 规则的操作。

4 种 CSS 选择器类型的说明如下：

- 类（可应用于任何 HTML 元素）：可以灵活自定义网页中任何内容的外观样式，可以使用这种选择器为文字、表格、图像等多种对象定义规则。
- ID（仅应用于一个 HTML 元素）：只应用于某一个或一种网页内容的外观样式，用户可以使用这种选择器专门为网页中某个被命名了 ID 的对象内容定义规则。
- 标签（重新定义 HTML 元素）：用于重新定义 HTML 标签的特定外观样式，如 h1、font、input、table 等。当创建或更改了特定标签的 CSS 样式时，所有使用该标签的对象都会立即更新，无需再执行 CSS 规则套用设置。
- 复合内容（基于选择的内容）：可以重新定义特定元素组合的外观样式，或重新定义固定的选择器类型。常用于修改链接不同状态的文字的外观，包括"a:link"、"a:visited"、"a:hover"、"a:active"4 种链接状态选择器，如图 10-11 所示。

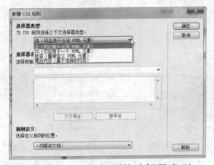

图 10-10　CSS 规则的选择器类型

图 10-11　复合内容类型默认的选择器

10.1.4 定义 CSS 规则的内容

在新建 CSS 规则时，虽然可以通过 4 种选择器来完成，但每一种选择器所新建的 CSS 规则定义都是相同的，其定义的分类有"类型"、"背景"、"区块"、"方框"、"边框"、"列表"、"定位"、"扩展"和"过渡"共 9 个种类。

CSS 规则分类设置说明如下：

- 类型：包含字体（Font-family）、大小（Font-size）、粗/斜体（Font-style）、间距（Font-weight）、行高（Font-height）、颜色（Color）、下划线（Text-decoration）等基本外观定义。该类定义主要设置文字的外观，如图 10-12。
- 背景：包含背景颜色（Background-color）/图像（Background-image）两种背景定义。其中，背景图像定义还包括重复（Background-repeat）、滚动（Background-attachment）、水平/垂直对齐（Background-position）等设置，主要用于控制图像背景的具体外观，如图 10-13 所示。
- 区块：包含单词间距（Word-spacing）、字母间距（Letter-spacing）、垂直对齐（Vertical-align）、文字对齐（Text-align）、文字缩进（Text-indent）、空格（White-space）

和显示（Display）7 个定义项目，主要用于控制某个整体区域的内容外观。例如针对段落或一组多行文字的单元格内的外观效果，如图 10-14 所示。

图 10-12　CSS 规则【类型】分类定义内容

图 10-13　CSS 规则【背景】分类定义内容

- 方框：包含宽（Wıdth）/高（Height）、填充（Padding）和边界（Margin）等定义项目，主要定义对象与其所在区域边界的关系。如四周边界的间距、填充等，如图 10-15 所示。

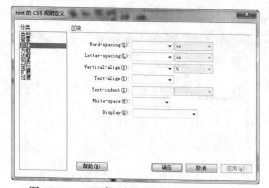

图 10-14　CSS 规则【区块】分类定义内容

图 10-15　CSS 规则【方框】分类定义内容

- 边框：包含样式（Style），宽度（Width）和颜色（Color）3 种设置。其中，样式选项有实线、虚线、双实线等线条样式；宽度则可设置线条的粗细；颜色则为线条设置色彩。这些设置都分为上、右、下、左 4 个方向，它们主要用于定义对象的边框效果，如为文字添加边框效果，如图 10-16 所示。

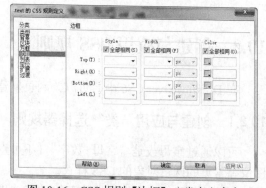

图 10-16　CSS 规则【边框】分类定义内容

- 列表：包含类型（List-style-type）、项目符号图像（List-style-image）和位置（List-style-Position）3 种设置，如图 10-17 所示。其中，类型中可选择圆点、圆圈、方块、数字、大小写字母、大小写罗马数字等选项；而通过项目符号图像栏可指定外部图像作为项目符号，从而达到美化网页中项目列表或项目编号的目的。

- 定位：包含位置（Position）、宽/高（Width/Height）、能见度（Visibility）、Z 轴（Z-Index）、

溢出（Overflow）、定位（Placement）和剪辑（Clip）等设置，主要是固定对象在网页页面中的位置，如图 10-18 所示。

图 10-17　CSS 规则【列表】分类定义内容

图 10-18　CSS 规则【定位】分类定义内容

- 扩展：包括"分页"和"视觉效果"两种设置，如图 10-19 所示。其中，"分页"用于控制对象在网页中不同对象内的呈现形式；而"视觉效果"可以通过选择过滤器（Filter）而定义外观特效，如定义具有透明效果的图像。
- 过渡：在【过渡】分类中，可以添加任何可过渡的动画属性，并定义属性的持续时间、延迟时间和计时功能，以制作 CSS 样式过渡的效果，如图 10-20 所示。

图 10-19　CSS 规则【扩展】分类定义内容

图 10-20　CSS 规则【过渡】分类定义内容

10.2　创建与应用 CSS 规则

在 Dreamweaver CS6 中，可以为网页新建 CSS 规则并应用到网页元素中。

10.2.1　创建与应用"类"选择器规则

可以通过字母或是"字母+数字"（不可直接用数字）新建一个应用于文本、表格、层、图像等常见的网页对象的 CSS 样式。

下例将新建"类"选择器类型的 CSS 规则，并定义文本大小和颜色，然后将 CSS 规则应用到文本上，设置文本的大小和颜色效果。

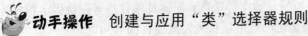

动手操作　创建与应用"类"选择器规则

1　打开光盘中的".\Example\Ch10\10.2.1.html"文件，选择【窗口】/【CSS 样式】命

令（或按下 Shift+F11 快捷键），打开【CSS 样式】面板，然后在面板下方单击【新建 CSS 规则】按钮，如图 10-21 所示。

2　打开【新建 CSS 规则】对话框，在【选择器类型】栏选择【类（可应用于任何 HTML 元素）】选项，设置【选择器名称】为 ".text"，然后单击【确定】按钮，如图 10-22 所示。

3　打开【CSS 规则定义】对话框，在默认的【类型】分类中设置【Font-size】参数为 12px、【Color】为【深红(#C00)】，然后单击【确定】按钮，如图 10-23 所示。

4　返回 Dreamweaver CS6 文件窗口，选择页面中【关于我们】栏目下的简介文本，再通过【属性】面板为文本应用【.text】CSS 规则，如图 10-24 所示。

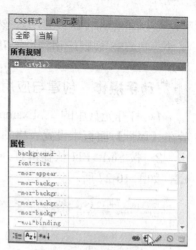

图 10-21　新建 CSS 规则

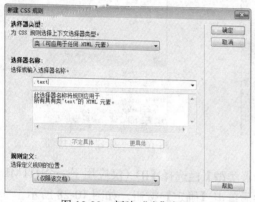

图 10-22　新建"类"规则

图 10-23　定义 CSS 规则

5　创建并为网页内容应用"类"选择器类型的 CSS 规则后，按 F12 功能键预览网页效果，结果如图 10-25 所示。

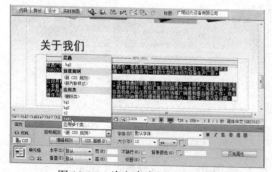

图 10-24　为文本套用 CSS 规则

图 10-25　查看创建并应用 CSS 规则的结果

10.2.2　创建与应用"ID"选择器规则

新建"ID"选择器类型的 CSS 规则可以应用于某一个或一种网页内容的外观设置，可以使用这种选择器专门为网页中某个被命名了 ID 的对象内容定义规则。

下例将先为表格设置 ID，然后创建"ID"选择器类型的 CSS 规则，并定义背景和边框属性，将 CSS 规则应用到设置 ID 的表格中，设置表格的边框和背景效果。

动手操作 创建与应用"ID"选择器规则

1 打开光盘中的"..\Example\Ch10\10.2.2.html"文件，选择网页最下方的表格对象，然后在【属性】面板中设置表格的 ID 为【tb1】，如图 10-26 所示。

2 按 Shift+F11 快捷键打开【CSS 样式】面板，在面板下方单击【新建 CSS 规则】按钮，如图 10-27 所示。

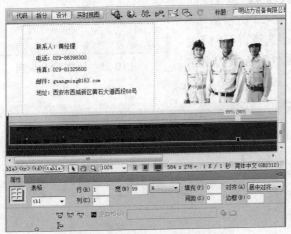

图 10-26　设置表格的 ID

图 10-27　新建 CSS 规则

3 打开【新建 CSS 规则】对话框，在【选择器类型】栏选择【ID（仅应用于一个 HTML 元素）】选项，设置【选择器名称】为"tb1"，然后单击【确定】按钮，如图 10-28 所示。

4 打开【CSS 规则定义】对话框，在右边分类区中选择【背景】选项，再设置背景颜色为【#FFC】，如图 10-29 所示。

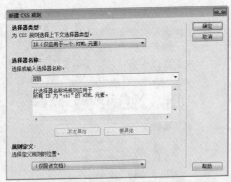

图 10-28　新建"ID"规则

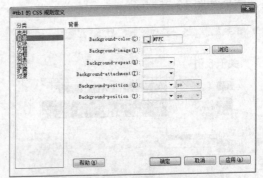

图 10-29　定义规则的背景颜色

5 在【CSS 规则定义】对话框中选择【边框】选项，设置【Style】为【solid】，设置【Width】参数为 1px、设置【Color】为【#990000】，然后单击【确定】按钮，如图 10-30 所示。

6 当创建"ID"选择器类型的 CSS 规则后，ID 为【tb1】的表格将自动应用该规则，此时可以按 F12 功能键通过浏览器预览网页效果，结果如图 10-31 所示。

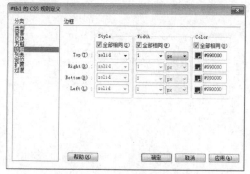

图 10-30　定义规则的边框属性

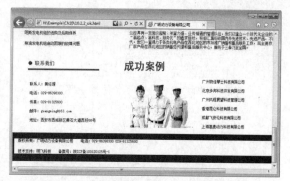

图 10-31　查看表格应用 CSS 规则的结果

10.2.3　创建与应用"标签"选择器规则

"标签"选择器类型的 CSS 规则可以重新定义 HTML 标签的外观样式，无需再进行套用 CSS 的操作，即可使页面中所有定义了 CSS 规则的 HTML 标签内容以规则定义的属性显示外观。

下例将创建一个"input"标签的 CSS 规则，并通过设置规则的内容，让页面上的按钮变得更加美观。

动手操作　创建与应用"标签"选择器规则

1　打开光盘中的"..\Example\Ch10\10.2.3.html"文件，按 Shift+F11 快捷键打开【CSS 样式】面板，单击面板下方的【新建 CSS 规则】按钮 ，如图 10-32 所示。

2　打开【新建 CSS 规则】对话框，在【选择器类型】栏选择【标签（重新定义 HTML 元素）】选项，设置【选择器名称】为"input"，然后单击【确定】按钮，如图 10-33 所示。

3　打开【CSS 规则定义】对话框，在分类区中选择【类型】，然后设置文本的大小为 12px、文本的颜色为【#FFF（白色）】，如图 10-34 所示。

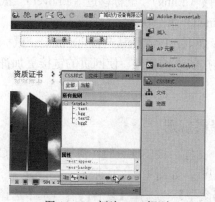

图 10-32　新建 CSS 规则

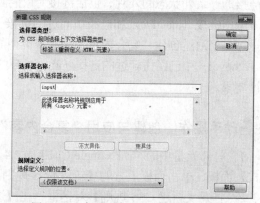

图 10-33　新建"标签"选择器类型规则

4　在对话框中选择【背景】选项，然后通过【背景】选项卡设置背景颜色为【深红色 (#900)】，如图 10-35 所示。

5　在对话框中选择【边框】选项，设置【Style】为"solid"，设置【Width】参数为 1px、设置【Color】为【#900】，然后单击【确定】按钮，如图 10-36 所示。

图 10-34　定义规则的文本属性

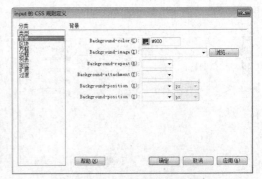

图 10-35　定义规则的背景颜色

6 返回 Dreamweaver CS6 的文件窗口，即可看到页面右上角的按钮对象外观被改变，变得更加美观了，如图 10-37 所示。

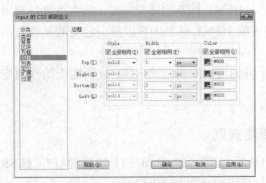

图 10-36　定义规则的边框属性

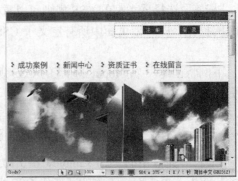

图 10-37　查看 CSS 规则更改按钮外观的结果

10.2.4　创建与应用"复合内容"选择器规则

"复合内容"选择器类型的 CSS 规则主要用于定义网页中具有链接属性的内容在完成执行链接的一系列状态的外观，包括链接对象的默认链接（a:link）、鼠标移过（a:hover）、鼠标按下激活链接（a:active）和已经访问过的链接（a:visited）四个状态。

下例将通过创建"复合内容"选择器类型的 CSS 规则，设置默认链接（a:link）、鼠标移过（a:hover）和已经访问过的链接（a:visited）3 个链接状态的属性，使网页的链接更加符合设计要求。

动手操作　创建与应用"复合内容"选择器规则

1 打开光盘中的 "..\Example\Ch10\10.2.4.html" 文件，按 Shift+F11 快捷键打开【CSS 样式】面板，单击面板下方的【新建 CSS 规则】按钮，如图 10-38 所示。

2 打开【新建 CSS 规则】对话框，在【选择器类型】栏选择【复合内容（基于选择的内容）】选项，设置选择器名称为【a:link】，然后单击【确定】按钮，如图 10-39 所示。

3 打开【CSS 规则定义】对话框，在【类型】分类中设置文本大小为 12px、颜色为【黑色（#000）】，再勾选【none】复选项，然后单击【确定】按钮，如图 10-40 所示。

4 返回 Dreamweaver CS6 编辑区，单击【CSS 样式】面板下方的【新建 CSS 规则】按钮，新增另一个 CSS 规则。

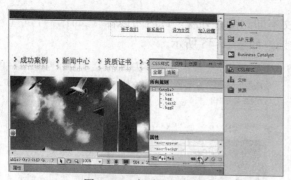

图 10-38　新建 CSS 规则

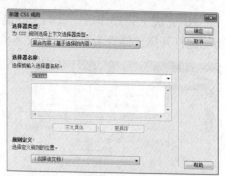

图 10-39　新建"复合内容"规则

5 打开【新建 CSS 规则】对话框，在【选择器类型】栏选择【复合内容（基于选择的内容）】选项，设置选择器名称为【a:visited】，然后单击【确定】按钮，如图 10-41 所示。

图 10-40　定义【a:link】CSS 规则

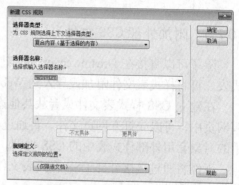

图 10-41　新建"复合内容"规则

6 打开【CSS 规则定义】对话框，在【类型】分类中设置文本大小为 12px、颜色为【深灰色（#333）】，然后单击【确定】按钮，如图 10-42 所示。

7 返回 Dreamweaver CS6 编辑区，单击【CSS 样式】面板下方的【新建 CSS 规则】按钮，同新增 CSS 规则。

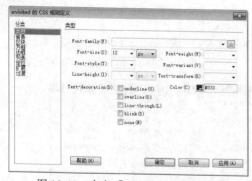

图 10-42　定义【a:visited】CSS 规则

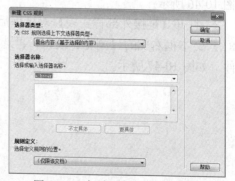

图 10-43　新建"复合内容"规则

8 打开【新建 CSS 规则】对话框，选择【复合内容（基于选择的内容）】选项，设置选择器名称为【a:hover】并单击【确定】按钮，如图 10-43 所示。

9 打开【CSS 规则定义】对话框，在【类型】分类中设置文本大小参数为 12px、颜色为【红色（#F00）】，再选择【underline】复选项，然后单击【确定】按钮，如图 10-44 所示。

10 完成上述操作后，页面上的链接文本即改变了外观。此时可以保存文件，再按 F12 功能键打开浏览器查看页面链接文本的效果，如图 10-45 所示。

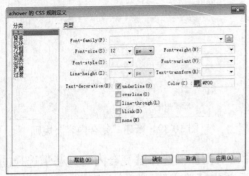

图 10-44　定义【a:hover】CSS 规则

图 10-45　通过浏览器查看链接效果

10.2.5　附加外部 CSS 文件

除了可以直接在 Dreamweaver 中创建 CSS 规则外，还可以创建包含 CSS 规则的外部样式表，再将样式表文件附加或导入到 Web 页。

在建立 CSS 样式表文件或者从其他途径获得 CSS 样式表文件后，如果想将样式表应用到网页中，可以先打开网页文件，再通过【CSS 样式】面板附加外部的样式表文件，为网页中的对象套用外部样式表中的 CSS 规则。

下例将通过链接外部 CSS 样式表文件的方式，为页面中的表格应用外部 CSS 样式，以美化表格效果。

动手操作　附加外部 CSS 文件

1　打开光盘中的"..\Example\Ch10\10.2.5.html"文件，再打开【CSS 样式】面板，单击【附加样式表】按钮，如图 10-46 所示。

2　打开【链接外部样式表】对话框后，单击【文件/URL】文本框右侧的【浏览】按钮，再选择外部的 CSS 文件，如图 10-47 所示。

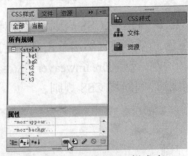

图 10-46　附加 CSS 样式表

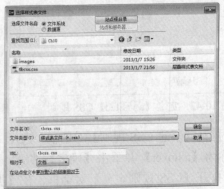

图 10-47　选择外部样式表文件

除了通过【CSS 样式】面板附加样式表外，还可以选择【格式】/【CSS 样式】/【附加样式表】命令附加样式表。

3 返回【链接外部样式表】对话框，设置【添加为】选项和【媒体】选项，再单击【确定】按钮，如图 10-48 所示。

图 10-48　设置附加样式表选项

 附加样式表的选项说明如下：

- 添加为：提供"链接"和"导入"两种附加样式表方式。其中，选择"链接"方式将在 HTML 代码中创建"link href"标签，引用指定样式表所在的 URL，再将其定义的 CSS 规则套用至网页；选择"导入"选项则会在 HTML 代码中新增"impost url"语句，将样式表中的 CSS 规则嵌入网页的 HTML 代码中。
- 媒体：通过该栏可选择一种媒体类型以呈现样式表套用的效果，其中的选项包括"aural"（视听）、"braille（视觉辅助）"、"handheld"（手持设备）、"print"（打印输出）、"projection"（投影媒体）、"screen"（屏幕媒体）、"tty"（Television Type Devices）、"tv"等媒体类型。

4 在附加样式表后，样式表显示在【CSS 样式】面板中。此时可以选择页面上需要应用 CSS 样式的表格，然后选择应用附加的外部 CSS 样式即可，如图 10-49 所示。

图 10-49　为表格应用附加的 CSS 样式

5 可以保存文件，再按 F12 功能键打开浏览器，查看表格应用附加的 CSS 样式后的效果，如图 10-50 所示。

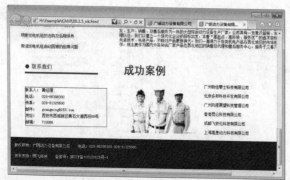

图 10-50　通过浏览器查看表格应用附加 CSS 样式的效果

10.3 应用 Spry 构件与 Spry 效果

在 Dreamweaver 中，Spry 功能可以说是一个 JavaScript 库。有了 Spry，就可以使用 HTML、CSS 和极少量的 JavaScript 将 XML 数据合并到 HTML 文件中，创建各种网页构件（如折叠式构件、菜单栏构件、选项卡面板构件等），向各种页面元素中添加不同种类的效果。

10.3.1 关于 Spry 构件

Spry 构件是一个页面元素，通过启用用户交互来提供更丰富的用户体验。Spry 构件由以下几个部分组成：

- 构件结构：用来定义构件结构组成的 HTML 代码块。
- 构件行为：用来控制构件如何响应用户启动事件的 JavaScript。
- 构件样式：用来指定构件外观的 CSS。

Spry 框架支持一组用标准 HTML、CSS 和 JavaScript 编写的可重用构件。可以方便地插入这些构件，然后设置构件的样式，也可以通过使用行为显示或隐藏页面上的内容、更改页面的外观（如颜色）、与菜单项交互等。

Spry 框架中的每个构件都与唯一的 CSS 和 JavaScript 文件相关联。CSS 文件中包含设置构件样式所需的全部信息，而 JavaScript 文件则赋予构件功能。当使用 Dreamweaver 插入 Spry 构件时，Dreamweaver 会自动将这些文件链接到页面，以便构件中包含该页面的功能和样式，如图 10-51 所示。

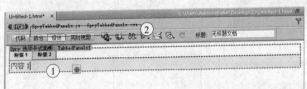

① 页面上的 Spry 菜单栏构件；② 与构件相关联的 CSS 和 JavaScript 文件

图 10-51　每个构件都与唯一的 CSS 和 JavaScript 文件相关联

与构件相关联的 CSS 和 JavaScript 文件根据该构件来命名，因此，很容易判断哪些文件对应于哪些构件。在已保存的页面中插入 Spry 构件时，Dreamweaver 会在站点中创建一个 SpryAssets 目录，并将相应的 JavaScript 和 CSS 文件保存到其中。如果没有定义站点，则在网页文件所在的同一目录创建 SpryAssets 目录，并保存 JavaScript 和 CSS 文件，如图 10-52 所示。

图 10-52　查看与构件关联的文件

10.3.2　使用 Spry 构件的方法

动手操作　使用 Spry 构件

（1）插入 Spry 构件

1　打开【插入】/【Spry】子菜单，然后选择要插入的构件，如图 10-53 所示。

2　打开【插入】面板，再切换到【Spry】选项卡，然后选择需要插入的构件并单击对应的按钮即可，如图 10-54 所示。

（2）选择 Spry 构件

3　将鼠标指针停留在构件上，直到看到构件的蓝色选项卡式轮廓。

4　单击构件左上角中的构件选项卡，即可选择到当前的 Spry 构件，如图 10-55 所示。

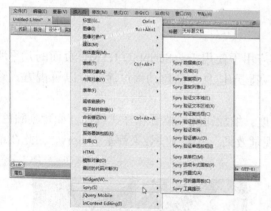

图 10-53　通过菜单插入 Spry 构件

图 10-54　通过面板插入 Spry 构件

（3）设置 Spry 构件样式

5　选择 Spry 构件，然后在 Dreamweaver 中选择并单击该构件的样式文件按钮（当前文件的名称下方），可以在【拆分】视图的代码窗格中修改构件代码，以改变构件的样式，如图 10-56 所示。

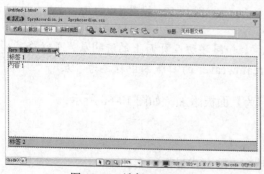

图 10-55　选择 Spry 构件

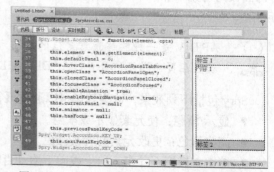

图 10-56　通过【拆分】视图修改 Spry 构件样式

6　在站点（或网页文件所在的目录）的 SpryAssets 文件夹中找到与 Spry 构件相对应的 CSS 文件，然后将文件打开到 Dreamweaver 中，并根据喜好编辑 CSS，如图 10-57 所示。

7　打开【CSS 样式】面板，选择需要修改的规则项目，再通过面板下方的【属性】列

表添加属性或修改属性参数，如图 10-58 所示。

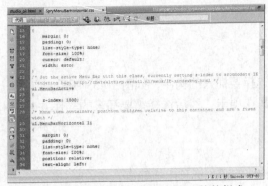

图 10-57 通过编辑 CSS 文件修改构件样式

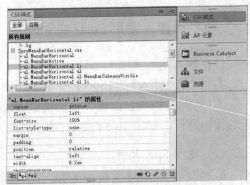

图 10-58 通过【CSS 样式】面板修改构件样式

10.3.3 关于 Spry 效果

Spry 效果是视觉增强功能，可以将其应用于使用 JavaScript 的 HTML 页面的几乎所有元素中。其效果通常用于在一段时间内高亮显示信息、创建动画过渡或者以可视方式修改页面元素。

Spry 效果可以修改页面元素的不透明度、缩放比例、位置和样式属性（如背景颜色），也可以组合两个或多个属性来创建有趣的视觉效果。由于这些效果都基于 Spry，因此在单击应用了效果的元素时，仅会动态更新该元素，不会刷新整个 HTML 页面。

向某个元素应用 Spry 效果时，该元素当前必须处于选定状态，或者它必须具有一个 ID。例如，如果要向当前未选定的 AP DIV 对象应用高亮显示效果，该 AP DIV 对象必须具有一个有效的 ID 值。如果该对象没有有效的 ID 值，可以通过【属性】面板为对象添加一个 ID 值，如图 10-59 所示。

图 10-59 设置对象的 ID

> TIPS▶ AP DIV 是一种能够随意定位的页面元素，如同浮动在页面上的透明层，可以将其放置在页面的任何位置。AP DIV 在 Dreamweaver 的旧版本中称之为"层"。

Spry 包括下列效果，这些效果可以通过【行为】面板添加，如图 10-60 所示：

- 显示/渐隐：使元素显示或渐隐。
- 高亮颜色：更改元素的背景颜色。
- 遮帘：模拟百叶窗，向上或向下滚动百叶窗来隐藏或显示元素。
- 滑动：上下移动元素。
- 增大/收缩：使元素变大或变小。
- 晃动：模拟从左向右晃动元素。
- 挤压：使元素从页面的左上角消失。

当使用 Spry 效果时，Dreamweaver 会在【代码】视图中将不同的代码行添加到文件中。其中的一行代码用来链接 SpryEffects.js 文件，该文件是包括这些效果所必需的，如图 10-61 所示。切记不要从代码中删除该行，否则这些效果将不起作用。

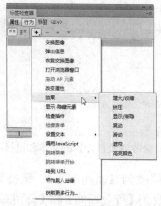

图 10-60　通过【行为】面板添加 Spry 效果

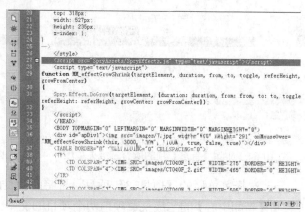

图 10-61　添加 Spry 效果后链接 JavaScript 文件的代码

10.3.4　制作 Spry 菜单栏

Spry 菜单栏构件是一组可导航的菜单按钮，当网站访问者将鼠标悬停在其中的某个按钮上时，将显示相应的子菜单。使用菜单栏可以在紧凑的空间中显示大量可导航信息，并使站点访问者无须深入浏览站点即可了解站点上提供的内容。

Dreamweaver 允许插入垂直和水平两种菜单栏构件。下例将为网页插入一个水平菜单栏构件，制作成为网页的水平导航栏。

动手操作　制作 Spry 菜单栏

1　打开光盘中的 "..\Example\Ch10\10.3.4.html" 文件，将光标定位在页面中央的空表格内，然后打开【插入】面板并切换到【插入】面板的【Spry】选项卡，再单击【Spry 菜单栏】按钮，弹出【Spry 菜单栏】对话框后选择【水平】单选项，如图 10-62 所示。

2　插入 Spry 菜单栏构件后，选择该构件的标签，再打开【属性】面板，然后选择【项目 1】项目并修改文本为【首页】、链接为#，如图 10-63 所示。

图 10-62　插入 Spry 菜单栏构件

图 10-63　修改菜单栏【项目 1】的文本和链接

3　选择【首页】项目下的二级菜单项，然后单击【删除菜单项】按钮 ，删除选定的菜单项，如图 10-64 所示。使用相同的方法，删除【首页】项下的所有二级菜单项。

4 选择菜单栏的【项目 2】项目，再将此项目的文本修改为【关于我们】、链接为#，如图 10-65 所示。

图 10-64 删除【首页】项的所有二级菜单项　　　　图 10-65 修改【项目 2】的文本和链接

5 选择菜单栏的【项目 3】项目，再将此项目的文本修改为【新闻中心】、链接为#，接着将【新闻中心】的二级菜单项前两个项目的文本分别修改为【行业新闻】和【公司新闻】，最后将多余的【项目 3.3】项删除，如图 10-66 所示。

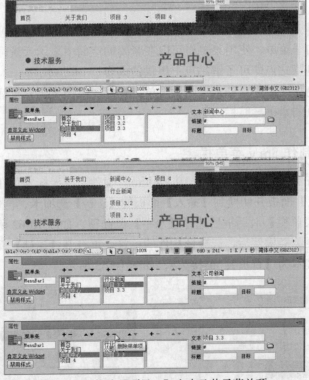

图 10-66 修改【项目 3】文本及其子菜单项

6 选择【新闻中心】二级项目【行业新闻】项的子菜单项，然后单击【删除菜单项】按钮 ，将【行业新闻】项目的子菜单项全部删除，如图 10-67 所示。

7 选择菜单栏的【项目 4】项目，再将此项目的文本修改为【资质证书】、链接为#，如图 10-68 所示。

8 选择菜单栏的【资质证书】项，然后单击【添加菜单项】按钮 ，添加一个菜单项再修改该项目的文本为【产品中心】、链接为#，如图 10-69 所示。

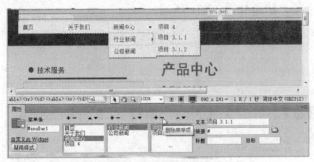

图 10-67　删除【行业新闻】项目的子菜单项

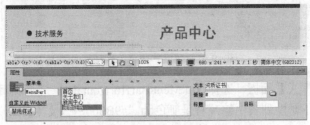

图 10-68　修改【项目 4】的文本和链接

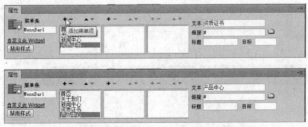

图 10-69　添加菜单项并修改文本和链接

　　9　选择【产品中心】项，在该项目的二级菜单项列中单击【添加菜单项】按钮 **+**，添加 4 个二级菜单项，接着分别修改 4 个菜单项的文本和链接，如图 10-70 所示。

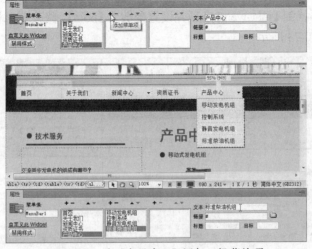

图 10-70　为【产品中心】添加二级菜单项

10 使用步骤 7 的方法，分别为菜单栏新增【成功案例】、【技术服务】、【在线客服】和
【联系我们】4 个菜单项，结果如图 10-71 所示。

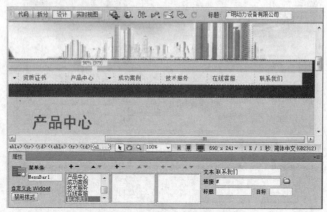

图 10-71　新增其他菜单栏项目

11 打开【CSS 样式】面板，选择【ul.MenuBarHorizontal a】规则项目（该规则用于设置
菜单栏外观），然后在属性列表中修改背景颜色为"#9B0000"、文本颜色为"白色（#FFF）"，
如图 10-72 所示。

图 10-72　修改菜单栏的背景颜色和文本颜色

12 选择【ul.MenuBarHorizontal a】规则项目，然后在属性列表中找到【font-size】项并
设置参数为 16px，再找到【font-weight】项并设置参数为【bold】，修改菜单栏文本大小为 16px
并加粗显示，如图 10-73 所示。

图 10-73　添加菜单栏的文本大小和格式属性设置

13 选择【ul.MenuBarHorizontal li】规则项目，然后修改【text-align】项的参数为【center】，再修改【width】项的参数为【6.5em】，设置菜单栏文本居中对齐并缩窄菜单栏每个菜单项背景的宽度为 6.5em，如图 10-74 所示。

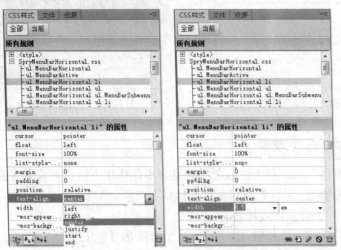

图 10-74　修改菜单栏文本居中对齐和背景的宽度

14 通过【CSS 样式】面板选择如图 10-75 所示的规则项，然后修改背景颜色的参数为【#FC6】、文本颜色的参数为【#F00】。其目的是以设置菜单栏项目在鼠标移到上方时显示的背景颜色为淡黄色，而文本则显示为红色。

15 通过【CSS 样式】面板选择如图 10-76 所示的规则项，然后修改背景颜色的参数为【#9B0000】、文本颜色的参数为【#F90】。其目的是以设置菜单栏项目在鼠标移开后显示的背景颜色与菜单栏默认背景颜色一样，而且文本显示为土黄色。

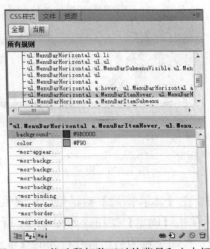

图 10-75　修改鼠标移到上方时的背景和文本颜色　　图 10-76　修改鼠标移开时的背景和文本颜色

16 按 Ctrl+S 快捷键保存文件。Dreamweaver 弹出【复制相关文件】对话框，提示将使用 Spry 构件需要支持的文件复制到站点。此时只需单击【确定】按钮即可，如图 10-77 所示。

17 保存所有文件后，按 F12 功能键打开浏览器查看网页效果，如图 10-78 所示。

图 10-77　确定复制相关文件

图 10-78　通过浏览器查看网页效果

10.3.5　制作 Spry 行为效果

使用"显示/渐隐"Spry 行为可以制作在某个事件作用下网页对象从无到有逐渐显示或从有到无渐隐的动态特效。可以先在网页中选择某个对象，然后应用该特效的"效果持续时间"、"效果"和"渐隐"等设置完成特效的制作。

下例为网页的横幅图像设置 ID，然后为图像添加【显示/渐隐】行为，制作图像从透明到完全显示的 Spry 特效。

动手操作　制作 Spry 行为效果

1　打开光盘中的"..\Example\Ch10\10.3.5.html"文件，选择页面中的横幅图像，然后在【属性】面板中设置图像的 ID 为【titleimg】，如图 10-79 所示。

2　打开【标签检查器】面板并切换到【行为】选项卡，单击【添加】按钮 + 并选择【效果】/【显示/渐隐】命令，如图 10-80 所示。

图 10-79　设置图像的 ID

图 10-80　添加【显示/渐隐】行为

3　在【显示/渐隐】对话框中设置目标元素为设置 ID 的横幅图像，然后设置其他选项，完成后单击【确定】按钮，如图 10-81 所示。

4　在添加行为后，打开行为的【事件】列表，再选择【<A>onMouseOver】选项，如图 10-82 所示。

5　按 Ctrl+S 快捷键保存文件并在弹出的对话框中单击【确定】按钮，确定复制相关文件，如图 10-83 所示。

6　按 F12 功能键，将网页在浏览器中打开后，将鼠标移到图像上，即可使图像产生由透明到显示的 Spry 效果，如图 10-84 所示。

图 10-81　设置行为的选项

图 10-82　修改行为事件

图 10-83　确定复制相关文件

图 10-84　通过浏览器查看图像渐隐/显示效果

10.4　设计网页表单

作为一种窗体式网页元素，网页表单是实现网站与访问者信息传递、互动交流的重要工具。

10.4.1　关于网页表单

网页表单的基本原理是：当访问者在浏览器显示的网页表单中输入信息，然后单击提交按钮时，这些信息将被发送到服务器，服务器中的服务器端脚本或应用程序会对这些信息进行处理，接着服务器根据所处理的信息内容，将反馈信息以另一个页面传回给访问者，从而达到访问者与网站交流的目的。如图 10-85 所示为表单实现人站交流的示意图。

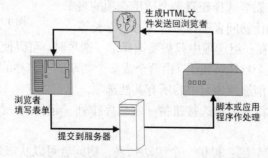

图 10-85　利用表单可以实现人站交流

表单只是一个引用与提交信息的主体，浏览者可以通过表单的各种对象进行输入信息、选择信息和提交信息，如图 10-86 所示。

图 10-86　浏览者通过表单对象输入信息并提交

 可以创建将数据提交到大多数应用程序服务器的表单，包括 PHP、ASP 和 ColdFusion。如果使用 ColdFusion，可以在表单中添加特定于 ColdFusion 的表单对象。

10.4.2　关于网页表单对象

Dreamweaver 提供了多种表单对象，可以分为文本对象、选择对象、菜单对象、按钮对象、标签和字段集对象以及 Spry 验证对象等类型，这些对象都可以通过【插入】面板的【表单】选项卡插入到表单，如图 10-87 所示。

Dreamweaver CS6 提供的表单以及表单对象的作用说明如下：

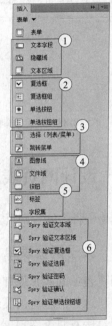

①文本对象；②选择对象；③菜单对象；
④按钮对象；⑤标签和字段集对象；
⑥Spry 验证对象

图 10-87　表单与表单对象

- 表单▢：用于创建包含文本域、密码域、单选按钮、复选框、跳转菜单、按钮以及其他表单对象的范围。

- 文本字段▢：可以接受任何类型的字母、数字、文本内容，也可以设置为设置密码之用（在这种情况下，输入文本将被替换为星号或项目符号）。

- 隐藏域▣：存储用户输入的信息，如姓名、电子邮件地址或偏爱的查看方式，并在该用户下次访问此网站时使用这些数据。

- 文本区域▢：当访问者需要输入较多文本时，即可使用此表单对象。

- 复选框☑：允许在一组选项中选择多个选项，可以将此对象应用在需要选择任意多个适用选项的表单功能设置上，如让访问者选择多种爱好、专长等。

- 单选按钮◉：当在一组选项中只需要选择单一选项时，可以使用此表单对象。它可以在访问者选择某个单选按钮组（由两个或多个共享同一名称的按钮组成）的其中一个选项时，就会取消选择该组中的所有其他选项。

- 单选按钮组▣：将多个单选按钮按一定顺序排列一起构成一组，其功能和单选按钮相同。

- 选择（列表/菜单）▣：提供一个滚动列表，访问者可以从该列表中选择项值。当设置为【列表】时，访问者只需在列表中选择一个项值；当设置为【菜单】时，访问者则可以选择多个项值。

- 跳转菜单▣：是可导航的列表或弹出菜单，当访问者选择菜单中的项值时，即会跳转到该项链接的某个文档或文件中。

- 图像域：可以在表单中插入一个图像，常用于制作图形化按钮。如果使用图像来执行任务而不是提交数据，则需要将某种行为附加到表单对象。
- 文件域：可以浏览到计算机上的某个文件，并将该文件作为表单数据上传。
- 按钮：包含"提交表单"与"重设表单"两种动作类型。"提交表单"动作就是将表单数据提交到服务器或其他用户指定的目标位置；"重设表单"动作就是清除当前表单中已填写的数据，并将表单回复到初始状态。
- 标签：在网页中插入<label></label>标签。
- 字段集：提供一个区域放置表单对象。
- Spry 验证文本域：是一个文本域，该域用于在网站访问者输入文本时显示文本的状态（有效或无效）。例如，可以向访问者键入电子邮件地址的表单中添加验证文本域构件。如果访问者无法在电子邮件地址中键入"@"符号和句点，验证文本域构件会返回一条消息，提示访问者输入的信息无效。
- Spry 验证文本区域：是一个文本区域，该区域在访问者输入几个文本句子时显示文本的状态（有效或无效）。如果文本区域是必填域，而访问者没有输入任何文本，该构件将返回一条消息，提示必须输入值。
- Spry 验证复选框：是表单的一个或一组复选框，该复选框在访问者选择（或没有选择）复选框时会显示构件的状态（有效或无效）。例如，可以向表单中添加验证复选框构件，该表单可能会要求访问者进行三项选择。如果访问者没有进行所有这三项选择，该对象返回一条消息，提示不符合最小选择数要求。
- Spry 验证选择：是一个下拉菜单，该菜单在访问者进行选择时会显示构件的状态（有效或无效）。例如用户可以插入一个包含状态列表的验证选择构件，这些状态按不同的部分组合并用水平线分隔。如果访问者意外选择了某条分界线（而不是某个状态），验证选择构件会向访问者返回一条消息，提示选择无效。
- Spry 验证密码：为一个文本区域，当在密码类型的文本域中输入不符合规则的内容时显示所设置文本提示信息。例如，表单填写时要求输入字母+数字的组合内容，若访问只输入字母或数字，将会返回一条文本消息，提示不符合密码组合要求。
- Spry 验证确认：为一个文本区域，当填写的内容与表单中指定的其他元件信息不一致时，将显示错误提示信息。以确认密码填写为例，在输入一组密码后，仍需再输入一次相同的密码，如果密码不一致时，验证确认元件会向访问者返回一条消息，提示与第一次输入的密码不符。
- Spry 验证单选按钮组：是一组单选按钮，可验证用户是否在单选按钮组中选择或正确选择某一个单选项。例如，建立一组选单按钮组后，访问者在选择任何单选按钮，将向访问者返回一条消息，提示必须选择其中一项。

10.4.3　制作加入会员表单

通过在网页指定位置插入表单对象，然后根据需求在表单中分别插入各类表单对象，同时编辑与设置对象的属性即可为网页添加表单。

下例将通过一个加入网站会员的表单设计为例，介绍表单网页设计方法。在制作表单后，

通过使用 CSS 样式美化表单外观效果。

动手操作　制作加入会员表单

1　打开光盘中的"..\Example\Ch10\10.4.3.html"文件，将光标定位在页面空白表格内的第二行中，然后打开【插入】面板的【表单】选项卡并单击【表单】按钮，如图 10-88 所示。

图 10-88　插入表单

2　将光标定位在表单内，然后选择【插入】/【表格】命令，打开【表格】对话框后，设置行数和列数、表格宽度等属性，再单击【确定】按钮，如图 10-89 所示。

3　选择插入的表格，然后打开【属性】面板，设置表格的对齐方式为【居中对齐】，如图 10-90 所示。

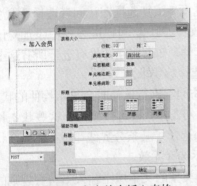

图 10-89　在表单内插入表格

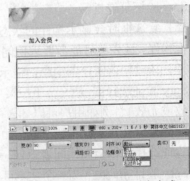

图 10-90　设置表格的对齐方式

4　在表格第一列中输入表单项目，然后在表格中拖动鼠标选择表格的内容，再通过【属性】面板应用名称为【t】的 CSS 规则，如图 10-91 所示。

5　选择表格并使用鼠标按住表格下边框的控制节点，然后向下拖动鼠标扩大表格的高度，如图 10-92 所示。

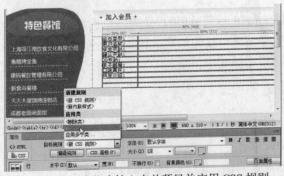

图 10-91　在表格内输入表单项目并应用 CSS 规则

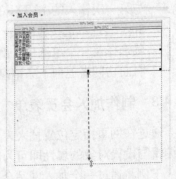

图 10-92　扩大表格的高度

6　将光标定位在【会员类型】文本右边的单元格内，然后在【插入】面板的【表单】选项中单击【单选按钮】按钮，如图 10-93 所示。

7　打开【输入标签辅助功能属性】对话框，设置 ID 和标签，然后单击【确定】按钮，如图 10-94 所示。

图 10-93　插入单选按钮对象

图 10-94　设置对象的 ID 和标签

8　选择插入的单选按钮对象，再打开【属性】面板并设置单选按钮对象的名称，接着设置初始状态为【未选中】，如图 10-95 所示。

9　使用步骤 6～步骤 8 的方法，再次插入一个单选按钮对象并设置该对象的属性，如图 10-96 所示。

图 10-95　设置对象的属性

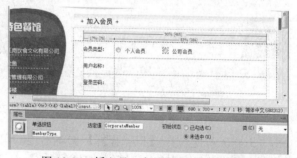
图 10-96　插入另一个单选按钮并设置属性

10　将光标定位在【用户名称】文本右边的单元格内，单击【表单】选项卡中的【文本字段】按钮，弹出【输入标签辅助功能属性】对话框，设置 ID 为【Name】，最后单击【确定】按钮，如图 10-97 所示。

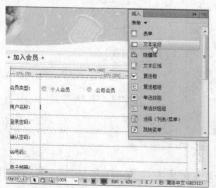

图 10-97　插入第一个文本字段对象

11 选择插入的文本字段对象,然后打开【属性】面板,设置对象的宽度为 25、类型为【单行】,如图 10-98 所示。

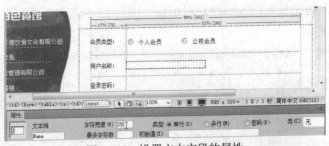

图 10-98 设置文本字段的属性

12 使用相同的方法,在【登录密码】、【确认密码】、【QQ 号码】、【电子邮箱】文本右边的单元格内插入文本字段对象,然后通过【属性】面板分别为各个对象设置属性,结果如图 10-99 所示。

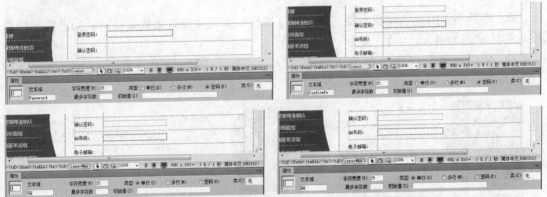

图 10-99 插入其他表单项目的文本字段对象并设置属性

13 将光标定位在【口味喜好】文本右边的单元格内,然后单击【表单】选项卡的【复选框】按钮,弹出【输入标签辅助功能属性】对话框后设置 ID 和标签,接着单击【确定】按钮,如图 10-100 所示。

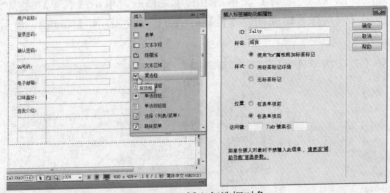

图 10-100 插入复选框对象

14 使用步骤 13 的方法,插入其他复选框对象并设置 ID 和标签,然后使用空格将复选框对象分开,结果如图 10-101 所示。

15 将光标定位在【自我介绍】文本右边的单元格内，然后单击【表单】选项卡的【文本区域】按钮，弹出【输入标签辅助功能属性】对话框后设置对象的 ID，接着单击【确定】按钮，如图 10-102 所示。

16 选择插入的文本区域对象，打开【属性】面板并设置对象的字符宽度和行数，再设置类型为【多行】，如图 10-103 所示。

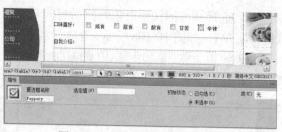

图 10-101　插入其他复选框对象

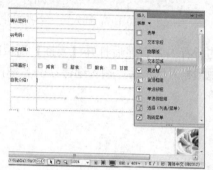

图 10-102　插入文本区域对象

17 拖动鼠标选择文本区域对象所在的整行单元格，然后通过【属性】面板设置单元格的垂直对齐方式为【顶端】，如图 10-104 所示。

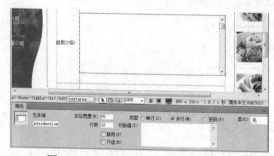

图 10-103　设置文本区域对象的属性　　　　图 10-104　设置单元格的垂直对齐方式

18 将光标定位在表格最后一行第二列的单元格内，然后单击【表单】选项卡的【按钮】按钮，弹出【输入标签辅助功能属性】对话框后直接单击【取消】按钮即可，如图 10-105 所示。

图 10-105　插入按钮对象

19 选择插入的按钮对象，然后打开【属性】面板并设置按钮名称和值，再设置动作为【提交表单】，如图 10-106 所示。

20 使用步骤 18 和步骤 19 的方法，在同一个单元格内插入另一个按钮对象，然后打开【属性】面板设置该按钮的属性，如图 10-107 所示。

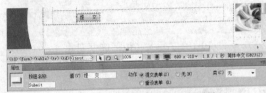
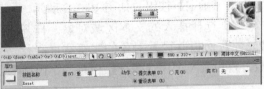

图 10-106　设置按钮对象的属性　　　　　图 10-107　插入另一个按钮并设置属性

21 拖动鼠标选择表格第二列单元格的所有内容，然后打开【属性】面板的【大小】列表，再选择【12】选项，弹出【新建 CSS 规则】对话框后，输入选择器的名称再单击【确定】按钮，如图 10-108 所示。

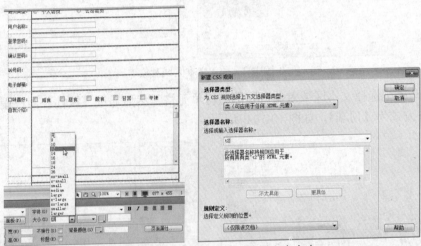

图 10-108　为表单对象内容设置文本大小

22 打开【CSS 样式】面板并单击【新建 CSS 规则】按钮，打开【新建 CSS 规则】对话框后，设置选择器类型为【标签（重新定义 HTML 元素）】，再设置选择器名称为【input】，接着单击【确定】按钮，如图 10-109 所示。

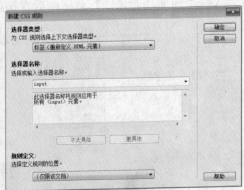

图 10-109　新建【input】选择器名称的 CSS 规则

23 打开对话框后选择【类型】项目，再通过选项卡设置文本的大小为 12px，接着选择【背景】项目，再设置背景颜色为【#FFE2DF】，如图 10-110 所示。

图 10-110　定义规则的类型和背景属性

24 在对话框中选择【边框】项目，再设置边框的风格、大小和颜色等属性，接着单击【确定】按钮，如图 10-111 所示。

25 在【CSS 样式】面板中再次单击【新建 CSS 规则】按钮，打开对话框后，设置选择器类型为【标签（重新定义 HTML 元素）】，再设置选择器名称为【textarea】，最后单击【确定】按钮，如图 10-112 所示。

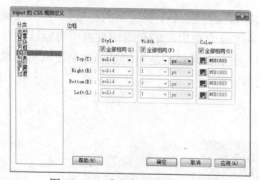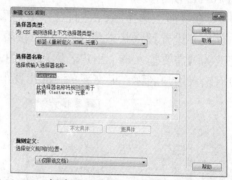

图 10-111　定义规则的边框属性　　　　　图 10-112　新建【textarea】选择器名称的 CSS 规则

26 打开对话框后选择【类型】项目，通过选项卡设置文本的大小为 12px，接着选择【边框】项目，再设置边框风格、宽度和背景颜色等属性，最后单击【确定】按钮，如图 10-113 所示。

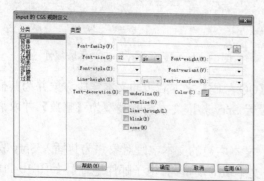

图 10-113　定义规则的类型和边框属性

27 保存文件并按 F12 功能键,通过浏览器查看表单的效果,如图 10-114 所示。

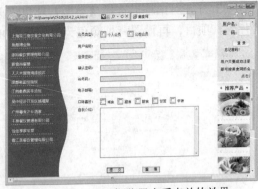

图 10-114 通过浏览器查看表单的效果

10.4.4 使用 Spry 对象验证表单

在 Dreamweaver CS6 中,可以使用 Spry 验证文本域、Spry 验证文本区域、Spry 验证复选框、Spry 验证选择、Spry 验证密码、Spry 验证确认和 Spry 验证单选按钮组 7 种表单验证功能验证文本字段、文本区域、复选框和菜单的有效性和填写格式。

下例使用 Spry 验证密码、Spry 验证确认、Spry 验证文本域 3 个 Spry 对象验证表单,以确保访问者能够在表单中填写正确的信息。

动手操作 使用 Spry 对象验证表单

1 打开光盘中的"..\Example\Ch10\10.4.4.html"文件,选择表单中【用户名称】文本右边的文本字段对象,然后在【插入】面板的【Spry】选项卡中单击【Spry 验证文本域】按钮,如图 10-115 所示。

2 在页面上选择 Spry 验证文本域对象(选择页面蓝色 Spry 验证对象标签),打开【属性】面板并设置预览状态为【必填】,接着在文本字段右边出现的提示信息框中将默认的信息修改为【需要输入一个用户名称】,如图 10-116 所示。其目的是当浏览者如果在填写表单时没有输入用户名称,提交表单时即出现上述提示信息。

图 10-115 插入 Spry 验证文本域

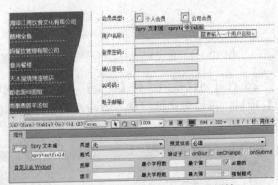

图 10-116 设置 Spry 验证文本域属性

3 使用步骤 1 和步骤 2 的方法,先选择【QQ 号码】文本右边的文本字段对象并为其插入 Spry 验证文本域,然后通过【属性】面板设置 Spry 验证文本域的类型为【整数】并取消选择【必需的】复选框,如图 10-117 所示。

4 使用相同的方法,先选择【电子邮箱】文本右边的文本字段对象并为其插入 Spry 验证文本域,然后通过【属性】面板设置 Spry 验证文本域的类型为【电子邮件地址】,如图 10-118 所示。

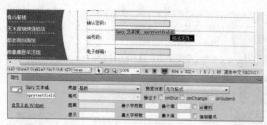
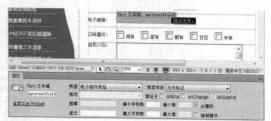

图 10-117 插入第二个 Spry 验证文本域并设置属性 　　图 10-118 插入第三个 Spry 验证文本域并设置属性

5 选择【登录密码】文本右边的文本字段对象，然后单击【插入】面板【表单】选项的【Spry 验证密码】按钮，接着打开【属性】面板，选择【必填】复选框并设置最小字符数为 6、最大字符数为 16，如图 10-119 所示。

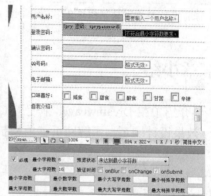

图 10-119 插入 Spry 验证密码并设置属性

6 选择【确认密码】文本右边的文本字段对象，然后单击【插入】面板【表单】选项的【Spry 验证确认】按钮，接着打开【属性】面板，选择【必填】复选框并设置验证参照对象为表单中的 ID 为【Password】的文本字段，如图 10-120 所示。

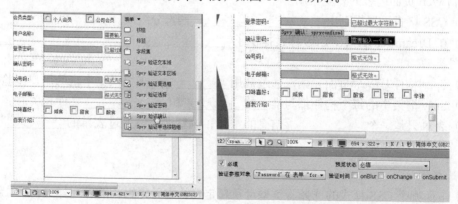

图 10-120 插入 Spry 验证确认并设置属性

7 按 Ctrl+S 快捷键保存文件，弹出【复制相关文件】对话框后，单击【确定】按钮即可，如图 10-121 所示。

8 按 F12 功能键预览网页。此时当浏览者不输入用户名称、登录密码和确认密码输入不符，以及输入错误 QQ 号码和电子邮件信息时，Spry 验证功能将出现提示，如图 10-122 所示。

图 10-121　保存文件并确定复制相关文件

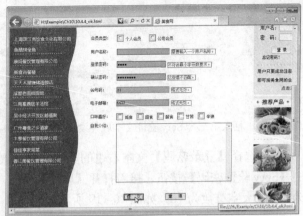

图 10-122　当填写内容不符合要求时将出现提示信息

10.5　本章小结

本章主要介绍了在 Dreamweaver 中使用 CSS 规则设置页面元素外观、了解与应用 Spry 构件和 Spry 效果设计网页、了解网页表单和制作网页表单的方法，以及使用 Spry 对象验证表单等内容。

10.6　本章习题

1. 填空题

（1）CSS 就是_____也被人称之为_____，它是一系列格式设置的规则，用于控制 Web 页面内容的外观布局。

（2）CSS 格式设置规则由_____和_____两部分组成。

（3）在 Dreamweaver 中，CSS 样式提供了_____、_____、_____、_____四种选择器类型。

（4）Spry 构件是一个页面元素，通过启用_____来提供更丰富的用户体验。

（5）Spry 框架中的每个构件都与唯一的_____和_____文件相关联。

（6）表单只是一个_____信息的主体，浏览者可以通过表单的_____进行输入信息、选择信息和提交信息。

2. 选择题

（1）下面哪个 CSS 样式的选择器类型可重新定义特定元素组合的外观样式，或重新定义固定的选择器类型？　　　　　　　　　　　　　　　　　　　　　　　　（　　　）

　　　A. 类　　　　　　　　B. ID　　　　　　　C. 标签　　　　　　D. 复合内容

（2）在网页文件中附加外部 CSS 样式表文件时，可以使用下面哪两种方式？　（　　　）

　　　A. 链接和导入　　　B. 链接和捆绑　　　C. 复制和导入　　　D. 内嵌与捆绑

（3）Spry 构件不包括下面哪个组成部分？　　　　　　　　　　　　　　　（　　　）

　　　A. 构件结构　　　　B. 构件行为　　　　C. 构件样式　　　　D. 构件事件

（4）如果表单中需要允许浏览者在一组选项中选择多个选项，应该使用下面哪个表单对象？　　　　　　　　　　　　　　　　　　　　　　　　　（　　）

　　　A. 单选按钮　　　　B. 复选框　　　　C. 文本区域　　　　D. 跳转菜单

3. 操作题

在 Dreamweaver CS6 中打开光盘中的"..\Example\Ch10\10.6.html"练习文件，然后为网页上的横幅图像设置 ID，再为图像添加【晃动】的 Spry 行为效果，使浏览者单击图像即可让其晃动，如图 10-123 所示。

提示：

（1）选择页面上的横幅图像，设置该图像的 ID 为【title】，如图 10-124 所示。

（2）打开【标签检查器】面板的【行为】选项卡，再单击【添加】按钮并选择【效果】/【晃动】命令，如图 10-125 所示。

图 10-123　操作题结果（单击横幅图像即让其晃动）

图 10-124　设置图像的 ID

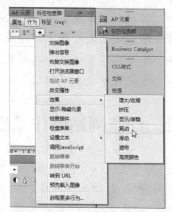

图 10-125　添加【晃动】效果

（3）在打开的【晃动】对话框中设置目标元素为设置 ID 的横幅图像，单击【确定】按钮，如图 10-126 所示。

（4）添加 Spry 行为效果后，打开该行为的【事件】列表，将事件修改为【onClick】，如图 10-127 所示。

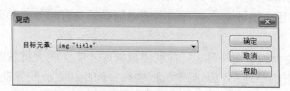

图 10-126　设置晃动效果

图 10-127　修改行为的事件

第 11 章　架设与制作动态网站

内容提要

为了使网站具有更丰富的与浏览者互动的功能，很多个人或企业都会通过开发动态网站来达到这种目的。动态网站需要使用动态网页文件，并且使用数据库来保存网页数据，因此需要配置一个适合动态网页文件运行的网站环境。本章将针对架设与制作动态网站的各种操作进行介绍。

学习重点与难点

➤ 了解动态网站制作的基础知识
➤ 掌握配置本地服务器（IIS）的方法
➤ 掌握定义与管理本地站点和上传网站的方法
➤ 掌握创建数据库和指定数据源并在 Dreamweaver 中应用的方法
➤ 掌握将网页表单的信息提交到数据库的方法

11.1　动态网站制作基础

网站主要可以分为静态和动态两种。

静态网站是指未加入动态交互程序，只通过 HTML 语言以及其他静态网页程序编写而成的网页，它不需要经过服务器端运行。即使网页具备一些动态特效，如果不包括交互程序，同样属于静态网页。

动态网站是指包含能够根据浏览者提供的信息回馈而有针对性地在网页中显示相关信息的 Web 页的网站，也就是说动态网站能够进行数据库连接，与浏览者产生交互作用，并且可以设置自动更新、动态显示数据等。目前多数动态网站都是在 HTML 语言基础上加入了动态程序(如 ASP、ASP.Net、PHP、JSP 等)的特殊网页文件。

11.1.1　动态网站环境需求

动态网站是由服务器端执行生产页面内容，因此，想要开发并运行动态网站必须先配置一个完整的动态环境。下面先简单介绍动态网站环境的 3 个需求。

(1) 为了使动态网页能够正常运行，用于设计动态网页的本地电脑必须具有服务器功能，也就是要配置动态网站服务器。

(2) 数据库是动态网页开发中可不缺少的重要一环，只有利用数据库才能实现大批量的、快速的处理数据信息，才可以在动态网页中呈现浏览者所需数据资料，因此，完成配置动态网站服务器后，还需要指定数据源，以便动态网页运行时能够查找所需的数据信息。

（3）在设计动态网页的具体过程中，设计软件必须先定义动态属性的网站，然后再为相关的网页绑定数据库源，从而运用【服务器行为】为网页添加管理数据库资料的功能。

11.1.2 动态网站前期规划

动态网页文件其实是用于实现各种动态交互功能的一种文件程序。为了实现一个动态网站需求，可以先规划好动态项目的规划图，再根据该图建立一组关联的动态网页，其中的每一个网页用于实现某个功能并显示指定数据信息。

预先规划动态网站或项目的结构流程图并根据该图创建相关的动态网页文件，有利于后续实现各种动态功能的操作设计，设计者通过 Dreamweaver CS6 软件为不同功能或目的的动态文件制作显示、登录、管理等操作的动态动能，从而完成整个动态网站或项目。

如图 11-1 所示为一个网站的公告板模块结构图。通过预先规划的构思组合产生一个具备发布公告、显示公告、修改公告和删除公告的公告板系统。

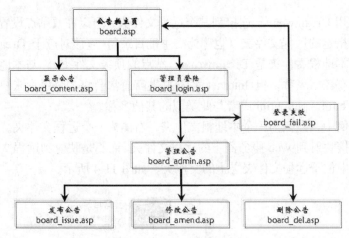

图 11-1 会员系统结构图

11.1.3 关于 Dreamweaver 站点

在 Dreamweaver 中，"站点"指属于某个 Web 站点的文件本地或远程存储位置。Dreamweaver 站点提供了一种方法，使用户可以组织和管理所有的 Web 文件，并可以将Dreamweaver 站点上传到 Web 服务器，跟踪和维护站点的链接以及管理和共享文件。

只需设置一个本地文件夹即可定义 Dreamweaver 站点。如果要向 Web 服务器传输文件或开发 Web 应用程序，就必须添加远程站点和测试服务器信息。Dreamweaver 站点主要由 3 个部分组成，具体取决于开发环境和所开发的 Web 站点类型。

● 本地文件夹：它是一个工作目录，也称为"本地站点"。此文件夹可以位于本地计算机上，也可以位于网络服务器上。如果直接在服务器上工作，则每次保存文件时Dreamweaver 都会将文件上传到服务器。如图 11-2 所示为通过 Dreamweaver 创建站点时设置本地站点文件夹。

● 远程文件夹：它是存储文件的位置，也称为"远程站点"。该文件夹通常位于运行Web 服务器的计算机上。如图 11-3 所示为通过 Dreamweaver 创建站点时指定远程文件夹（通常以 FTP 地址方式链接）。

● 测试服务器：它是 Dreamweaver 处理动态页的过程，也称为"动态文件夹"。

图 11-2　创建站点是指定本地站点文件夹

图 11-3　创建站点是指定远程文件夹

11.1.4　本地和远程文件夹结构

如果希望使用 Dreamweaver 连接到某个远程文件夹，可以在【站点设置】对话框中指定该远程文件夹。指定的远程文件夹（也称为"主机目录"）应该对应于 Dreamweaver 站点的本地根文件夹（本地根文件夹是 Dreamweaver 站点的顶级文件夹）。与本地文件夹一样，远程文件夹可以具有任何名称，但 Internet 服务提供商通常会将各个用户账户的顶级远程文件夹命名为 public_html、pub_html 或者与此类似的其他名称。

在下面的示例中，左侧为一个本地根文件夹，右侧为一个远程文件夹。本地计算机上的本地根文件夹直接映射到 Web 服务器上的远程文件夹,而不是映射到远程文件夹的任何子文件夹或目录结构中位于远程文件夹之上的文件夹，如图 11-4 所示。

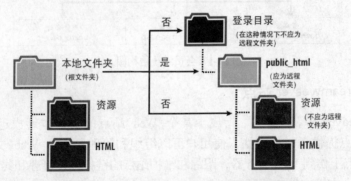

图 11-4　本地根文件夹直接映射到 Web 服务器的远程文件夹

上例显示的是本地计算机上的一个本地根文件夹和远程 Web 服务器上的一个顶级远程文件夹。如果要在本地计算机上维护多个 Dreamweaver 站点，则在远程服务器上需要等量个数的远程文件夹。这时上例便不再适用，需要在"public_html"文件夹中创建不同的远程文件夹，然后将它们映射到本地计算机上各自对应的本地根文件夹。

Dreamweaver 要连接到的远程文件夹必须存在。如果未在 Web 服务器上指定一个文件夹作为远程文件夹，则应创建一个远程文件夹或要求服务器管理员为您创建一个远程文件夹。另外，Web 服务器一般需要购买或租用，提供这种服务的服务商用户可以通过互联网搜索到。

11.2　配置本地服务器 IIS

对于 Dreamweaver CS6 来说，本地站点是用户的 Web 站点中所有文件和资源的集合。可以在计算机上配置本地站点服务器（IIS）并创建站点，再将本地站点上传到远程站点服务器，并可随时在保存文件后传输更新的文件来对站点进行维护。

11.2.1　安装本地站点服务器（IIS）

当使用 Dreamweaver CS6 开发动态网站时，需要先安装 IIS，以便在本地电脑模拟远端服务器的工作环境，测试网页的动态效果。在 Windows XP 或 Windows 7 操作系统中，一般会使用 IIS 作为动态站点的服务器。

IIS 全称 Internet Information Server（互联网信息服务），是 Windows 系统的 Web 服务器基本组件，其中包括 Web 服务器、FTP 服务器、NNTP 服务器和 SMTP 服务器，分别用于网页浏览、文件传输、新闻服务和邮件发送等。

Windows 7 默认以 IIS7 作为系统服务器组件，而在使用该组件之前需要打开 IIS 功能。下例将介绍在 Windows 7 中打开 IIS 功能的具体方法。

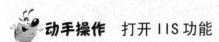 **打开 IIS 功能**

1　在系统桌面下方的任务栏中单击【开始】按钮，选择【控制面板】命令打开【控制面板】，如图 11-5 所示。

图 11-5　打开添加或删除程序

2　在【控制面板】窗口的【程序】分类中单击【卸载程序】链接，打开卸载程序窗口，如图 11-6 所示。

3　在打开的【程序和功能】窗口左侧单击【打开或关闭 Windows 功能】链接，如图 11-7 所示。

图 11-6　添加 IIS 组件

图 11-7　IIS 详细信息

4　在【Windows 功能】窗口中选择【Internet 信息服务】选项，并依照图中所示或根据个人需要，选择所需的子选项，最后单击【确认】按钮，如图 11-8 所示。

5　选择需要开启的系统功能项目并确认打开后，系统开始更改功能处理并显示处理的进度，如图 11-9 所示。

图 11-8 选择 IIS 相关功能

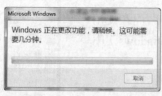

图 11-9 完成 IIS 安装

11.2.2 设置 IIS 默认站点属性

在完成安装 IIS 之后，需要对 IIS 进行一些属性及功能进行设置，使动态网站能够正常运行并预览检测。

动手操作 设置 IIS 网站属性

1 打开【控制面板】，在窗口右上方选择查看方式为【大图标】，然后选择打开【管理工具】，如图 11-10 所示。

2 在【管理工具】窗口中双击【Internet 信息服务(IIS)管理器】，打开新版的 IIS 管理器，如图 11-11 所示。

图 11-10 打开【管理工具】窗口　　　　　　　图 11-11 打开 IIS

3 打开【Internet 信息服务(IIS)管理器】后，在左侧打开目录选择【Default Web Site】项目，然后在右边视图区中单击【ASP】图标，如图 11-12 所示。

4 显示 ASP 设置界面，将【启用父路径】项目设置为【True】，然后在右侧操作区中单击【应用】项，如图 11-13 所示。

图 11-12 设置 ASP 项目

图 11-13 启用父路径

5 在窗口左侧链接区中选择【Default Web Site】项目，返回网站设置主页，双击【默认文档】图标，如图 11-14 所示。

6 显示【默认文档】设置界面，在右边操作区中单击【添加】项目，如图 11-15 所示。

7 打开【添加默认文档】对话框，在【名称】栏中输入默认的文档名称，然后单击【确定】按钮，如图 11-16 所示。

图 11-14 设置默认文档

图 11-15 添加默认文档

8 在窗口左侧链接区中选择【Default Web Site】项目，返回网站设置主页，在右边的操作区中单击【绑定】项目，如图 11-17 所示。

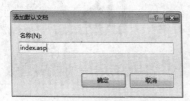

图 11-16 输入文档名称

图 11-17 绑定网站

9 打开【网站绑定】对话框，单击【编辑】按钮，如图 11-18 所示。

10 打开【编辑网站绑定】对话框，在【端口】栏中输入 8081，然后单击【确定】按钮，如图 11-19 所示。

11 在窗口左侧链接区中选择【Default Web Site】项目，返回网站设置主页，在右边的操作区中单击【基本设置】项目，如图 11-20 所示。

图 11-18　编辑网站绑定　　　　　　　　　　　图 11-19　设置端口

12 打开【编辑网站】对话框，在【物理路径】栏设置站点本地根文件所在位置，然后单击【确认】按钮，如图 11-21 所示。

图 11-20　进行基本设置　　　　　　　　　　　图 11-21　设置物理路径

13 此时已完成动态网站设置所需的 IIS 设置，在 IIS 管理窗口下面单击【内容视图】按钮，便可看到所指定网站的文本内容，如图 11-22 所示。

14 完成 IIS 设置后，可以在"功能视图"的 IIS 管理窗口右边操作区中选择【浏览 *8081(http)】项目，直接预览步骤 12 中指定的站点的首页（步骤 7 中的默认文档）。如果没有指定物理路径，则打开默认的 IIS 站点的欢迎页面，如图 11-23 所示。

图 11-22　检视动态网站内容　　　　　　　　　图 11-23　IIS 默认测试页面

11.2.3　为用户配置控制权限

如果是在 IIS 服务器中开发动态站点，运行站点的文件时具有较大的复杂性，特别是在涉及数据库的调用方面，需要一个具有"完成控制"的账户权限才可以顺利地运行。因此，在 IIS 中运行站点时，可以先为用户分配使用本地站点根文件夹的最高操作权限，以便可以顺利开发网站。

动手操作　为用户配置控制权限

1　进入本地站点根文件夹所在目录，然后在文件夹上单击右键并选择【属性】命令，如图 11-24 所示。

2　打开【属性】对话框，选择【安全】选项卡，选择当前系统用户或者用于制作网站的用户查看其权限，然后单击【编辑】按钮，如图 11-25 所示。

图 11-24　显示本地站点根文件夹的【属性】对话框

图 11-25　编辑用户权限

3　在打开【权限】对话框后，再次选择当前系统用户或者用于制作网站的用户，然后设置该用户的权限，接着单击【确定】按钮返回【属性】对话框后，再单击【确定】按钮，如图 11-26 所示。

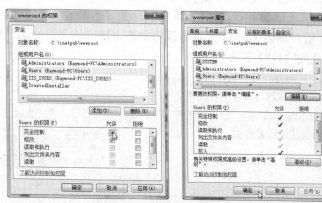

图 11-26　设置用户权限

11.3　定义与管理本地站点

在本地计算机中开发网站时，为了使网站在 Web 服务器的环境中运行正常，可以通过

Dreamweaver 创建 Dreamweaver 站点，使制作网页的操作都在 Dreamweaver 站点中进行，就如同在 Web 服务器中制作网页。

11.3.1 定义本地站点

Dreamweaver 站点通常包含可在其中存储和处理文件的本地文件夹，以及可以在其中将相同文件发布到互联网 Web 服务器的远程文件夹。在 Dreamweaver 中新建站点，就是指定本地站点文件夹和远程服务器文件夹。

动手操作 定义本地站点

1 在 Dreamweaver CS6 的菜单栏中选择【站点】/【新建站点】命令，打开【站点设定对象】对话框，如图 11-27 所示。

2 在【站点设置对象】对话框中选择左边的列表框中的【站点】项目，填写【站点名称】，指定【本地根文件夹】，如图 11-28 所示。

图 11-27 通过 Dreamweaver 新建站点

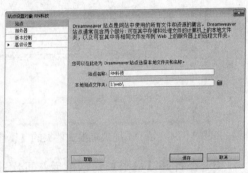

图 11-28 设置站点项目

3 在左侧列表框中选择【服务器】项目，单击【添加新服务器】按钮，打开添加新服务器的对话框，先输入【服务器名称】，再分别设置【连接方法】、【FTP 地址】、【用户名】和【密码】等信息（用户需要先向 Web 服务器提供商申请网站主机空间，然后如实填写网站服务器登录信息），如图 11-29 所示。

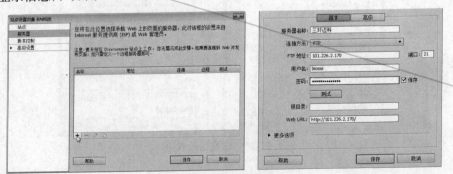

图 11-29 添加服务器

4 在添加新服务器对话框中单击【高级】按钮，显示远程服务器的高级设置，在下方的【测试服务器】区中设置服务器模型（具体要取决于网页指定支持的服务器模型），然后

单击【保存】按钮，如图 11-30 所示。

5　选择左侧列表框中的【版本控制】项目，在【访问】栏中选择【Subversion】选项，然后分别设置协议类型、服务器地址、存储库路径、服务器端口、用户名和密码等内容，如图 11-31 所示。

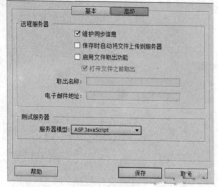
图 11-30　设置测试服务器模型

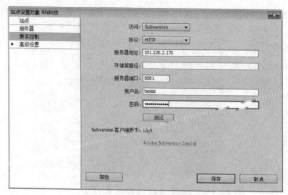
图 11-31　设置版本控制

　【版本控制】功能可以用于选择连接到使用 Subversion (SVN) 的服务器。Subversion 是一种版本控制系统，它能够协作编辑和管理远程 Web 服务器上的文件。

6　在左侧列表框中打开【高级设置】列表，选择【本地信息】选项，设置【默认图像文件夹】位置（一般先在根文件夹下创建"images"文件夹，再指定其为默认图像文件夹），如图 11-32 所示。

7　选择左侧列表框中的【遮盖】项目，设置网站是否遮盖某些扩展名文件。如果需要使用遮盖功能，可以选择【启用遮盖】及【遮盖具有以下扩展名的文件】复选项，再输入需要遮盖的文件扩展名，如图 11-33 所示。

图 11-32　设置默认图像文件夹

图 11-33　设置遮盖

　利用站点的【遮盖】功能，可以从"获取"或"上传"等站点范围操作中排除站点中的某些文件夹、文件和文件类型。在默认情况下，该功能处于启用状态。可以永久禁用遮盖功能，也可以为了对所有文件（包括遮盖的文件）执行某一操作而临时禁用遮盖功能。

8　在团队合作设计网站过程中，写备注是一个良好习惯，可以方便互相沟通。在左侧列表框中选择【设计备注】项目，此处默认选择了【维护设计备注】复选项，用户也可以设

置是否【启用上传并共享设计备注】，如图 11-34 所示。

9 在左侧列表框中选择【文件视图列】项目，使用默认设置或根据需要添加自定义列。如果启用列共享，那么【维护设计备注】和【上传设计备注】选项都会被启用，如图 11-35 所示。

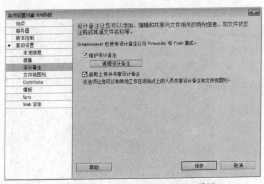

图 11-34 设置【设计备注】项目　　　　　　图 11-35 设置文件视图列

10 选择【Contribute】项目，设置是否启用 Contribute 兼容性，如图 11-36 所示。需要注意，必须将 Contribute 也安装在本地电脑后才能完成 Contribute 应用。另外，不能在使用版本控制的站点内启用 Contribute 兼容性。

11 选择【模板】项目，设置当更新模板时是否改写文件的相对路径（默认为不改写），如图 11-37 所示。

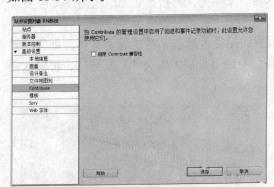
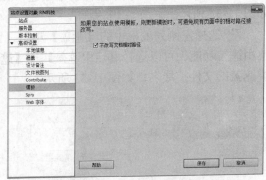

图 11-36 设置是否启用 Contribute 兼容性　　　图 11-37 设置【模板】项目

TIPS▶ Adobe Contribute 是可以让使用者以协作方式编辑、审查和发布网页内容，同时维持网站的完整性的应用程序。Contribute 工作于现有的网站，这个现有的网站可以位于本地，也可以是已经发布到 Internet 上的站点。在使用 Dreamweaver 管理 Contribute 站点之前，必须启用 Contribute 兼容性功能。

12 在【Spry】项目中可以设置 Spry 资源文件夹位置，默认在站点根目录下新建名为 "SpryAssets" 的文件夹。可以设置 Web 字体存储的文件夹，该项目一般可以忽略，最后单击【保存】按钮，如图 11-38 所示。

13 完成所有分类项目的设置后，在【文件】面板中可以看到指定的 Dreamweaver 站点根文件包含的所有文件，如图 11-39 所示。

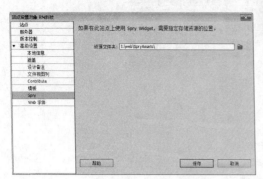

图 11-38　设置【Spry】项目

图 11-39　新建站点后可以通过【文件】面板
查看站点内容

11.3.2　创建网站文件

在定义动态网站后，网站其实还只是一个空文件夹，接下来需要为网站创建和管理各种网站资源，如创建文件夹，创建、打开、修改和浏览网页文件等。

1. 创建文件夹

为网站创建文件夹后，可以用于分类管理网页文件、图像文件、音频视频文件等。在【文件】面板上选择已定义的网站，单击鼠标右键打开快捷菜单，选择【新建文件夹】命令。接着显示一个处于重命名状态的文件夹，直接输入文件夹名称"images"，然后按下 Enter 键即可创建文件夹，如图 11-40 所示。

图 11-40　创建文件夹

2. 创建网页文件

在【文件】面板中选择站点名称，再单击鼠标右键打开快捷菜单，选择【新建文件】命令。新建的网页文件处于重命名状态，输入网页文件名称"index.html"，然后按 Enter 键即可创建网页文件，如图 11-41 所示。

 可以根据需要选择新建网页文件的路径，例如，右击站点创建的新文件在站点根目录下，右击站点内的文件夹中创建的新文件则在该文件夹目录下。

3. 移动文件位置

当需要调整文件位置时，可以通过拖动的操作方法来进行。

图 11-41　创建网页文件

例如，移动鼠标至"data.html"文件上方，再按住鼠标左键不放，然后拖至目标文件夹"database"上方再松开鼠标将弹出【更新文件】对话框，询问是否更新相关文件的链接，单击【更新】按钮，如图 11-42 所示。

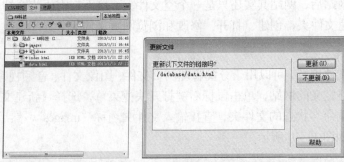

图 11-42　调整文件位置

11.3.3　上传本地的网站

完成整个网站的制作之后，便可以使用 Dreamweaver CS6 提供的网站发布功能将网站上传到远端服务器，使所有人都能够访问网站中的内容。

在使用 Dreamweaver CS6 提供的网站发布功能时，必须先定义服务器信息。其中包括指定服务器名称及其目录、登录账号、密码。定义远程信息后可以单击【测试】按钮，测试能否成功连接到远端服务器，如图 11-43 所示。

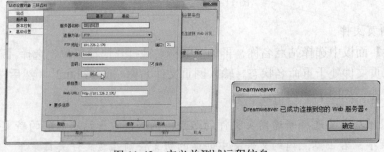

图 11-43　定义并测试远程信息

为了便于检视网站发布情况，可以先将【文件】面板打开为本地和远端网站视图窗口。单击【文件】面板右上方的【打开以显示本地和远端站点】按钮 ，打开并显示本地和远端窗口后，单击上方工具栏中的【连接到远端主机】按钮，使 Dreamweaver CS6 连接到远端服务器，如图 11-44 所示。

　　成功连接到远端主机后，在【本地文件】区选择要上传的网站，单击【上传】按钮，开始上传网站，如图 11-45 所示。

图 11-44　连接远端站点

图 11-45　上传本地文件到远端站点

11.3.4　同步更新网站文件

　　上传网站到远端主机之后，可以继续对本地网站内容进行网页文本、图片更新，删除过期的网页，以及新增网页等修改，修改完成后可以通过【更新】的方式，将修改结果上传远端主机，使远端主机内容与本地站点内容一致。

动手操作　同步更新网站文件

　　1　在【文件】面板中打开显示本地和远端站点，单击【连接到远程服务器】按钮，然后单击选择【同步】按钮，如图 11-46 所示。

　　2　弹出【与远程服务器同步】对话框，在【同步】框中选择要同步的内容是整个网站或鼠标选中的文件，在【方向】框中选择【放置较新的文件到远程】同步处理方式，选择【删除本地驱动器上没有的远端文件】复选框，单击【预览】按钮可以先获取网站信息，如图 11-47 所示。

图 11-46　完成【同步文件】设置

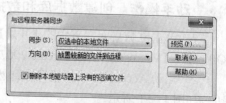

图 11-47　同步处理

　　3　显示【同步】对话框，其中显示了要更新的动作及其文件，确认无误后单击【确定】按钮，执行同步操作。如果远端服务器有需要删除的文件，将会弹出确认删除文件的对话框，

单击【是】按钮即可，如图 11-48 所示。

4 完成更新网站文件后，可以看到远端站点与本地站点的内容一致，如图 11-49 所示。

图 11-48 确认同步的动作及其文件

图 11-49 完成更新

11.4 数据库在网站的应用

在网站与浏览者交流互动的过程中，浏览者需要通过表单来提交信息，而网站则需要数据库来保存信息。因此，在完成表单设计后，还要为表单创建对应的数据库，并为表单与数据库之间建立关联，以便使表单的数据提交到数据库内。

数据库是动态网站的重要组成，通过动态网页对数据库进行读取、写入、修改、删除等操作，使网站与浏览者、浏览者与浏览者之间通过网页交流互动。下面将分别通过创建数据库文件、设置 ODBC 数据源、指定数据源名称，以及提交表单到数据库等一系列操作，详细介绍动态网站的数据库处理方法。

11.4.1 创建数据库和数据表

数据库是依照某种数据模型而组织的数据集合，允许用户访问、查询和修改特定的数据记录，不管是用于存储各种数据的表格，还是能够保存海量信息并具有数据管理功能的大型数据系统都可称为数据库。

常用的数据库创建及管理软件有 Microsoft SQL Server、Oracle、Microsoft Access 等，其中，Access 的操作较简单快速。下面将介绍使用 Access 2007 创建数据库的方法。

动手操作 创建数据库和数据表

1 单击电脑桌面左下角的【开始】按钮，从弹出的菜单中选择【所有程序】/【Microsoft Office】/【Microsoft Office Access 2007】命令，打开 Access 2007 程序，如图 11-50 所示。

2 启动 Access 2007 应用程序，然后在【新建空白数据库】栏中单击【空白数据库】按钮，如图 11-51 所示。

3 此时程序界面右侧出现【空白数据库】选项卡，单击【文件名】文本框右侧的【浏览】按钮，通过【文件新建数据库】对话框指定数据库文件保存的位置，再设置文件名，最后创建数据库文件，如图 11-52 所示。

图 11-50　启动 Access 2007 程序

图 11-51　新建空白数据库

图 11-52　设置文件保存位置和名称

4　打开 Access 2007 的编辑窗口后，在左侧窗格中选择表 1，然后切换到设计视图，如图 11-53 所示。

图 11-53　切换到设计视图

5　在切换视图时程序将弹出【另存为】对话框，要求先保存数据表。此时输入数据表的名称再单击【确定】按钮，接着修改第 1 个字段的名称，如图 11-54 所示。

6　在表设计视图的第 2 行的【字段名称】列上单击并输入字段名称，接着通过【数据类型】列设置该字段的数据类型，如图 11-55 所示。

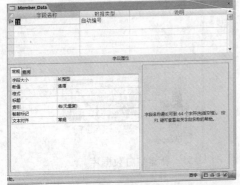

图 11-54　保存数据表并修改第 1 个字段名称

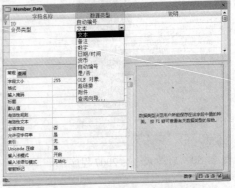

图 11-55　创建第 2 个字段

7 使用步骤 6 的方法，根据 10.4.3 小节设计的表单，添加多个与表单项目对应的字段，并设置对应字段的数据类型，结果如图 11-56 所示。

8 在创建数据字段后，单击数据表设计视图的【关闭】按钮，然后保存数据表的更改，如图 11-57 所示。

图 11-56　添加多个数据字段并设置数据类型的结果

图 11-57　关闭并保存数据表

Access 提供了"文本、备注、数字、日期/时间、货币、自动编号、是/否、OLE 对象、超链接、查阅向导"等 10 种数据类型，其说明如下：

- "文本"类型：可以输入文本字符，例如中文、英文、数字、符号、空白等，最多可以保存 255 个字符。
- "备注"类型：可以输入文本字符，但它不同于文字类型，它可以保存约 64k（指保存字节的容量，一般一个字为 1 字节，1k 相当于 1000 字节）字符，适用于长度不固定的文字数据。
- "数字"类型：用来保存诸如正整数、负整数、小数、长整数等数值数据。
- "日期/时间"类型：用来保存和日期、时间有关的数据。
- "货币"类型：适用于无须很精密计算的数值数据，例如：单价、金额等。
- "自动编号"类型：适用于自动编号类型，可以在增加一笔数据时自动加 1，产生一个数字的字段，自动编号后，无法修改其内容。
- "是/否"类型：关于逻辑判断的数据，都可以设定为此类型。
- "OLE 对象"类型：为数据表链接诸如电子表格、图片、声音等对象。
- "超链接"类型：用来保存超链接数据，例如网址、电子邮件地址等。
- "查阅向导"类型：用来查阅可预知的数据字段或特定数据集。

11.4.2 设置 ODBC 系统数据源

动态网站设计一般要通过开放式数据库连接（ODBC）驱动程序或嵌入式数据库（OLE DB）程序连接到数据源，以便动态网页从数据源读取数据信息。开放式数据库连接（ODBC）在动态网页设计中较为常用，可以通过开放式数据库连接（ODBC）驱动程序，设置动态网站的数据源。

动手操作 设置 ODBC 数据源

1 先将光盘中的"..\Example\Ch11"文件夹复制到电脑磁盘，指定该文件夹为 IIS 服务器物理路径，然后打开 Dreamweaver CS6 程序，通过【文件】面板定义该文件夹为网站，结果如图 11-58 所示。

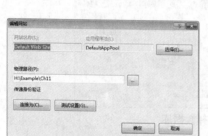 

图 11-58 设置 IIS 物理路径再定义站点

图 11-59 打开控制面板

2 单击电脑桌面左下角的【开始】按钮，从弹出的菜单中选择【控制面板】命令，如图 11-59 所示。

3 打开【控制面板】窗口，然后双击【管理工具】图标打开【管理工具】窗口，如图 11-60 所示。

4 打开【管理工具】窗口后找到【数据源（ODBC）】项目并双击该项目图标，打开 ODBC 数据源管理器，如图 11-61 所示。

5 打开【ODBC 数据源管理器】对话框，选择【系统 DSN】选项卡，单击【添加】按钮，如图 11-62 所示。

图 11-60 打开管理工具

图 11-61 打开 ODBC 数据源

6 打开【创建新数据源】对话框后，在列表框中选择【Microsoft Access Driver (*.mdb,*.accdb)】项目，单击【完成】按钮，如图 11-63 所示。

图 11-62　添加 ODBC 数据源

图 11-63　选择数据源的驱动程序

7 打开【ODBC Microsoft Access 安装】对话框后，输入数据源名称，然后单击【选择】按钮，在打开的【选择数据库】对话框中选择数据库文件并单击【确定】按钮，如图 11-64 所示。

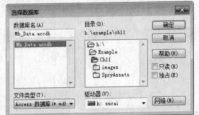

图 11-64　设置数据源名称并选择数据库

8 返回【ODBC 数据源管理器】对话框，即可将数据库添加为系统数据源，单击【确定】按钮，如图 11-65 所示。

图 11-65　查看并确定系统数据源

11.4.3　指定数据库源名称

对于本地站点而言，动态网页需要在支持动态网页程序的服务器环境中运行并可以访问数据库，要达到这个目的必须满足 4 个条件。

（1）将网页文件所在的文件夹定义成本地站点。

（2）设置动态网页的文件类型。

（3）设置站点的测试服务器。

（4）指定数据源名称（DSN）。

因此，在设置 ODBC 系统数据源后，还需要通过 Dreamweaver 定义站点并设置本地测试服务器以及动态网页文件类型，最后才可以实现指定数据源名称的操作。

可以在 Dreamweaver CS6 中打开【数据库】面板，然后单击【文档类型】链接文本，通过打开的【选择文档类型】对话框设置文档类型，如图 11-66 所示。

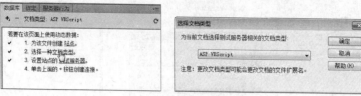

图 11-66　设置文档类型

同样，在【数据库】面板中单击【测试服务器】链接文本，打开网站定义对话框，在【服务器】定义项目中添加服务器项目并设置服务器选项，然后单击【高级】按钮切换到【高级】选项卡，再设置测试服务器的模型，然后保存服务器的设置，将服务器启用为测试服务器，最后保存定义站点的所有设置，如图 11-67 所示。

图 11-67　通过【数据库】面板设置测试服务器

在正确完成数据库源名称条件设置后，在【数据库】面板中可以看到 3 个条件前面都已打勾表示一切正常，可以开始执行指定数据库源名称，以实现后续一系列动态网页设计的操作。

动手操作　指定数据源名称（DSN）

1　在 Dreamweaver CS6 中通过【文件】面板打开"Join.asp"练习文件（在 11.4.2 小节的练习文件夹），如图 11-68 所示。

2　按 Ctrl+Shift+F10 快捷键打开【数据库】面板，在面板中单击【添加】按钮，并从打开的菜单中选择【数据源名称（DSN）】命令，如图 11-69 所示。

图 11-68　打开练习文件

图 11-69　添加数据源名称（DSN）

3　在【数据源名称（DSN）】对话框中设置连接名称，并在【数据源名称（DSN）】下拉菜单中选择数据源名称，如图 11-70 所示。

4　单击对话框中的【测试】按钮测试数据库是否成功连接。如果成功连接，则会弹出提示对话框，只需单击【确定】按钮即可，如图 11-71 所示。

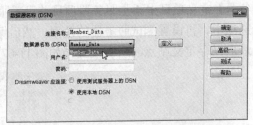

图 11-70　设置连接名称和数据源名称

5　打开【数据库】面板，从打开连接的数据源项目中查看数据表的各个字段，如图 11-72 所示。

图 11-71　测试数据源名称连接

图 11-72　连接数据库的结果

11.4.4　提交表单记录至数据库

为网站指定数据源名称（DSN）后，网站以及其中的网页与数据库之间建立了关联，当浏览者通过网页表单填写资料后，就可以提交到网站的数据库中。实现这个过程的方法很简单，就是为表单添加"插入记录"服务器行为或者通过【插入】面板的【数据】选项卡进行"插入记录"操作，使表单元件与数据库的数据表字段相对应，并将数据一一对应地插入到数据表的字段中，完成资料数据的提交，同时浏览者也成功申请为会员。

动手操作　提交表单记录至数据库

1　通过【文件】面板打开"Join.asp"文件，打开【插入】面板的【数据】选项卡，然

后单击【插入记录】按钮并在列表中选择【插入记录】选项，如图 11-73 所示。

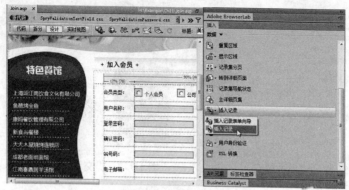

图 11-73　插入记录

2　在打开【插入记录】对话框后，指定连接为当前站点指定的数据源名称，再设置插入到的表格为当前数据源的数据表，单击【浏览】按钮，指定插入记录后跳转到的目标文件，如图 11-74 所示。

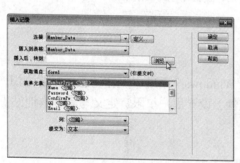

图 11-74　指定连接和跳转目标文件

3　返回【插入记录】对话框，设置获取值为【form1】（即当前页面的表单），接着选择表单元素并指定与其对应的数据表字段和数据类型，如图 11-75 所示。

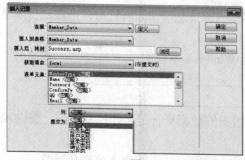

图 11-75　设置目标表单和表单元素对应的字段

4　保存文件并按 F12 功能键，通过浏览器打开网页。打开网页后，在表单上填写各项信息，然后单击【提交】按钮，如图 11-76 所示。此时表单的数据将提交到数据库并自动转到指定的网页，以给访问者反馈信息，如图 11-77 所示。当表单成功提交后，在表单中填写的信息就保存在数据库的数据表内，如图 11-78 所示。

图 11-76 填写表单并提交

图 11-77 提交表单后显示加入会员成功信息

图 11-78 表单成功提交后，资料保存到数据库

11.5 本章小结

本章主要介绍了使用 Dreamweaver CS6 在 Windows 7 系统中制作动态网站的知识，其中包括安装本地站点服务器 IIS、设置 IIS 站点属性、设置用户权限、定义与管理本地站点、在站点上应用数据库等内容。

11.6 本章习题

1. 填空题

（1）网站主要可以分为_____和_____两种。

（2）_____是指包含能够根据浏览者提供的信息回馈而有针对性地在网页中显示相关信息的 Web 页的网站。

（3）IIS 全称 Internet Information Server，是 Windows 系统的_____基本组件，其中包括_____、_____、_____和_____。

（4）Dreamweaver 站点通常包含两个部分：_____和_____。

（5）_____是依照某种数据模型而组织的数据集合，允许用户访问、查询和修改特定的数据记录。

（6）动态网站通过_____程序或_____程序连接到数据源。

2. 选择题

（1）以下哪个不属于动态网站开发语言？　　　　　　　　　　　　　　　　（　　）

　　A. ASP　　　　　　B. PHP　　　　　　C. HTML　　　　　D. JSP

（2）遮盖功能主要用于？　　　　　　　　　　　　　　　　　　　　　　　（　　）

A. 从站点的操作中排除某些特定的文件

    B. 从站点的操作中删除某些特定的文件

    C. 从站点的操作中覆盖某些特定的文件

    D. 从站点的操作中新增某些特定的文件

（3）对于 Access 而言，若想要数据字段可以保存大量的文本字符，那么应该为字段设置什么数据类型？   （   ）

    A. 文本   B. 自动编号   C. 备注   D. OLE 对象

（4）为动态网页指定数据源名称之前，必须先满足以下哪个条件？   （   ）

    A. 将网页文件来定义成本地网站   B. 设置动态网页的文件类型

    C. 设置网站的测试服务器   D. 以上皆是

3. 操作题

    通过 Dreamweaver CS6 在分区磁盘中建立一个名称为"艾菲科技公司"的网站，并创建"images"文件夹和"index.html"、"about.html"、"product.html"、"servers.html"、"sale.html"和"news.html"网页文件，结果如图 11-79 所示。

图 11-79　操作题结果

    提示：

    （1）启动 Dreamweaver CS6，在菜单栏上选择【站点】/【新建站点】命令，打开【站点设定对象】对话框，如图 11-80 所示。

    （2）在【站点设置对象】对话框中选择左边的列表框中的【站点】项目，填写【站点名称】，指定【本地根文件夹】，如图 11-81 所示。

图 11-80　通过 Dreamweaver 新建站点

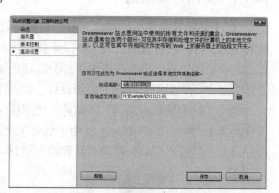

图 11-81　设置站点项目

    （3）通过【文件】面板创建网站文件夹和网页文件。

第 12 章　综合设计——饮食类网站

内容提要

本章通过制作"妃子笑私房菜馆"网站，综合介绍 Photoshop CS6、Flash CS6 和 Dreamweaver CS6 在网站制作过程中配合应用的方法。

学习重点与难点

➢ 了解网站的规划知识
➢ 掌握使用 Photoshop CS6 设计网页图像的方法
➢ 掌握使用 Flash CS6 制作网站动画素材的方法
➢ 掌握使用 Dreamweaver CS6 编辑页面和制作网站功能的方法

12.1　网站案例规划

在设计网站前，首先规划私房菜馆网站项目的具体方案，包括布置页面布局和色彩方案等，以便后续的制作顺利进行。

12.1.1　页面布局规划

"妃子笑私房菜馆"网站以营养、新鲜为私房菜饮食主题，因此在设计上采用了清新、简洁的风格。在网站首页的页面上，以半圆形状制作导航栏，再配合一些简单的标语和装饰图衬托出整个页面风格，接着在页面下部分以红色矩形为背景，展示网站的基本资讯，从而与页面上部分配合，突出整个网站的清新设计，如图 12-1 所示。

由于"妃子笑私房菜馆"网站首页使用横向宽幅布局，因此页面采用通栏设计，并从上到下分割为上、中、下 3 部分，其中上部分包含网站 Logo、装饰内容；中间部分包含新闻与公告栏目、热门菜谱栏目、招聘栏目和留言栏目；下部分为网站信息与版权区，如图 12-2 所示。

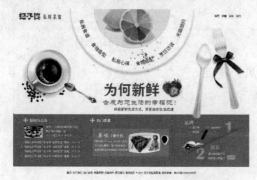

图 12-1　妃子笑私房菜馆首页布局

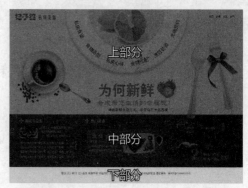

图 12-2　妃子笑私房菜馆首页分割图

12.1.2　页面配色方案

　　"妃子笑私房菜馆"网站页面主要使用了白色、浅黄色和浅红色 3 种网页配色。

　　其中浅黄色用于页面的背景。在设计色彩学中，明亮的黄色是一种幸福的颜色，代表积极的特质，如喜悦、智慧、光明、能量、乐观和幸福；而浅黄色不仅具有黄色的特质，还可以进一步带来欢乐、清新的正面感受。

　　此外，页面的信息栏部分使用了浅红色。这种颜色象征着火和力量，还与激情和重要性联系在一起，有助于激发能量和提起兴趣，用于饮食方面最能体现出食物的吸引力。

　　页面中其他的装饰元素以及导航栏部分都采用了白色为主。白色象征纯洁和天真，它还传达着干净和安全。

　　使用白色、浅黄色和浅红色进行页面配色，主要体现了饮食类网站给人的一种喜悦、幸福、干净和健康的感觉，从而使人们对美味食物产生强烈的期望。如图 12-3 所示为本例页面配色方案。

图 12-3　妃子笑私房菜馆首页配色方案

12.1.3　案例设计流程

　　"妃子笑私房菜馆"饮食网站的首页包括了网站中的预约系统的制作，因此案例除了页面设计和内容编排外，还涉及动态网页和数据库的应用。制作流程如下：

　　（1）通过 Photoshop CS6 设计网站首页的图像模板，包括填充背景、制作网站 Logo、制作导航条、添加装饰素材、设计资讯展示区、页尾等内容。

　　（2）设计图像模板，进行切片处理并存储为网页文件，如图 12-4 所示。

　　（3）使用 Flash CS6 为导航条图像制作动画效果，如图 12-5 所示。

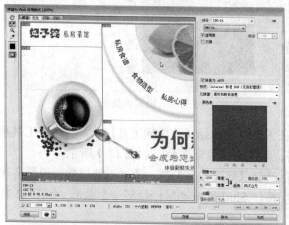

图 12-4　对首页图像进行切片处理后存储为网页文件

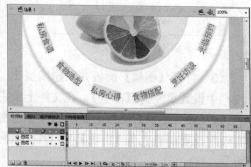

图 12-5　使用 Flash CS6 制作导航条图像的动画效果

　　（4）使用 Dreamweaver CS6 编排网页并制作网站的就餐预约系统。

12.2 设计网站首页图像

1. 设计网页 Logo 和导航

　　首先创建文件并填充背景颜色，然后进行其他的设计。其中 Logo 的设计以简单的方式处理，在设计前寻找并安装一种好看的字体，使用此字体作为 Logo 标题即可。导航条部分采用了个性化的设计手段，使用半圆作为导航背景，导航标题文字则沿着半圆排列，最后为导航条半圆上添加一个彩色的水果作为装饰，再输入其他必要的文本，结果如图 12-6 所示。

图 12-6 设计网页 Logo 和导航的结果

动手操作 设计网页 Logo 和导航

　　1 启动 Photoshop CS6 应用程序，选择【文件】/【新建】命令，打开【新建】对话框后，设置宽度为 1200 像素、高度为 850 像素，接着设置其他选项并单击【确定】按钮，如图 12-7 所示。

　　2 在工具箱上单击【前景色】图标，弹出【拾色器（前景色）】对话框，在色盘上选择一种前景色，单击【确定】按钮，如图 12-8 所示。

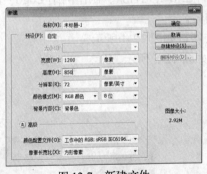

图 12-7 新建文件

图 12-8 设置前景色

　　3 打开【图层】面板并新建图层 2，在工具箱中选择【油漆桶工具】，然后在工具属性栏中设置填充为【前景】，在文件上单击，为图层 2 填充颜色，如图 12-9 所示。

　　4 在【图层】面板上新增图层 3，然后选择【椭圆工具】，通过工具属性栏设置各项属性并设置前景色为【白色】，接着在文件上按住 Shift 键拖动鼠标绘制一个圆形，如图 12-10 所示。

　　5 选择【视图】/【标尺】命令（或按下 Ctrl+R 快捷键）显示标尺，再从垂直标尺上拉出一条垂直参考线，在工具箱中选择【移动工具】并在工具属性栏中选择【显示变换控件】复选框，然后将圆形移到文件垂直方向的中央，使圆形上下变换框中央的节点与参考线重合，如图 12-11 所示。

6　使用【移动工具】 ![移动工具]选择圆形，然后按住 Shift 键并向上拖动圆形，使圆形左右变换框的节点与文件的上边缘重合，使圆形下半部分显示在文件上，如图 12-12 所示。

图 12-9　新增图层并填充颜色

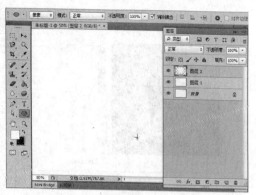

图 12-10　新增图层并绘制圆形

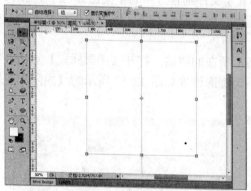

图 12-11　将圆形调整到垂直方向的中央位置

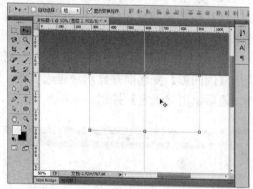

图 12-12　使圆形下半部分显示在文件中

7　在【图层】面板中双击圆形所在图层，打开【图层样式】对话框后选择【投影】复选框并显示对应选项卡，然后为圆形设置如图 12-13 所示的【投影】属性。

8　在【图层样式】对话框中选择【内阴影】复选框并打开对应的选项卡，然后设置如图 12-14 所示的【内阴影】属性，接着单击【确定】按钮。

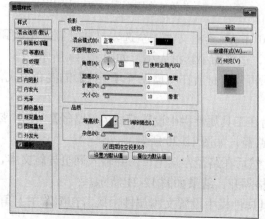

图 12-13　为圆形图层应用投影样式

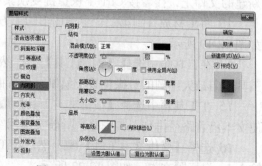

图 12-14　为圆形图层应用内阴影样式

9 在工具箱上单击【前景色】图标，弹出【拾色器（前景色）】对话框，在色盘上选择一种前景色并单击【确定】按钮，然后在【图层】面板中新增图层 3，再使用【椭圆工具】在图层上绘制一个较小的圆形，如图 12-15 所示。

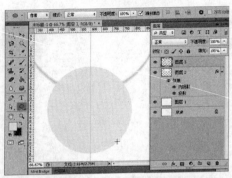

图 12-15　新增图层并再次绘制圆形

10 使用步骤 5 的方法使步骤 9 绘制的圆形置于文件垂直方向的中央位置，然后使用【移动工具】选择圆形并按住 Shift 键向上拖动圆形，使该圆形的下半部分显示在文件中，如图 12-16 所示。

11 在【图层】面板中双击步骤 9 绘制的圆形所在的图层，打开【图层样式】对话框后选择【内阴影】复选框并显示对应选项卡，然后为圆形设置如图 12-17 所示的【内阴影】属性，最后单击【确定】按钮。

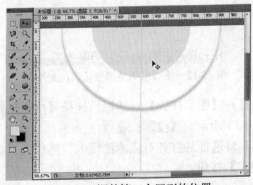

图 12-16　调整第二个圆形的位置

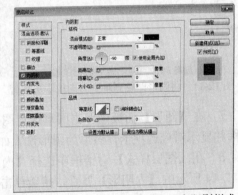

图 12-17　为第二个圆形图层应用内阴影样式

12 打开光盘中的 "..\Example\Ch12\sucai\01.jpg" 素材文件，全选素材并复制并粘贴到新建的文件上，接着按 Ctrl+T 快捷键变换素材，适当缩小素材大小，如图 12-18 所示。

13 将素材放置到第二个半圆图形的上方，再为素材所在图层设置【变暗】的混合模式，如图 12-19 所示。

14 在工具箱中选择【钢笔工具】，然后在工具属性栏中设置模式为【路径】，使用该工具沿着最大半圆的边缘位置上绘制一条弯曲路径，如图 12-20 所示。

15 在工具箱中选择【横排文本工具】，然后在路径左端上单击并输入网页导航文本，使文本沿着路径排列，其中每个导航文本用空格隔开，结果如图 12-21 所示。

16 选择【横排文本工具】，然后在工具属性栏中设置文本属性，接着在图像左上角输入 Logo 标题文本，如图 12-22 所示。

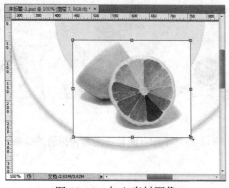

图 12-18　加入素材图像

图 12-19　调整素材图像位置并设置混合模式

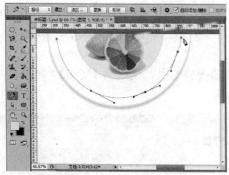

图 12-20　沿半圆边缘绘制路径

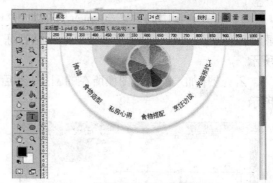

图 12-21　在路径上输入导航文本

17 使用【横排文本工具】 选择 "妃子笑" 三个字，设置字体为【王漢宗超黑体俏皮动物一】并修改字体的颜色为【深红色】，接着将【私房菜馆】4 个字的大小修改为 36 点，如图 12-23 所示。

图 12-22　输入 Logo 标题文本

图 12-23　修改文本的字体和大小

18 选择【横排文本工具】 ，在工具属性栏中设置文本属性，接着在图像右上角输入后续用作链接的文本，如图 12-24 所示。完成上述操作后保存文件。

2．添加装饰元素和标语

下面为设计 "妃子笑私房菜馆" 网站首页图像添加一些装饰元素，如咖啡素材、一些餐具素材、一些水果素材等。此外，还在页面上输入一些标语，除了起到装饰页面效果外，还可以通过文字来吸引浏览者。结果如图 12-25 所示。

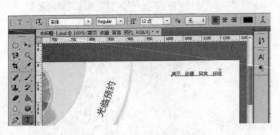

图 12-24　输入其他文本

图 12-25　添加页面装饰元素和标语的结果

动手操作　添加页面装饰元素和标语

1　打开光盘中的"..\Example\Ch12\12.2.2.psd"文件,选择"..\Example\Ch12\sucai\02.jpg"素材图像,然后全选该图形并复制后粘贴到练习文件上,适当调整图像的大小,如图 12-26 所示。

2　选择加入的素材图像所在的图层,然后设置该图层的混合模式为【变暗】,如图 12-27 所示。

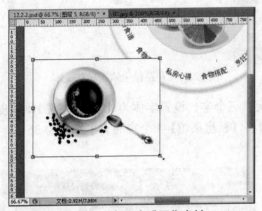

图 12-26　加入咖啡图像素材

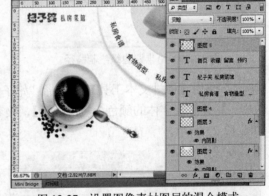

图 12-27　设置图像素材图层的混合模式

3　将"..\Example\Ch12\sucai\03.psd"素材文件打开,然后在该文件的图层上单击右键并选择【复制图层】命令,指定目标文档为本例的练习文件,单击【确定】按钮,如图 12-28 所示。

4　返回练习文件的文件窗口,参照步骤 3 将练习文件中的餐具素材放置在页面右上方,如图 12-29 所示。

5　在工具箱中选择【横排文本工具】■,然后在工具属性栏中设置文本的属性,

图 12-28　复制图层到练习文件

其中文本的颜色为【红色】,在导航半圆的下方输入文本,如图 12-30 所示。

6　在【横排文本工具】■的工具属性栏中修改文本的属性(其中文本的颜色为【橙色】),然后在第一行文本下方输入第二行文本,如图 12-31 所示。

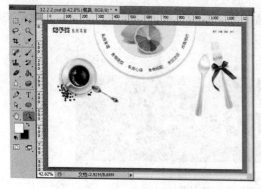

图 12-29　调整餐具素材的位置

图 12-30　输入文本

7　在【横排文本工具】 T 的工具属性栏中修改文本的属性（其中文本的颜色为【深灰色】），然后在第二行文本下方输入第三行文本，如图 12-32 所示。

图 12-31　输入第二行文本

图 12-32　输入第三行文本

8　打开 "..\Example\Ch12\sucai\04.jpg" 素材图像，然后全选该图形并复制后粘贴到练习文件上，适当调整一下图像的大小并放置在第一行文本的右端，最后设置该图像所在图层的混合模式为【变暗】，如图 12-33 所示。

图 12-33　加入草莓水果素材并设置图层混合模式

3．设计页面资讯区与页尾

下面将设计"妃子笑私房菜馆"网站首页的资讯区和页尾两部分内容，其中资讯区使用浅红色矩形作为背景，然后制作新闻与公告、热门菜谱、招聘和留言 4 个栏目内容。完成资

讯区制作后，在资讯区下方空白位置上输入网站链接文本和版权信息等内容，结果如图 12-34 所示。

图 12-34 设计资讯区和页尾的结果

动手操作 设计页面资讯区与页尾

1 打开光盘中的"..\Example\Ch12\12.2.3.psd" 文件，在【图层】面板上新增一个图层，选择【矩形工具】□并设置前景色为【浅红色】，接着使用矩形工具在页面下方绘制一个矩形，如图 12-35 所示。

2 打开【图层】面板并新增图层 8，在工具箱中选择【自定形状工具】□，然后通过工具属性栏设置属性并选择一种形状，在浅红色矩形偏左的位置上绘制一个白色的自定形状，如图 12-36 所示。

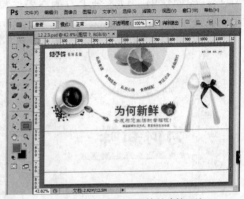

图 12-35 新增图层并绘制矩形

3 选择【横排文本工具】□，然后在工具属性栏中设置文本属性，在自定形状右边输入标题文本"新闻与公告"，如图 12-37 所示。

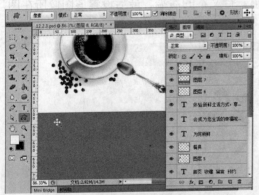

图 12-36 新增图层并绘制自定形状

图 12-37 输入第一个栏目的标题文本

4 打开光盘中的"..\Example\Ch12\sucai\05.jpg"文件，然后全选该图像并复制粘贴到练习文件上，适当缩小图像并放置在标题文本下方，如图 12-38 所示。

5 使用【横排文本工具】□在"新闻与公告"栏目中输入文本内容。因为后续编排网页时需要重新修改这些内容，因此在本例中可以随时输入文本以暂代效果即可，如图 12-39 所示。

图 12-38 加入栏目图像素材

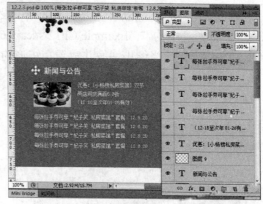

图 12-39 输入"新闻与公告"栏目内容

6 在按住 Ctrl 键的同时选择图层 8 和"新闻与公告"图层，然后打开【图层】面板的快捷键菜单并选择【复制图层】命令，打开【复制图层】对话框后指定目标文档为本例的练习文件，最后单击【确定】按钮，如图 12-40 所示。

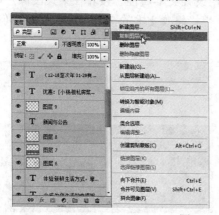

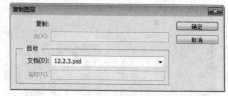

图 12-40 复制图层

7 在复制图层后，使用【移动工具】将图层内容向右移开，接着将"新闻与公告"图层的文本更改为"热门菜谱"（图层名称会自动更改），如图 12-41 所示。

8 在"热门菜谱"图层上方新增图层 10，设置前景色为【白色】，再选择【矩形工具】，然后在"热门菜谱"文本下方绘制一个矩形，如图 12-42 所示。

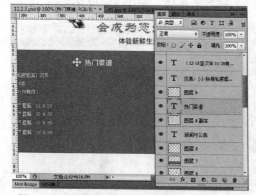

图 12-41 调整复制出的图层位置并修改文本

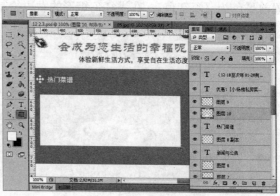

图 12-42 新增图层并绘制矩形

9 选择图层 10，然后在【图层】面板中设置该图层的不透明度为 20%，如图 12-43 所示。

10 将光盘中的 "..\Example\Ch12\sucai\06.jpg" 文件打开，然后全选该图像并复制粘贴到练习文件上，适当缩小图像并放置在矩形的右边，如图 12-44 所示。

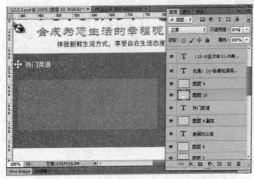

图 12-43　设置矩形图层的不透明度

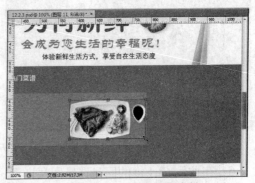

图 12-44　加入菜式图像素材

11 选择【横排文本工具】　，在工具属性栏设置文本属性，接着在菜式图像左边输入菜式名称文本，再选择"原味"二字，通过工具属性栏修改文本的字体、大小和颜色（黄色），如图 12-45 所示。

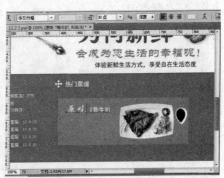

图 12-45　输入文本并修改部分文本

12 选择【横排文本工具】　，在工具属性栏中设置文本属性，然后在菜式名称文本下方输入说明文字内容，如图 12-46 所示。

13 在菜式说明文本图层上方新增图层 12，然后在工具箱中选择【直线工具】　，并设置前景色为【深红色】，在浅红色矩形的右边绘制一条倾斜的直线，如图 12-47 所示。

图 12-46　输入菜式说明内容

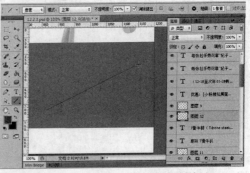

图 12-47　新增图层并绘制倾斜直线

14 新增图层 13 并将此图层放置在图层 12 下方，在工具箱中选择【多边形套索工具】，然后在倾斜直线的左侧创建一个选区，如图 12-48 所示。

15 通过工具箱设置前景色为"深红色（#d6442c）"，再选择【油漆桶工具】，然后在选区上单击，为选择填充深红色，如图 12-49 所示。填充完成后，按下 Ctrl+D 快捷键取消选区。

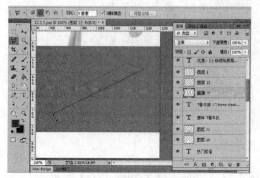

图 12-48　新增图层并创建选区

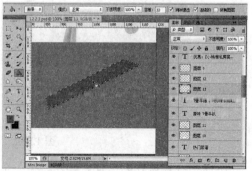

图 12-49　为选区填充颜色

16 在工具箱中选择【橡皮擦工具】，然后在工具属性栏中设置笔画大小和其他属性，在图层 13 的色块边缘上涂擦，最后设置图层 13 的不透明度为 70%，如图 12-50 所示。

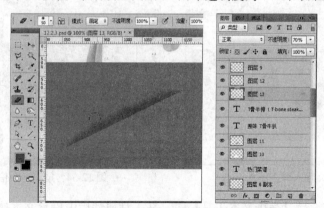

图 12-50　擦除色块边缘并设置图层不透明度

17 使用【横排文本工具】在斜线左侧输入招聘相关信息，然后将光盘中的"..\Example\Ch12\sucai\07.jpg"文件打开，全选该图像并复制粘贴到练习文件上，将图像放置到招聘信息的下方，如图 12-51 所示。

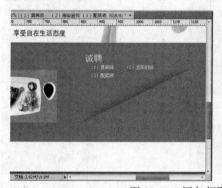

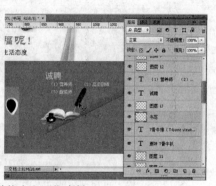

图 12-51　添加招聘信息和图像素材

18 选择【横排文本工具】 T，再通过工具属性栏设置文本属性，在斜线右上方输入粉红色的数字 1，然后在斜线左下方输入粉红色数字 2，如图 12-52 所示。

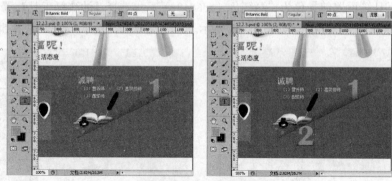

图 12-52　输入数字文本

19 使用【横排文本工具】 T 在斜线右下方输入留言信息，结果如图 12-53 所示。

20 在工具箱中选择【自定形状工具】，然后在工具属性栏中设置工具属性并选择一种信封形状，在留言信息右边绘制一个粉红色的信封图形，如图 12-54 所示。

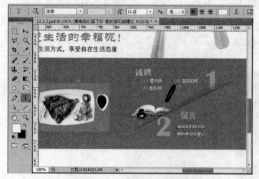

图 12-53　输入留言信息

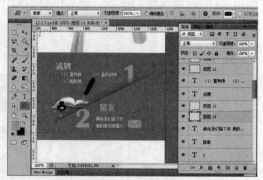

图 12-54　绘制一个信封图形

21 在工具箱中选择【横排文本工具】 T，在工具属性栏中设置文本属性，接着在浅红色矩形下方（即页尾部分）输入网站导航文本和版权信息，如图 12-55 所示。

22 打开【图层】面板并选择【餐具】图层，将此图层拖到图层 7（即浅红色矩形所在图层）的上方，如图 12-56 所示。

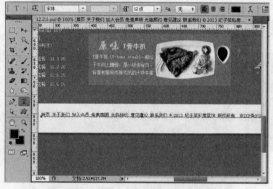

图 12-55　输入页尾部分的文本内容

图 12-56　调整图层的排列顺序

4. 创建图像切片并存成网页

设计好网站首页的图像模板后，可以通过 Photoshop CS6 为图像创建切片，然后将包含切片的图像存储为 HTML 网页文件，以便后续可以在 Dreamweaver CS6 中编辑页面内容与制作其他网页效果。如图 12-57 所示为图像创建切片并存储为网页后通过浏览器查看的效果。

在 Photoshop 中，切片的作用是将图像分成各个功能区域，当图像存储为网页文件时，每个切片作为一个独立的图像存储，以方便这些切片图像在网络中可以更快下载完成并显示在页面中。另外，可以通过 Photoshop 为切片设置链接。

动手操作 创建图像切片并存储成网页

1 打开光盘中的 "..\Example\Ch12\12.2.4.psd" 文件，显示标尺并通过标尺拉出多条参考线，以分割页面的主要内容区域，如图 12-58 所示。

图 12-57   通过浏览器查看网页效果

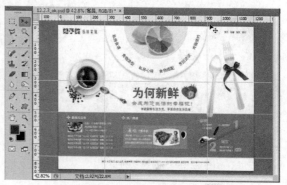

图 12-58   利用参考线分割页面主要内容区域

2 在工具箱中选择【切片工具】 ，然后在工具属性栏中单击【基于参考线切片】按钮，以便通过参考线创建切片，如图 12-59 所示。

3 选择【切片工具】 ，使用鼠标在页面左上端开始拖出切片，使此切片区域包含网页 Logo 标题的内容，如图 12-60 所示。

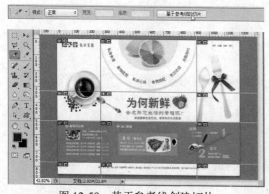

图 12-59   基于参考线创建切片

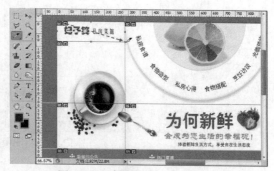

图 12-60   创建包含 Logo 的切片

4 使用【切片工具】 在图像右上方拖出切片区域，创建包含图像右上角导航文本的切片，如图 12-61 所示。

5 使用步骤 3 和步骤 4 的方法，使用
【切片工具】 根据图像的内容创建不同区域
的切片，结果如图 12-62 所示。

6 选择【文件】/【存储为 Web 所有格
式】命令，打开对话框后选择切片，然后在
对话框右边选项卡中设置切片存储格式为
【PNG-24】。使用相同的方法，为其他切片设
置存储格式，接着单击【存储】按钮，如图
12-63 所示。

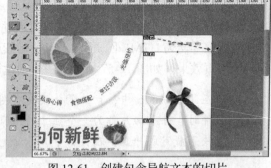

图 12-61　创建包含导航文本的切片

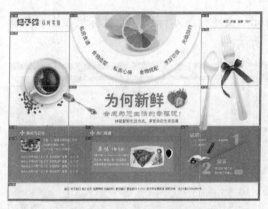

图 12-62　创建其他切片

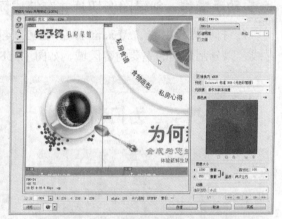

图 12-63　设置切片存储格式并执行存储

7 打开【将优化结果存储为】对话框，在【格式】选项中选择【HTML 和图像】，然后
设置文件名称，单击【保存】按钮，在弹出的警告对话框中直接单击【确定】按钮，如图 12-64
所示。

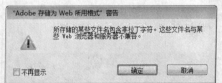

图 12-64　将图像存储为网页文件

12.3　设计网站首页动画

本网站的首页动画制作包括导航区动画和导航区按钮效果。

1. 制作导航区动画效果

下面将为网站的导航区制作一个跟随鼠标散动的点圆变化动画。首先制作多个点圆（即很小的圆形）沿着路径移动的引导层动画，并设置在动画过程中点圆产生颜色变化，接着将点圆运动的影片剪辑放置在舞台，通过 ActionScript 代码使点圆产生跟随鼠标并散动的变化，结果如图 12-65 所示。

图 12-65 导航区的跟随鼠标动画效果

动手操作 制作导航区动画效果

1 启动 Flash CS6 应用程序，在欢迎屏幕中单击【ActionScript 2.0】按钮，新建一个基于 ActionScript 2.0 脚本的 Flash 文件，如图 12-66 所示。

2 打开【属性】面板，设置舞台的大小为 630×330 像素，如图 12-67 所示。

图 12-66 新建 Flash 文件

图 12-67 设置文件舞台的大小

3 选择【文件】/【导入】/【导入到舞台】命令，打开【导入】对话框，选择光盘中的 "..\Example\Ch12\images\index_03.png" 文件，然后单击【打开】按钮，在弹出的对话框中单击【否】按钮，如图 12-68 所示。

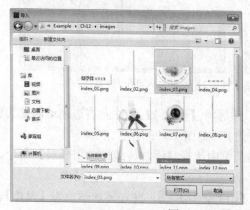

图 12-68 导入图像到舞台

4 选择导入到舞台的图像，然后打开【属性】面板，设置 X 位置和 Y 位置均为 0，使图像与舞台完全重叠，如图 12-69 所示。

5 选择【插入】/【新建元件】命令，打开【创建新元件】对话框，设置元件的名称和类型，单击【确定】按钮，如图 12-70 所示。

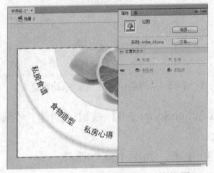

图 12-69 设置图像在舞台的位置

图 12-70 创建影片剪辑元件

6 进入【形状 1】影片剪辑编辑窗口，然后在工具箱中选择【椭圆工具】 并设置笔触颜色为【无】、填充颜色为【土黄色】，在窗口中按住 Shift 键绘制一个圆形，如图 12-71 所示。

7 选择【插入】/【新建元件】命令，打开【创建新元件】对话框后设置元件的名称和类型，再单击【确定】按钮，此时打开【库】面板并将【形状 1】元件拖到【形状 1_mc】元件编辑窗口内，如图 12-72 所示。

图 12-71 绘制一个圆形

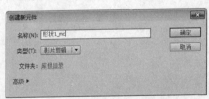

图 12-72 新建元件并将【形状 1】元件加入新元件内

8 在图层 1 的第 20 帧上插入关键帧，然后将【形状 1】元件向右边拖动调整其位置，接着打开【属性】面板并设置元件的 Alpha 为 0，如图 12-73 所示。

9 选择图层 1 并单击右键，在弹出的菜单中选择【添加传统运动引导层】命令，如图 12-74 所示。

10 在添加引导层后，在工具箱中选择【铅笔工具】 ，设置笔触颜色为【黑色】，在窗口中绘制一条曲线，如图 12-75 所示。

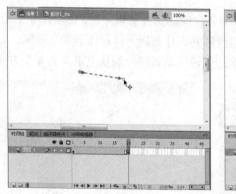
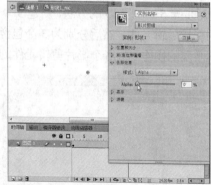

图 12-73 插入关键帧并设置元件的位置和透明度

图 12-74 添加传统引导层

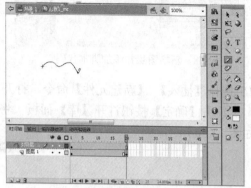

图 12-75 在引导层上绘制一条曲线

11 设置显示比例为 400%，选择图层 1 的第 1 帧，使用【选择工具】 将【形状 1】元件放置在曲线的左端点上，接着选择图层 1 的第 20 帧，使用【选择工具】 将【形状 1】元件放置在曲线的右端点上，如图 12-76 所示。

12 选择图层 1 的第 1 帧后选择【插入】/【传统补间】命令，创建传统补间动画，选择图层 1 的第 12 帧并插入关键帧，再选择该帧的【形状 1】元件，打开【属性】对话框，设置元件的【色调】样式，如图 12-77 所示。

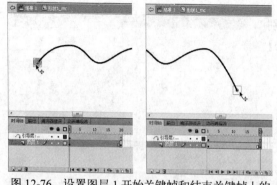

图 12-76 设置图层 1 开始关键帧和结束关键帧上的元件位置

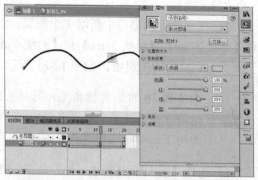

图 12-77 创建传统补间动画并插入关键帧后设置元件样式

13 在引导层上新增图层 3，然后在图层 3 第 20 帧上插入空白关键帧，打开【动作】面板，在【脚本】窗格中输入停止播放并卸载影片剪辑的代码，如图 12-78 所示。

14 使用步骤 5～步骤 13 的方法，新建 3 个包含圆的影片剪辑元件，再新建 3 个用于制作引导层动画的影片剪辑元件，然后分别为 3 个包含圆的影片剪辑元件制作引导层动画，如图 12-79 所示。在本步骤的操作中，各个影片剪辑元件的引导层动画将分别从上下左右 4 个方向制作。

图 12-78 新增图层并添加脚本代码

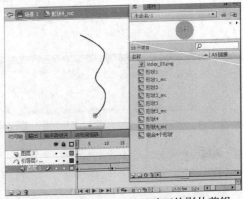

图 12-79 制作其他引导层动画的影片剪辑

15 选择【插入】/【新建元件】命令，打开【创建新元件】对话框后设置元件的名称和类型，再单击【确定】按钮打开【库】面板，将【形状 1_mc】影片剪辑元件拖到当前元件内，如图 12-80 所示。

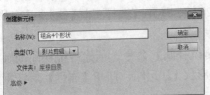

图 12-80 创建新元件并加入【形状 1_mc】元件

16 在元件编辑窗口中新增 3 个图层，分别将【形状 2_mc】、【形状 3_mc】和【形状 4_mc】元件加入到对应的图层中，如图 12-81 所示。

TIPS

在步骤 16 中，需根据元件的引导层运动方向来放置各个元件，例如引导层向下运动的元件将放置在下方。

17 选择【插入】/【新建元件】命令，打开【创建新元件】对话框并设置元件的名称和类型，再单击【确定】按钮，此时打开【库】面板并将【组合 4 个形状】影片剪辑加入当前元件，如图 12-82 所示。

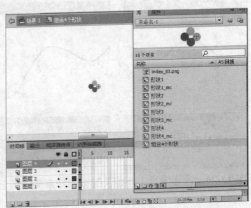

图 12-81 新增图层并对应加入元件

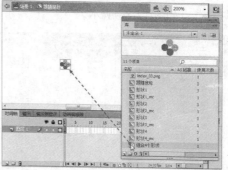

图 12-82 新建元件并加入【组合 4 个形状】影片剪辑

18 选择窗口中的【组合 4 个形状】影片剪辑元件，打开【属性】面板，设置该元件的实例名称为【mc】，如图 12-83 所示。

19 在图层 1 上新增图层 2，在图层 2 的第 1 帧上添加如图 12-84 所示的代码。

20 选择图层 1 第 4 帧并按 F5 功能键插入帧，然后选择图层 2 第 3 帧并插入空白关键帧，在该帧中添加使影片剪辑元件进行散动效果的脚本代码，如图 12-85 所示。

图 12-83 设置元件实例名称

```
mouseX = _xmouse;
mouseY = _ymouse;
if ((xPos != mousex) or (yPos != mouseY)) {
    duplicateMovieClip("mc", "mc"+i, 1889+i);
    setProperty("mc"+i, _x, mouseX);
    setProperty("mc"+i, _y, mouseY);
    setProperty("mc"+i, _rotation, random(360));
    i++;
    if (10<i) {
        i = 0;
    }
}
```

图 12-84 新增图层并添加动作脚本

图 12-85 插入帧并添加脚本代码

21 选择图层 2 第 4 帧并插入空白关键帧，在该帧中添加如图 12-86 所示的脚本代码。此时返回场景 1 中并新增图层 2，从【库】面板中将【跟随鼠标】影片剪辑元件加入到场景 1

舞台外的左上方，如图 12-86 所示。

图 12-86　为影片剪辑添加脚本代码并将该元件加入场景中

2. 制作导航区按钮效果

下面将为导航区的按钮制作带有声音的补间形状动画效果。首先制作圆形由小到大再到透明的补间形状动画，然后将包含补间形状动画的元件加入到按钮中，接着导入声音素材并加入到按钮中，最后将按钮元件放置在导航区图像的文字上，如图 12-87 所示。

动手操作　制作导航区按钮效果

图 12-87　为导航区的按钮文字制作动画按钮效果

1　打开光盘中的 "..\Example\Ch12\12.3.2.fla" 文件，选择【插入】/【新建元件】命令，在打开的【创建新元件】对话框中设置元件的名称和类型，再单击【确定】按钮，如图 12-88 所示。

2　在工具箱中选择【椭圆工具】 ，设置填充颜色为【浅黄色】，在元件的编辑窗口中绘制一个圆形，如图 12-89 所示。

图 12-88　创建新元件

图 12-89　在元件内绘制一个圆形

3　选择步骤 2 绘制的圆形，打开【颜色】面板并更改填充方式为【径向渐变】，再设置渐变样本轴左色标的颜色为【浅黄色】、右色标的颜色为【白色】，接着设置右色标的颜色透明度（即面板中的【A】选项）为 0%，如图 12-90 所示。

4　在图层 1 的第 20 帧上插入关键帧，选择【任意变形工具】█，然后按住 Shift 键等比例扩大圆形，打开【颜色】面板并更改渐变样本轴左色标的颜色，如图 12-91 所示。

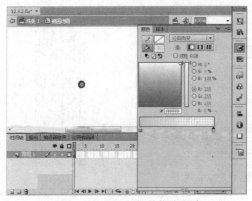

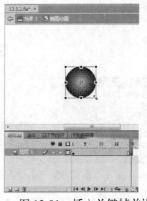
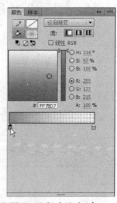

图 12-90　设置圆形的渐变颜色　　　　图 12-91　插入关键帧并设置圆形大小和颜色

5　选择图层 1 的第 1 帧，然后选择【插入】/【补间形状】命令，为图层插入补间形状动画，如图 12-92 所示。

6　在图层 1 上新增图层 2，然后在图层 2 第 21 帧上插入空白关键帧，打开【动作】面板并添加停止动作脚本，如图 12-93 所示。

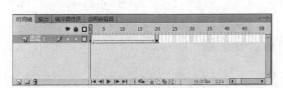

图 12-92　插入补间形状动画　　　　图 12-93　新增图层并添加停止动作

7　选择【插入】/【新建元件】命令，打开【创建新元件】对话框后设置元件的名称和类型，单击【确定】按钮在图层 1【指针移过】状态帧上插入关键帧，接着将【椭圆动画】元件加入到当前元件内，如图 12-94 所示。

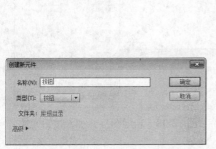

图 12-94　创建新元件并加入【椭圆动画】元件

8 在图层 1 的【点击】状态帧上按 F7 功能键插入空白关键帧，然后选择【矩形工具】 ▣ 并设置填充颜色为【红色】，在【椭圆动画】元件所在的位置绘制一个矩形作为按钮的触发区域，如图 12-95 所示。

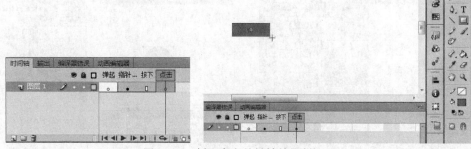

图 12-95　插入空白关键帧并绘制矩形

9 选择【文件】/【导入】/【导入到库】命令，打开【导入到库】对话框后选择声音素材文件，然后单击【打开】按钮，如图 12-96 所示。

10 在【按钮】编辑窗口的【时间轴】面板上新增图层 2，然后在【指针移过】状态帧上插入空白关键帧，接着打开【属性】面板并添加声音，如图 12-97 所示。

图 12-96　导入声音到库

图 12-97　新增图层并加入声音

11 返回场景 1，然后新增图层 3，打开【库】面板并将【按钮】元件加入舞台，再使用【任意变形工具】 ▦ 适当旋转元件，使它与导航区的导航文本重合，如图 12-98 所示。

12 使用步骤 11 的方法，将【按钮】元件再加入到舞台，并使用【任意变形工具】 ▦ 适当旋转元件，使它与其他导航文本重合，结果如图 12-99 所示。

13 在【时间轴】面板中选择图层 3，然后将图层 3 移到图层 2 的下方，如图 12-100 所示。

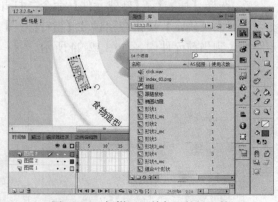

图 12-98　新增图层并加入按钮元件

图 12-99　多次加入按钮元件并编辑的结果

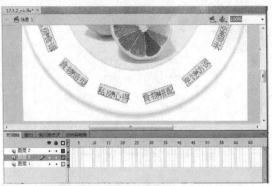

图 12-100　调整图层的排列顺序

12.4　编排网页并制作预约功能

完成网站首页以及相关素材的设计后，可以通过 Dreamweaver CS6 编排页面和制作提交就餐预约的网站功能。

1. 编辑与排版首页内容

下面将使用 Dreamweaver CS6 编排首页内容，其中包括设置网页标题、删除部分图像并使用文本代替、插入 Flash 动画等。编排网页的结果如图 12-101 所示。

动手操作　编辑与排版首页内容

1　在 Dreamweaver 中打开光盘中的 "..Example\Ch12\index.html" 文件，在【标题】项的文本框中输入网页的标题内容，如图 12-102 所示。

图 12-101　编辑网页的结果

图 12-102　设置网页标题

2　选择【修改】/【页面属性】命令，打开【页面属性】对话框后选择【外观（HTML）】分类项目，再通过选项卡设置背景颜色为【#FFFFDC】，单击【确定】按钮，如图 12-103 所示。

3　选择页面上的导航区图像，然后按 Delete 键删除该图像，如图 12-104 所示。

4　将光标定位在删除图像的空白单元格内，然后打开【插入】面板【常用】选项卡，再打开【媒体】列表并选择【SWF】选项，在【选择 SWF】对话框中选择 "..\Example\Ch12\images\12.3.2_ok.swf" 文件，单击【确定】按钮，如图 12-105 所示。

图 12-103　设置网页背景颜色

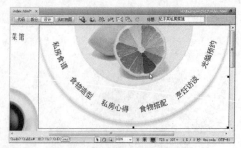

图 12-104　删除导航区图像

图 12-105　插入 Flash 动画

5　选择页面左下方【新闻与公告】标题下方的图像并删除，然后设置该图像所在单元格的背景颜色为"#FF613D"，如图 12-106 所示。

图 12-106　删除图像并设置单元格背景颜色

6　将光标定位在单元格内，选择【插入】/【表格】命令，打开【表格】对话框后，设置表格的属性，单击【确定】按钮，如图 12-107 所示。

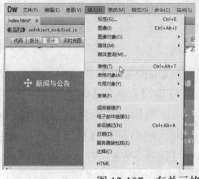

图 12-107　在单元格内插入表格

7　将光标定位在表格第 1 行第 1 列单元格内，然后打开【属性】面板并单击【拆分单元格为行或列】按钮 ，打开【拆分单元格】对话框后选择【列】单选项，输入列数为 2，接着单击【确定】按钮，如图 12-108 所示。

图 12-108　拆分单元格为 2 列

8　在拆分单元格后，拖动鼠标选择第 1 行的 2 和 3 列单元格，然后单击【属性】面板的【合并所选单元格，使用跨度】按钮 ，如图 12-109 所示。

图 12-109　合并所选单元格

9　在第 1 行第 1 列单元格中插入光盘中的 "..\Example\Ch12\images\index_19.png" 文件，然后分别在其他单元格中输入相关的新闻和公告内容，结果如图 12-110 所示。

图 12-110　在表格内添加内容

10 打开【CSS 样式】面板，然后单击【新建 CSS 规则】按钮 ，弹出【新建 CSS 规则】对话框后，设置选择器类型为【类（可应用于任何 HTML 元素）】，再输入选择器名称，单击【确定】按钮，如图 12-111 所示。

11 打开【CSS 规则定义】对话框后选择【类型】分类项目，在选项卡中设置文本大小和颜色，再选择【none】复选框，单击【确定】按钮，此时选择步骤 9 中输入的文本内容再应用【text】规则，如图 12-112 所示。

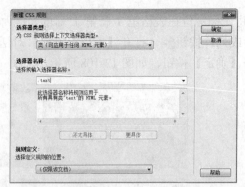

图 12-111　新建 CSS 规则

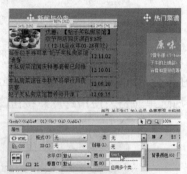

图 12-112　定义 CSS 规则属性并为文本应用规则

12 选择整个表格，通过【属性】面板设置表格的对齐方式为【居中对齐】，如图 12-113 所示。

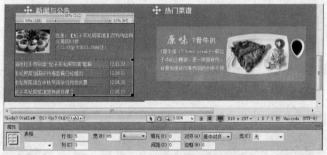

图 12-113　设置表格的对齐方式

13 选择页尾的图像并删除，输入页尾的导航文本和版权信息，再选择这些文本内容，切换到【属性】面板的【CSS】选项卡，设置文本的大小为 12px，如图 12-114 所示。

图 12-114　删除图像并输入文字后设置大小

14 在弹出【新建 CSS 规则】对话框后，设置选择器类型为【类（可应用于任何 HTML 元素）】，再输入选择器名称，单击【确定】按钮，如图 12-115 所示。

15 选择页尾文本内容，在【属性】面板中单击【居中对齐】按钮 ☰，居中对齐文本，如图 12-116 所示。

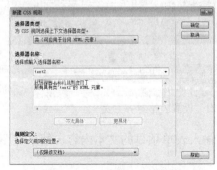

图 12-115　新建 CSS 规则

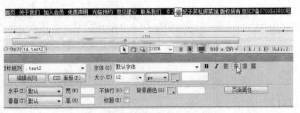

图 12-116　设置文本对齐方式

16 保存文件，当弹出【复制相关文件】对话框后，单击【确定】按钮，如图 12-117 所示。

2. 制作与美化预约表单

下面将为"妃子笑私房菜馆"网站设计一个就餐预约的表单页面，方便浏览者可以通过表单提交预约就餐的信息。除了根据不同项目设计表单外，还使用 CSS 样式对表单进行美化处理，结果如图 12-118 所示。

图 12-117　确定复制相关文件

动手操作　制作与美化预约表单

1 打开光盘中的 "..\Example\Ch12\12.4.2.html" 文件，将光标定位在页面下方的空白单元格内，打开【插入】面板的【表单】选项卡，单击【表单】按钮，如图 12-119 所示。

图 12-118　制作与美化表单的结果

图 12-119　在单元格内插入表单

2 将光标定位在表单内，选择【插入】/【表格】命令，打开【表格】对话框后设置表格的行列和表格宽度，单击【确定】按钮，如图 12-120 所示。

3 选择插入的表格，打开【属性】面板，设置表格的对齐方式为【居中对齐】，如图 12-121 所示。

图 12-120　在表单内插入表格

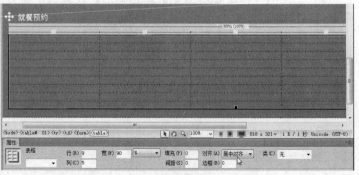

图 12-121　设置表格对齐方式

4 适当调整表格的列宽，然后在对应的单元格中输入表单项目的文本内容，结果如图 12-122 所示。

图 12-122　在表格中输入表单项目文本

5 打开【CSS 样式】面板并单击【新建 CSS 规则】按钮，打开【新建 CSS 规则】对话框后设置选择器类型为【类（可应用于任何 HTML 元素）】，再输入选择器名称并单击【确定】按钮，在【CSS 规则定义】对话框中选择【类型】选项并设置文本大小为 12px、颜色为【白色（#FFF）】，最后单击【确定】按钮，如图 12-123 所示。

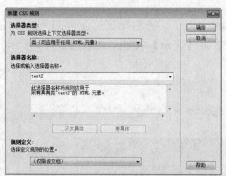

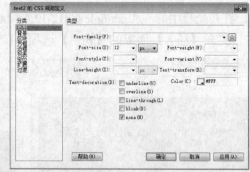

图 12-123　新建并设置 CSS 规则

6 返回编辑窗口中，拖动鼠标选择所有表格内的文本内容，然后打开【属性】面板，为选定内容应用【text2】样式，如图 12-124 所示。

7 拖动鼠标选择表格第 1 行的文本内容，打开【属性】面板并切换到【HTML】选项卡，单击【粗体】按钮 **B**，为文本设置粗体格式，如图 12-125 所示。

8 选择表格第 8 行第 2 列开始的所有单元格，单击【属性】面板的【合并所选单元格，使用跨度】按钮合并单元格，接着使用相同的方法合并第 9 行第 2 列开始的所有单元格，结果如图 12-126 所示。

图 12-124　为表格文本应用 CSS 样式

图 12-125　设置第 1 行单元格的文本粗体格式

图 12-126　合并单元格的结果

9　将光标定位在【姓名与性别】文本右边的单元格内，然后打开【插入】面板的【表单】选项卡，再单击【文本字段】按钮，在弹出的【输入标签辅助功能属性】对话框中设置 ID 为【Name】，最后单击【确定】按钮，如图 12-127 所示。

图 12-127　插入第一个文本字段对象

10　选择插入的文本字段对象，在【属性】面板中设置字符宽度为 20、类型为【单行】，接着使用相同的方法，为【手机号码】和【电子邮件地址】两项插入文本字段对象，并分别设置文本域为【Mobile Number】和【E-mail】，如图 12-128 所示。

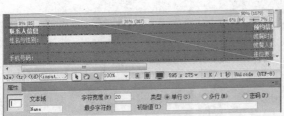
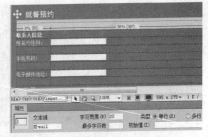

图 12-128　设置第一个文本字段属性并添加其他文本字段

11 将光标定位在第一个文本字段对象右边，打开【插入】面板的【表单】选项卡，单击【单选按钮】按钮，在弹出的【输入标签辅助功能属性】对话框中设置 ID 为【Name】、标签为【男】，最后单击【确定】按钮，如图 12-129 所示。

12 使用相同的方法，在第一个单选按钮对象右边插入另一个单选按钮对象，并设置该对象的选定值为【Female】，接着为两个单选按钮对象设置相同的 ID 为【Gender】，如图 12-130 所示。

图 12-129　插入单选按钮对象

13 使用步骤 11 和步骤 12 的方法，在【座位要求】表单项目右边的单元格中插入 3 个单选按钮对象，并设置相同的 ID 为【Seating_R】，接着分别设置单元按钮的选项值，结果如图 12-131 所示。

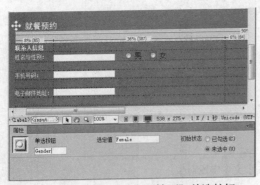

图 12-130　插入另一个【性别】单选按钮　　　　图 12-131　插入【座位要求】单选按钮

14 将光标定位在【就餐时间】文本右边的单元格内，然后打开【插入】面板的【表单】选项卡，再单击【选择（列表/菜单）】按钮，在弹出的【输入标签辅助功能属性】对话框中

设置 ID 为【Month】、标签为【月】，最后单击【确定】按钮，如图 12-132 所示。

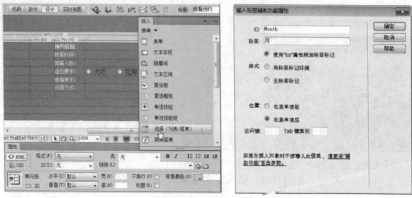

图 12-132 插入第一个选择对象

15 选择插入的选择对象，在【属性】面板中单击【列表值】按钮，打开【列表值】对话框后添加 1 到 12 的项目标签，最后单击【确定】按钮，如图 12-133 所示。

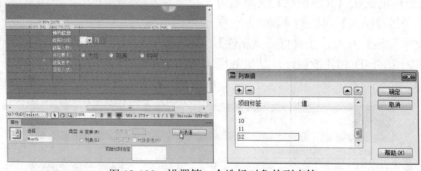

图 12-133 设置第一个选择对象的列表值

16 使用相同的方法插入其他选择对象，其中标签为【日】的选择对象 ID 为【Day】、标签为【时】的选择对象 ID 为【Hour】、标签为【位】的选择对象 ID 为【Number of People】，接着分别为选择对象添加列表值（可从本例成果文件中查看），结果如图 12-134 所示。

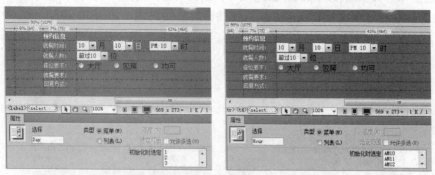

图 12-134 插入其他选择对象并设置相关属性

17 将光标定位在【就餐要求】文本右边的单元格内，打开【插入】面板的【表单】选项卡，再单击【复选框】按钮，在弹出的【输入标签辅助功能属性】对话框中设置 ID 为【By the windows】、标签为【靠窗】，最后单击【确定】按钮，如图 12-135 所示。

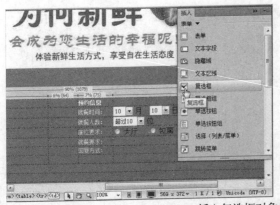
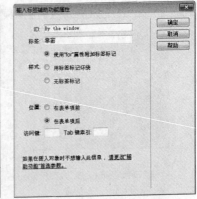

图 12-135　插入复选框对象并设置属性

18 使用步骤 16 的方法插入其他复选框对象并设置对应的属性（属性内容可通过本例成果文件查看），结果如图 12-136 所示。

19 将光标定位在【其他说明】文本右边单元格内，通过【插入】面板的【表单】选项卡插入【文本区域】对象，接着打开【属性】面板并设置对象的 ID 和其他属性，结果如图 12-137 所示。

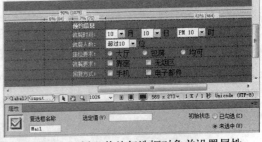

图 12-136　插入其他复选框对象并设置属性

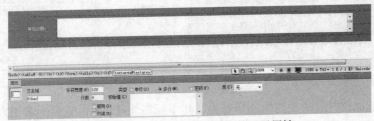

图 12-137　插入文本区域对象并设置属性

20 通过【插入】面板的【表单】选项卡，在表格第 9 行第 2 列的单元格上插入两个【按钮】对象，然后通过【属性】面板分别设置按钮对象的属性，如图 12-138 所示。

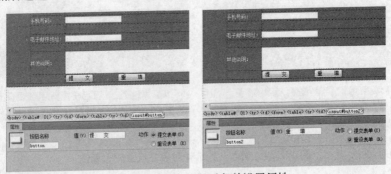

图 12-138　插入按钮对象并设置属性

21 在对应的单元格内输入关于表单项目说明的文本内容，使用鼠标拖动选择所有表格内的内容，通过【属性】面板为选定内容应用【text2】CSS 样式，如图 12-139 所示。

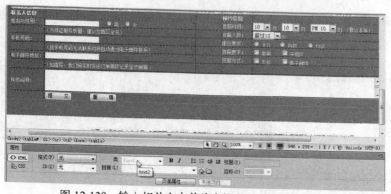

图 12-139 输入相关文本并为表格内容应用 CSS 样式

22 打开【CSS 样式】面板并单击【新建 CSS 规则】按钮，打开【新建 CSS 规则】对话框后设置选择器类型为【标签（重新定义 HTML 元素）】，选择选择器名称为【input】，再单击【确定】按钮，在【CSS 规则定义】对话框中选择【类型】选项并设置文本大小为 12px、颜色为"白色（#FFF）"，如图 12-140 所示。

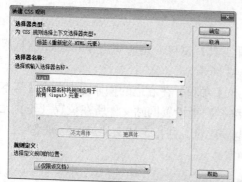
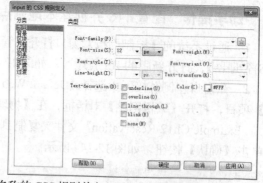

图 12-140 新建【input】选择器名称的 CSS 规则并定义【类型】属性

23 在对话框中选择【背景】分类项目，在选项卡中设置背景颜色为"#FF613D"，选择【边框】分类项目，在选项卡中设置边框属性，单击【确定】按钮，如图 12-141 所示。

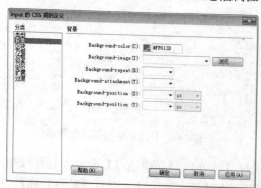
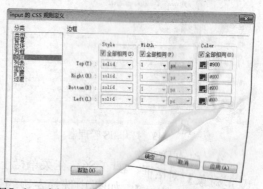

图 12-141 定义【背景】和【边框】属性……【select】和【textarea】的 CSS

24 使用步骤 21 和步骤 22 的方法，分别创建选择……新建这些 CSS 规则后，页面上规则，并与上述步骤定义相同的属性，如图 12-14……的表单对象将改变外观。

 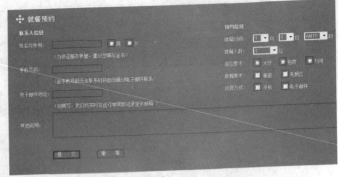

图 12-142　新建其他 CSS 规则

3. 配置 IIS 并创建本地站点

如果要制作网站的动态功能，就需要配置 IIS 服务器和创建本地站点。下面将在电脑已安装 IIS 系统组件的基础上，为本例站点配置服务器并通过 Dreamweaver CS6 定义本地站点信息。

动手操作　配置 IIS 并创建本地站点

1　通过系统的【控制面板】窗口打开【管理工具】窗口，然后双击【Internet 信息服务 (IIS)管理器】，打开新版的 IIS 管理器，如图 12-143 所示。

2　在窗口左侧链接区中选择【Default Web Site】项目，在右边的操作区中单击【基本设置】项目，打开【编辑网站】对话框，在【物理路径】栏设置网站文件所在位置（先将光盘的 "..\Example\Ch12\Reservation" 文件夹复制到电脑磁盘，并指定该文件夹的物理路径），然后单击【确认】按钮，如图 12-144 所示。

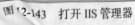 

图 12-143　打开 IIS 管理器　　　　图 12-144　指定默认网站的物理路径

3　启动 Dreamweaver CS6，在菜单栏上选择【站点】/【新建站点】命令，打开【站点设定对象】对话框，在对话框中选择左边的列表框中【站点】项目，填写【站点名称】，指定【本地根文件夹】，如图 12-145 所示。

4　在左侧列表框中选择【服务器】项目，单击【添加新服务器】按钮，打开添加新服务器的对话框，先输入【服务器名称】和【Web URL】等信息，如图 12-146 所示，再分别设置【连接方法】、【服务器文件夹】和【Web URL】等信息，如图 12-146 所示。

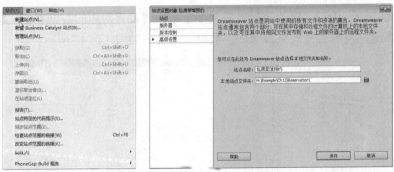

图 12-145　设置本地站点信息

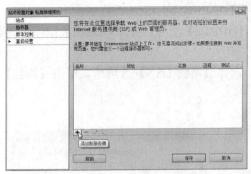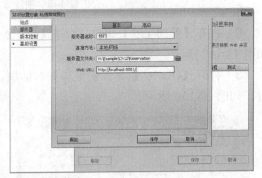

图 12-146　设置服务器基本信息

5　在对话框中单击【高级】按钮，在【服务器模型】列表中选择【ASP VBScript】选项，然后单击【保存】按钮，接着在【站点设置对象】对话框的【测试】列选择复选框，最后单击【保存】按钮即可，如图 12-147 所示。

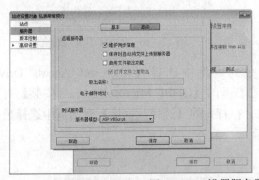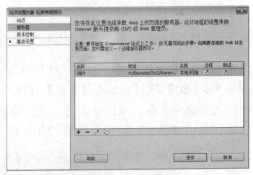

图 12-147　设置服务器高级选项并保存设置

4. 将预约信息提交到数据库

创建本地站点后，接下来就可使用 Access 2007 创建一个用于保存预约记录的数据库，然后将此数据库指定为系统数据源，通过 Dreamweaver CS6 为表单所在的网页添加数据源名称（DSN），添加【插入记录】行为并设置相关的选项内容，即可使预约表单的信息提交到数据库中。

动手操作　将预约信息提交到数据库

1　使用 Office 套装应用程序中的 Access 2007 创建一个数据库文件，然后创建一个数据表并命名为【Reservation】，再为数据表设置多个字段并设置对应的数据类型，最后将数据库文件保存在本地站点的根文件夹目录内。数据表的结果如图 12-148 所示。

图 12-148　创建数据库并设计数据表

2　打开【管理工具】窗口，双击【数据源（ODBC）】图标，打开 ODBC 数据源管理器，如图 12-149 所示。

3　打开【ODBC 数据源管理器】对话框，选择【系统 DSN】选项卡，单击【添加】按钮，如图 12-150 所示。

图 12-149　打开 ODBC 数据源管理器　　　　　　图 12-150　添加 ODBC 数据源

4　打开【创建新数据源】对话框，在列表框中选择【Microsoft Access Driver (*.mdb,*.accdb)】项目，单击【完成】按钮，在打开的【ODBC Microsoft Access 安装】对话框中输入数据源名称，然后单击【选择】按钮，在打开的【选择数据库】对话框中选择数据库文件，单击【确定】按钮，如图 12-151 所示。

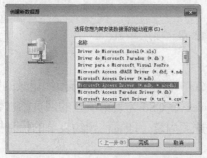

图 12-151　选择数据源的驱动程序并指定数据库

5　返回【ODBC 数据源管理器】对话框，即可将数据库添加为系统数据源，此时单击【确定】按钮，如图 12-152 所示。

6　启动 Dreamweaver CS6 程序，然后在【文件】面板中打开 "reservation.html" 文件，选择【文件】/【另存为】命令，将文件保存为 ASP 格式的动态网页文件，如图 12-153 所示。

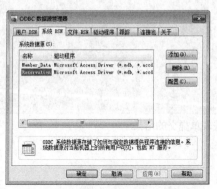

图 12-152　确定完成添加系统数据源

图 12-153　将静态表单网页另存为动态网页文件

7　选择【窗口】/【数据库】命令（或按下 Ctrl+Shift+F10 快捷键），打开【数据库】面板，在【数据库】面板中单击 图示按钮，选择【数据源名称（DSN）】命令，打开【数据源名称（DSN）】对话框后，设置【连接名称】和【数据源名称（DSN）】都为【Reservation】，接着单击【确定】按钮，如图 12-154 所示。

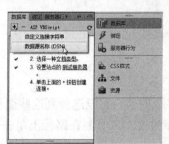

图 12-154　连接数据源

8　打开【插入】面板的【数据】选项卡，然后单击【插入记录】按钮并在列表中选择【插入记录】选项，在打开【插入记录】对话框后指定连接为当前站点指定的数据源名称，再设置插入到的表格为当前数据源的数据表和跳转的目标文件，接着选择表单元素并指定与其对应的数据表字段和数据类型，最后单击【确定】按钮，如图 12-155 所示。

图 12-155　为网页添加【插入记录】行为

9　按 F12 功能键通过浏览器测试表单提交的结果，如图 12-156 所示。

图 12-156　通过浏览器测试表单提交的结果

12.5　本章小结

本章以"妃子笑私房菜馆"饮食类网站为例，介绍了使用 Photoshop CS6 设计网站首页图像模板并进行切片和存储成网页文件、使用 Flash CS6 制作网站导航区动画效果、通过 Dreamweaver CS6 在 Windows 7 系统中编排网站首页页面内容并制作"预约就餐"的动态网站功能等内容。

12.6　本章习题

1. 填空题

（1）在 Photoshop CS6 中使用参考线，必须先显示＿＿＿＿＿＿。

（2）在 Photoshop CS6 中，按住＿＿＿＿＿键单击多个图层，可以选择到这些图层。

（3）在 Photoshop 中先绘制一条路径，然后使用【横排文本工具】在路径上单击并输入文本，则这些文本会＿＿＿＿＿＿＿＿＿＿。

（4）在 Flash 中选择＿＿＿＿＿＿＿＿命令，可创建传统补间动画。

（5）在 Dreamweaver CS6 中，单击＿＿＿＿＿＿＿＿＿按钮，可以将选定的单元格合并。

2. 选择题

（1）在 Flash 中，使用【椭圆工具】绘制形状时，按住哪个键可以绘制圆形？　　（　　）

    A. Ctrl　　　　　　　　B. Alt　　　　　　　　C. Shift　　　　　　　　D. F1

（2）在 Photoshop 中，按下哪个快捷键可以显示标尺？　　　　　　　　　　　　（　　）

    A. Ctrl+G　　　　　B. Ctrl+R　　　　　C. Shift+C　　　　　D. Shift+R

（3）在 Dreamweaver 中，单击哪个按钮可以拆分当前的单元格？　　　　　　　（　　）

    A.【拆分单元格为行或列】按钮　　　　　B.【拆分单元格为多个单元格】按钮

    C.【拆分单元格】按钮　　　　　　　　　D.【拆分单元格，使用跨度】按钮

3. 操作题

通过 Dreamweaver CS6 新建一个选择器类型为【类】的 CSS 规则，并使用此规则将"妃子笑私房菜馆"网站首页页尾的文本设置成大小为 12px、颜色为【#FF613D】，结果如图 12-157 所示。

提示：

（1）打开【CSS 样式】面板，然后单击【新建 CSS 规则】按钮⬆，弹出【新建 CSS 规则】对话框后，设置选择器类型为【类（可应用于任何 HTML 元素）】，再输入选择器名称，接着单击【确定】按钮，如图 12-158 所示。

图 12-157 操作题结果

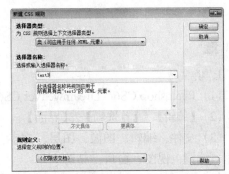

图 12-158 新建 CSS 规则

（2）打开【CSS 规则定义】对话框后选择【类型】分类项目，然后在选项卡中设置文本大小和颜色，接着单击【确定】按钮，如图 12-159 所示。

（3）返回网页文件编辑窗口并选择页尾的文本内容，应用 CSS 规则，如图 12-160 所示。

图 12-159 设置规则的属性

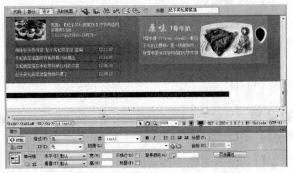

图 12-160 为文本内容应用 CSS 规则

参 考 答 案

第 1 章

1. 填空题

（1）Photoshop CS6、Dreamweaver CS6

（2）【编辑】/【首选项】/【界面】

（3）文件、编辑、图像、图层、文字、选择、滤镜、视图、窗口、帮助

（4）Flash CS6 文档、Flash CS5 文档和 Flash CS5.5

（5）【文件】/【新建】

（6）【预览】/【预览在 IExplore】

2. 选择题

（1）A

（2）C

（3）D

（4）D

第 2 章

1. 填空题

（1）位图图像、矢量图形

（2）点阵图像、栅格图像

（3）矢量形状、矢量对象

（4）红、绿、蓝

（5）亮度、对比度、色彩

（6）像素值

2. 选择题

（1）A

（2）C

（3）B

（4）B

第 3 章

1. 填空题

（1）矩形选框工具、椭圆选框工具、单

行选框工具、单列选框工具

（2）新选区、添加到选区、从选区减去、与选区交叉

（3）单行选框工具

（4）套索工具、多边形套索工具、磁性套索工具

（5）魔棒工具、快速选择工具、色彩范围

（6）点文字和段落文字

2. 选择题

（1）D

（2）B

（3）C

（4）B

（5）A

第 4 章

1. 填空题

（1）显示与设置当前文件所有图层

（2）不带蒙版、样式效果

（3）图层内容的像素如何与图像中的下层像素

（4）保持透明

（5）投影、内阴影、外发光、内发光、描边、渐变叠加、图案叠加、颜色叠加、光泽、斜面和浮雕

（6）图像像素

2. 选择题

（1）B

（2）C

（3）D

（4）C

第5章

1. 填空题

(1) 帧、时间轴、帧、每个帧的内容

(2) 帧、帧动画

(3) 时间轴

(4) 可见的

(5) 帧数（fps）

(6) 补间动画

(7) 属性关键帧

2. 选择题

(1) C

(2) D

(3) D

(4) A

第6章

1. 填空题

(1) 属性关键帧、属性关键帧

(2) 补间动画

(3) 影片剪辑实例

(4) 常规图层、补间图层、引导图层、遮罩图层、被遮罩图层

(5) 缓动

(6) 补间形状

2. 选择题

(1) D

(2) C

(3) A

(4) C

第7章

1. 填空题

(1) 导出

(2) 遮罩层

(3) 形状提示、形状提示点

(4) 形状补间

(5) 字母（a 到 z）

(6) 反向运动（IK）

2. 选择题

(1) D

(2) B

(3) C

(4) A

第8章

1. 填空题

(1) 事件、开始、停止、数据流

(2) 起始点、音量

(3) 事件、动作、事件、动作

(4) 鼠标和键盘事件、剪辑事件、帧事件

(5) Flash、JavaScript

2. 选择题

(1) D

(2) B

(3) C

(4) C

(5) D

第9章

1. 填空题

(1) 1 个

(2) Shift+Enter

(3) HTML、CSS

(4) 单元格

(5) 排序表格

(6) 编辑、编辑图像设置、从源文件更新、裁剪、重新取样、亮度和对比度、锐化

2. 选择题

(1) B

(2) D

(3) D

(4) D

(5) B

第10章

1. 填空题

（1）层叠样式表、风格样式表

（2）选择器、声明

（3）类、ID、标签、复合内容

（4）用户交互

（5）CSS、JavaScript

（6）引用与提交、各种对象

2. 选择题

（1）D

（2）A

（3）D

（4）B

第11章

1. 填空题

（1）静态、动态

（2）动态网站

（3）Web 服务器、Web 服务器、FTP 服务器、NNTP 服务器、SMTP 服务器

（4）本地文件夹、远程文件夹

（5）数据库

（6）开放式数据库连接（ODBC）、嵌入式数据库（OLE DB）

2. 选择题

（1）C

（2）A

（3）C

（4）D

第12章

1. 填空题

（1）标尺

（2）Ctrl

（3）沿着路径排列

（4）【插入】/【传统补间】

（5）合并所选单元格，使用跨度

2. 选择题

（1）C

（2）B

（3）A

读者回函卡

亲爱的读者：

感谢您对海洋智慧IT图书出版工程的支持！为了今后能为您及时提供更实用、更精美、更优秀的计算机图书，请您抽出宝贵时间填写这份读者回函卡，然后剪下并邮寄或传真给我们，届时您将享有以下优惠待遇：

● 成为"读者俱乐部"会员，我们将赠送您会员卡，享有购书优惠折扣。

● 不定期抽取幸运读者参加我社举办的技术座谈研讨会。

● 意见中肯的热心读者能及时收到我社最新的免费图书资讯和赠送的图书。

姓 名：_____ 性 别：□男 □女 年 龄：_____

职 业：_____ 爱 好：_____

联络电话：_____ 电子邮件：_____

通讯地址：_____ 邮编：_____

1 您所购买的图书名：_____ 购买地点：_____

2 您现在对本书所介绍的软件的运用程度是在：□ 初学阶段 □ 进阶／专业

3 本书吸引您的地方是：□ 封面 □ 内容易读 □ 作者 价格 □ 印刷精美

　　□ 内容实用 □ 配套光盘内容 其他_____

4 您从何处得知本书：□ 逛书店 □ 宣传海报 □ 网页 □ 朋友介绍

　　□ 出版书目 □ 书市 □ 其他_____

5 您经常阅读哪类图书：

　　□ 平面设计 □ 网页设计 □ 工业设计 □ Flash 动画 □ 3D 动画 □ 视频编辑

　　□ DIY □ Linux □ Office □ Windows □ 计算机编程 其他_____

6 您认为什么样的价位最合适：

7 请推荐一本您最近见过的最好的计算机图书：_____

8 书名：_____ 出版社：_____

9 您对本书的评价：_____

_____

您还需要哪方面的计算机图书，对所需的图书有哪些要求：

_____

社址：北京市海淀区大慧寺路 8 号　网址：www.wisbook.com　技术支持：www.wisbook.com/bbs

编辑热线：010-62100088　010-62100023　传真：010-62173569

邮局汇款地址：北京市海淀区大慧寺路 8 号海洋出版社教材出版中心　邮编：100081

海洋出版社